H.V. C...
??-4-
AF316115

OUVRAGES DU MÊME AUTEUR :

Genèse selon la science. — LES COMMENCEMENTS DU MONDE.
Genèse selon la science. — LES DÉLUGES.

Sous Presse :

Genèse selon la science. — ÉPOQUE ACTUELLE ET FIN DU MONDE.
ESSAI SUR LA RÉVOLUTION DE 1848.

PARIS. — IMP. SIMON RAÇON ET COMP., RUE D'ERFURTH, 1

GENÈSE SELON LA SCIENCE

LA VIE

PAR

PAUL DE JOUVENCEL

DEUXIÈME ÉDITION
REVUE ET CORRIGÉE

PARIS
GARNIER FRÈRES, LIBRAIRES
6, RUE DES SAINTS-PÈRES ET PALAIS-ROYAL, 215
1862

PRÉFACE

DE LA DEUXIÈME ÉDITION

I

Sur le titre de ce livre, on ne doit point s'attendre
à voir se dévoiler à la fois tous les grands mystères.
Cependant ce titre n'est pas trompeur ; c'est bien
de la vie qu'il s'agit.

Sans doute, le jeune lecteur ne trouvera pas ici
réponse à toutes les questions qu'il peut s'être po-
sées sur ce sujet, mais il trouvera souvent mieux
qu'il n'avait désiré ; il n'apprendra point tout ce
qu'il espérait, mais il apprendra beaucoup de choses qu'il ne supposait même pas que l'on pût connaître.

II

Il ne faudrait pas juger de cet ouvrage par comparaison avec l'idée que l'on pourrait s'être faite d'un précis de la science des botanistes et des zoologues. Nous n'avons point pour objet d'enseigner la botanique [1] ni la zoologie [2]; en expliquant les résultats supérieurs de chaque science, notre but n'est pas d'apprendre au lecteur ces résultats pour eux-mêmes, mais de conduire par eux le lecteur à d'autres résultats plus généraux.

Ces résultats derniers de la *Genèse selon la Science*, dont la déduction formera la partie de cet ouvrage qui nous sera le plus personnelle, sont liés tous ensemble à la végétation, et plus encore à l'animalité. — Notre étude sur la *série* en est le premier terme.

[1] Science qui traite des végétaux,
[2] Science qui traite des animaux.

Considérées en elles-mêmes, la botanique et la zoologie, telles qu'elles sont aujourd'hui constituées, n'enseignent pas les résultats dont je parle; bien au contraire, elles en éloignent, car dans ces sciences les mots cachent souvent les choses, et les faits sont groupés parfois de manière à enfermer l'esprit dans une connaissance incomplète, sinon fausse.

On ne s'étonnera donc point que nous procédions autrement que les naturalistes.

III

Nous avons voulu ici offrir au lecteur une réponse à cette question : Qu'est-ce que la vie?

La botanique, la zoologie, la physiologie, la chimie organique, une foule de travaux épars, ont fourni des données d'observation positives.

Une étude entièrement nouvelle sur la série, et

où ce puissant instrument intellectuel a pris, pour la première fois, une forme définie et scientifique, nous a servi de guide et procuré des données rationnelles dont l'importance est visible et sera encore mieux appréciée un jour.

Nous n'oserons pas assurer que notre réponse soit aussi complète qu'elle puisse l'être dans l'état actuel de la science, car, malgré les soins que nous avons donnés à cette seconde édition, il a pu nous échapper quelque fait important : chaque jour en apporte de nouveaux.

Mais il nous semble que nulle part, dans aucun ouvrage publié jusqu'ici, cette question spéciale n'a été traitée, sous un si petit volume, d'après tant de données empruntées aux plus diverses origines du savoir.

———

Tous les renvois dont le numéro d'ordre est inférieur au n° 154, par lequel commence ce volume, se rapportent au premier volume, *les commencements du monde, Genèse selon la science*, qui se termine au n° 153.

Le premier volume de la première édition comprenait les § [154], [155], [156], par lesquels commence ce deuxième volume de la nouvelle édition.

LA VIE

---

[154] Nous abordons ici le champ le plus difficile des recherches humaines.

Cette expression : *la vie*, est employée en beaucoup de sens différents qui se rapportent à des aspects particuliers du sujet ; mais cette expression s'emploie aussi en un sens indéfini qui résume tous les aspects particuliers.

Ce sens indéfini est contenu dans notre titre général. On ne doit donc pas s'attendre à trouver ici d'abord une définition de la vie, définition présomptueuse et d'ailleurs impossible.

Tout aspect quelconque de la vie est en lui-même si vaste que chacun d'eux nécessite une étude spéciale.

Nous commencerons par une vue générale de l'organisation ; et nous devrons considérer d'abord seulement des séries d'espèces aujourd'hui vivantes. L'histoire des développements de l'organisation sera présentée avec l'histoire des développements de la Terre dont elle est dépendante, et elle sera complétée dans l'étude *de la transmission de l'être*, à laquelle elle est liée.

L'organisme humain ne paraîtra pas dans cet ouvrage ; il doit être le sujet d'une étude particulière dans l'introduction aux *Commencements de l'humanité*.

Dès la plus haute antiquité, les hommes ont remarqué des similitudes et surtout des différences entre les objets qu'ils avaient sous les yeux. De là l'ancienne distinction des trois règnes : 1° minéral, 2° végétal, 3° animal.

Pour les philosophes qui l'avaient imaginée, cette distinction était précise et concordait avec l'état de leurs connaissances, avec leurs systèmes. Ils appelaient *éléments* l'air, l'eau, la terre, le feu ; et ils appelaient minéraux certains corps solides inanimés : pierres précieuses, cristaux, métaux, etc., qui leur paraissaient avoir, comme les végétaux et les animaux, des caractères individuels tranchés, qui leur paraissaient issus du concours des éléments ; mais qui étaient différents des éléments.

Or, nous qui savons que l'air, l'eau, la terre, le feu, ne sont pas des éléments, les rangerons-nous (ou du moins leurs substances composantes) parmi les minéraux par cela seul qu'ils ne sont pas animés ? C'est ce que font beaucoup d'auteurs, à grand tort, il faut bien le dire :

1° Parce que l'air et l'eau notamment ne sont en rien, pas plus que la terre et le feu, ce que les anciens appelaient des minéraux ; 2° parce que l'air, l'eau, la terre fournissent leur substance aussi bien aux êtres animés qu'aux minéraux comme l'entendaient les anciens.

Nous ne rappelons donc cette ancienne distinction, qui est malheureusement encore enseignée partout, que pour avertir qu'elle est fausse quand on la présente comme un sommaire général de tout ce qui existe ; car il existe quantité de choses, de substances qui ne sont ni des minéraux, ni des végétaux, ni des animaux. Elle peut paraître utile à désigner des groupes de formes et d'êtres qui ont entre eux, dans chaque groupe, d'assez grandes analogies, si l'on restreint le mot *minéral* au sens que lui donnaient les anciens ; mais elle a toujours l'inconvénient excessif de faire croire à une égalité et à une netteté de démarcation entre ces groupes ; tandis que, 1° il y a beaucoup moins de différence entre un végétal et un animal, qu'entre eux et un minéral ; 2° la distinction entre le règne végétal et le règne animal n'apparaît qu'à une certaine hauteur dans l'échelle des êtres ; à leur origine, ainsi que nous le verrons, la série végétale et la série animale paraissent se confondre.

[155] Nulle expression ne suffit à caractériser le contraste que présentent les *corps inanimés* et les *êtres vivants ;* même dans les plus humbles, la vie apparaît comme une manifestation d'un ordre très-supérieur.

Les corps que le langage universel appelle inanimés

peuvent exciter la curiosité, la terreur ; mais le spectacle de la vie évoque en nous des sentiments tout autres. Une petite herbe, un insecte, nous inspirent un intérêt mêlé de charme, une sympathie qui porte au rêve. Nous sentons un lien secret entre nous et toutes ces formes étranges où s'agite le grand mystère.

Ce n'est point leur masse qui nous frappe : un rocher médiocre pèse bien plus que l'éléphant, ou la baleine, ou le cèdre. Ce n'est point leur puissance : ils sont les jouets de toutes les forces de la nature. Ce n'est point leur beauté : beaucoup d'entre eux sont dégoûtants, hideux.

Invisibles ou gigantesques, terribles ou charmants, horribles ou superbes, quels qu'ils soient, ce qui nous émeut dans ces êtres, c'est le mystère, *la vie*, qui nous unit et forme de tous les *vivants* une immense famille, un ordre à part et merveilleux dans l'univers.

Dans l'impossibilité où nous sommes d'exprimer en un mot, ni même en une phrase, ce qui caractérise les êtres vivants, cherchons du moins à reconnaître leurs différences avec les corps inanimés.

Tous les ouvrages d'histoire naturelle présentent le *mode d'origine* comme une première distinction : « Lors-« qu'un corps minéral se forme, dit-on, il naît de deux « ou plusieurs matières qui, par leur nature, diffèrent « essentiellement de la sienne. Un être vivant, au con-« traire, n'est jamais le produit de ces combinaisons « spontanées de la matière. Il ne peut se former que sous « l'influence d'un corps semblable à lui. »

Or, loin que cela soit absolument vrai, l'étude de la
série vivante prouve sinon le contraire, du moins toute
autre chose. D'ailleurs, une substance simple, telle que
de l'or natif, est, à coup sûr, un minéral comme l'en-
tendent ces auteurs, et il n'est pas formé de deux matières.

On lit encore dans les mêmes ouvrages : « que les corps
« bruts sont dans un état permanent de repos intérieur ;
« que les molécules dont ils se composent ne se renou-
« vellent pas ; tandis que les corps vivants sont le siége
« d'un mouvement intérieur incessant de composition
« et de décomposition moléculaires. »

Cette distinction n'est pourtant pas radicale. L'arrangement cristallin change dans certaines circonstances
[136q], ce qui est évidemment le résultat d'un mouvement moléculaire intérieur. La décomposition et la recom-
position moléculaires ne forment pas un caractère plus ab-
solu que le précédent. La masse des eaux terrestres subit
incessamment des décompositions partielles et des recompositions ; la masse solide du globe présente bien plus
encore ces phénomènes... — Il est seulement vrai que le
mouvement intérieur est en général beaucoup plus manifeste, beaucoup plus intense dans les êtres vivants
que dans les corps inanimés, et que les décompositions
et recompositions y sont continuelles et souvent très-
variées.

Ces décompositions et recompositions intérieures ont
pour objet l'incorporation de substances puisées dans la

masse extérieure, et l'expulsion de substances qui ont séjourné plus ou moins dans l'organisme.

Mais l'incorporation de substances extérieures à l'être n'est pas un caractère distinctif, car le cristal s'incorpore aussi de la matière extérieure [136s]. Il est vrai que le mode d'incorporation est différent en ce que le cristal ne s'accroît jamais que par l'extérieur, tandis que les êtres vivants s'accroissent par l'intérieur.

Mais est-il bien certain qu'aucun être vivant ne s'accroisse par l'extérieur?... En tous cas, au moment où l'on rencontre pour la première fois un corps, on ne sait pas s'il s'est accru par l'extérieur ou par l'intérieur, cette différence ne constitue donc pas un caractère immédiat au moyen duquel on puisse distinguer un être vivant.

L'expulsion de substances qui ont séjourné dans l'organisme semble un caractère plus nettement défini; mais le cadavre d'un animal et presque tous les corps en décomposition expulsent aussi des substances qui ont séjourné en eux...

Abrégeons, et disons que, prises isolément, aucune de ces différences proposées par les naturalistes ne constitue un caractère rigoureux de l'être vivant. On voit bien, dès l'abord, que l'ensemble des manifestations du *vivant* contraste presque violemment avec ce qui ne vit pas; et l'étude développe ce contraste qui, ainsi que nous le verrons, se résume en la *virtualité*. Mais il faut bien des pages pour établir ce caractère qui, d'ailleurs, dans l'état actuel de la science, reste sans limite reconnue.

Une seule différence générale et formidable s'établit absolument entre les êtres vivants et les corps inanimés :

Ceux-ci, une fois formés, durent indéfiniment tant qu'une cause extérieure ne vient pas les détruire;

Ceux-là, qui peuvent être, comme les minéraux, brisés, détruits par des causes extérieures, sont de plus assujettis à une destruction inévitable, dont l'époque extrême est très-rapprochée du moment de leur naissance, et dont la cause est pour ainsi dire en eux-mêmes[1].

Ainsi, quant à présent, nous ne trouvons entre les êtres que l'on nomme *rivants* et les corps que l'on nomme inanimés qu'une seule différence certaine, complète, radicale : *la mort*.

Doués d'un plus grand nombre d'attributs de l'être, ou d'attributs plus complets, ils *sont*, ils *existent* incomparablement plus en un jour qu'un cristal en un siècle.

En échange de l'existence du minéral, indéfinie mais presque réduite à la forme et à la masse, ils ont reçu une virtualité plus ou moins large pour un temps très-court.

Qu'importe le temps?... Long ou court, il est également RIEN dans la durée éternelle.

Ce qui importe, c'est d'avoir vécu.

[1] Certains végétaux vivent plusieurs mille ans. Mais cette durée très-exceptionnelle n'est rien en comparaison de la durée des minéraux.

Cause voilée encore des choses et des êtres! la place où l'enchaînement de tes forces m'a produit dans la série universelle est petite, et tu ne m'as compté que peu de jours. Mais dans cette durée si courte, toutes les idées et les fantômes des temps anciens, toutes les idées des temps nouveaux et leurs lumières, toutes les espérances des temps prochains auront passé en moi.

La douleur et l'enthousiasme, la victoire et la défaite, le dur travail et la misère, la misère de l'exil! l'amitié de grands cœurs et des amitiés de traîtres..., m'ont fait connaître tour à tour leurs formes merveilleuses et sombres; et j'ai étreint l'ÊTRE autant qu'aucun homme de mon temps.

Cause voilée encore des choses et des êtres, j'aime mieux ma durée passagère que tant de longs siècles accordés par toi aux roches et aux montagnes.

Mais savons-nous ce qu'est la mort? — Et si nous l'ignorons, le mystère de la vie cesse donc où commence un autre mystère?

Ne nous pressons point sur ces grandes questions. Nous les reprendrons quand nous serons mieux capables de les comprendre, sinon de les résoudre.

Constatons seulement ici qu'il n'existe aucun caractère rigoureux qui nous puisse faire distinguer toujours un *vivant* d'un corps *inanimé*, puisque la seule différence certaine que nous trouvons d'abord entre eux n'apparaît qu'au moment où le vivant a cessé de vivre.

[156] L'ancienne distinction : *végétaux, animaux,*

restée debout dans toutes les langues, correspond réellement à des différences très-générales entre deux grandes
séries d'êtres vivants. Mais nous ne chercherons à définir
ni ces deux séries ni leurs différences. Il vaut mieux
nous hâter de les faire connaître.

Sous les noms de végétaux et d'animaux on classe tous
les êtres vivants selon leurs analogies les plus évidentes,
et là-dessus on ne dispute guère. Il est d'ailleurs hors de
doute que les végétaux pris ensemble sont des êtres inférieurs aux animaux pris ensemble. En d'autres termes,
les végétaux les plus complets que nous puissions observer sur notre globe présentent une structure et des
attributs moins parfaits que les animaux les plus complets.

Procédant du simple au composé, nous commencerons
donc par étudier la végétation.

MOLÉCULE ORGANIQUE

VÉSICULE ÉLÉMENTAIRE

[157] Entre toutes les combinaisons [92] que peuvent
former les substances, la plus remarquable est la combinaison qui constitue la *molécule organique*, c'est-à-dire
la molécule élémentaire des êtres organisés [158*b*].

La substance originaire que composent ces molécules,

dont nous rechercherons ailleurs la composition, ne cris-
tallise pas en forme polyédrique [136*f*]; elle revêt la
forme d'une vésicule [1] extrêmement petite.

Cette vésicule est douée d'une grande faculté d'absorption, notamment à l'égard des gaz et de l'eau, et cette
faculté ne peut être considérée autrement que comme un
cas particulier de l'attraction élémentaire [35].

Cette vésicule est en outre douée de la faculté d'élaborer [2] les gaz et l'eau, c'est-à-dire de retenir, par exemple, le carbone de l'acide carbonique qu'elle a absorbé,
et de le combiner avec l'eau. Cette faculté ne peut être
considérée autrement que comme un cas particulier dépendant des mêmes causes générales d'où résultent toutes
les autres combinaisons. De cette élaboration résulte la
production de nouvelles molécules organiques, et, à la
paroi intérieure ou extérieure de la vésicule élaborante,
la formation de vésicules semblables à la première, qui
tiennent à la première par un point d'attache que l'on a
nommé *hile*.

Dans cette petite vésicule est donc contenu le *mystère*
de la vie.

Disons-le dès maintenant, elle est le point de départ
de tous les êtres vivants; elle est l'élément constitutif de
toutes les formes qu'ils nous présentent.

Et par sa faculté d'absorption, d'élaboration, de déve-

---

[1] Petite vessie, sphéroïde creux [24*u*].
[2] Élaborer : préparer un produit par un long travail.

loppement et de reproduction, elle apparaît même comme le symbole et le type de l'être organisé vivant.

LA VÉGÉTATION[1]

158] On ne saurait tenter de définir la végétation, ni le végétal.

Mais une impossibilité de définir n'est pas incompatible avec une *connaissance* même parfaite. Tout le monde connaît le *bleu*, le *rouge*, par exemple, et personne ne saurait les définir.

Très-peu de choses sont susceptibles d'une définition précise et qui comprenne tous les éléments distinctifs de la chose dont on veut communiquer la notion. Ces choses sont pour la plupart des formes ou des rapports très-simples. Ainsi, on définit bien un triangle [24k], on définit bien le rapport du centre à la circonférence [24n].

Quant à la végétation en général, qui comporte une

[1] *Végétation*, se dit également de l'ensemble des êtres végétants et des fonctions de l'être végétant.

Dans le premier sens, où il s'agit des formes, la botanique est fort avancée ; dans le second sens, où il s'agit de physiologie, elle l'est très-peu, et beaucoup moins que la physiologie animale.

immense variété de formes et de rapports complexes[1],
l'impossibilité d'en donner une idée en trois lignes est
évidente.

Chercherait-on à isoler dans une définition la forme,
l'idée particulière d'un végétal déterminé? Si c'est le plus
élémentaire, on ne définira que lui ; si c'est le plus complet, on ne définira encore que lui : tous les autres végétaux resteront donc en dehors de la définition, qui, par
conséquent, ne fera pas connaître le type végétal, en supposant que ce type existe.

Mais par des études successives et séparées, des rapports complexes et des enchaînements de formes que nous
pouvons observer, on parvient à connaître la végétation.

[158a] Partout où la végétation est fort active, au bord
d'une forêt, par exemple, non-seulement on remarque
des espèces bien différentes et qui par leur aspect seul,
— depuis l'humble mousse jusqu'au grand arbre, — nous
donnent le sentiment de degrés très-divers de perfection ;
mais on voit encore que, dans chaque individu d'une
même espèce, — depuis le petit chêne à deux feuilles
jusqu'au vieux centenaire qui couvre cent mètres carrés
de son ombre, — le développement de l'être est inégal et
varié.

Examinons d'abord la constitution d'un végétal très-
parfait et parvenu à un grand développement ; par exemple, un chêne de cinquante ans.

---

[1] Complexe signifie : qui embrasse plusieurs choses différentes.

Au premier coup d'œil, on y reconnaît des parties différentes sous tous les rapports : les racines, le tronc, les branches, les feuilles.

Toutes ces parties, dans le chêne comme dans tout autre végétal, sont composées de vésicules [157] qui, en botanique, sont plus particulièrement appelées *cellules*[1].

Mais ces vésicules, originairement sphéroïdales, prennent, dans l'intérieur des organes, des formes diverses, par suite de la pression plus ou moins grande, plus ou moins régulière, qu'elles exercent les unes sur les autres.

La rapidité avec laquelle les cellules végétales se multiplient est très-grande, surtout dans certaines espèces inférieures. On a calculé que certains champignons peuvent produire, en une minute, environ vingt mille cellules nouvelles.

[158b] Les racines rayonnent et s'enfoncent dans la terre. Le tronc s'élève au-dessus du sol, et à une certaine hauteur il se ramifie, c'est-à-dire étend des branches autour de lui. Chaque branche se ramifie d'une manière analogue, et, dans nos climats, en été et en automne, les ramifications sont couvertes de feuilles d'un beau vert. De plus, à l'époque où la végétation de l'arbre est dans

---

[1] On les appelle aussi *utricules*, c'est-à-dire *petites outres*.

On sait qu'une *outre* est formée de la peau entière d'un animal. Cette espèce de sac est très-employée dans beaucoup de pays pour enfermer et transporter des liquides.

toute sa vigueur, il se couvre de fleurs (les chatons, fig. 1)
et, par suite, de fruits (les glands, fig. 2).

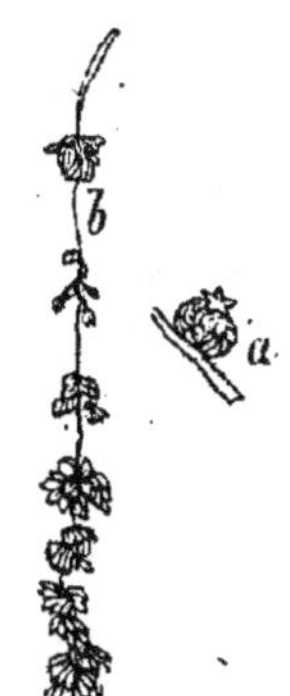

Fig. 1.   Fig. 2.

Toutes ces parties, si différentes, d'aspect, d'étendue, etc., diffèrent encore par le rôle qu'elles jouent
dans la vie du végétal. Ce rôle, cet emploi de chaque
partie, est appelé *fonction*.

Chaque partie distincte, douée ainsi d'une fonction,
est appelée *organe*.

Et, en général, l'être dans lequel on aperçoit ainsi
des organes doués de fonctions est appelé *être organisé*.

Étudions d'abord les organes de notre chêne.

[158c] Le tronc, à partir de la surface du sol jusqu'aux
premières branches, est à peu près cylindrique, et il est
revêtu d'une écorce brunâtre, fendillée, rugueuse.

Scié horizontalement, ce tronc montre, au centre, un
cercle très-étroit qui, par la consistance et la couleur,

diffère du reste : c'est la *moelle*. Tout autour de la moelle s'étend une large zone foncée très-dure : c'est le *cœur* ou *bois parfait*. Entre cette zone et l'écorce se trouve une zone moins épaisse, moins dure et plus pâle, qu'on appelle l'*aubier*. Entre l'aubier et l'écorce on trouve un mince réseau filamenteux qui est le *liber*. Au delà du liber on trouve l'*écorce*, et enfin, par-dessus l'écorce, tout à l'extérieur du tronc, on trouve l'*épiderme*.

Le tronc, ce grand organe cylindrique d'une apparence extérieure si simple, est donc composé d'un grand nombre de parties emboîtées les unes dans les autres, qui, chacune, sont elles-mêmes des organes distincts.

La moelle, au microscope [1], se montre toute composée de cellules ; celles du centre sont plus grosses que celles des bords de la moelle. Elle est enveloppée d'un certain nombre de *fibres*, c'est-à-dire de cellules très-allongées et de *vaisseaux*, c'est-à-dire de longs conduits d'un diamètre extrêmement petit, et la plupart formés, sans doute, d'une suite de cellules perforées. Ces vaisseaux et ces fibres forment autour de la moelle un étui très-mince que l'on nomme *étui médullaire*.

La zone large, foncée et dure, de bois parfait, qui environne la moelle, est composée de fibres et de vaisseaux disposés en cercles concentriques [24*n*]. La zone d'au-

---

[1] V. *notes.*

bier est également formée de fibres et de vaisseaux, mais beaucoup moins pressés et moins incrustés de ligneux [158*r*] que ne l'est le bois parfait. On compte sur la section du tronc autant de cercles concentriques que l'arbre a vécu d'années, et il est démontré que chaque année il se forme ainsi une nouvelle zone de bois. Ces zones annuelles varient d'épaisseur selon que les années ont été plus ou moins favorables à la végétation, et dans un bon terrain elles sont plus épaisses.

L'écorce elle-même, comme le tronc qu'elle recouvre, est formée de couches concentriques; mais ces couches annuelles sont plus minces que celles du bois et d'une composition différente. Sur ce point les détails seraient inutiles à notre objet.

L'épiderme, *membrane* [1] transparente qui recouvre l'écorce et tout le végétal, et que l'on détache assez facilement des feuilles et des jeunes pousses, est formée de deux parties distinctes : l'une, extérieure, est une pellicule très-mince ; l'autre, intérieure, se compose d'une couche de cellules aplaties et juxtaposées, c'est-à-dire jointes par leurs bords comme une mosaïque.

Il existe encore des doutes sur le mode de développement des organes partiels dont se compose le tronc dans son ensemble ; mais il est indubitable qu'à l'origine ils proviennent de cellules extrêmement petites qui, en se multipliant, s'ajoutant et s'emboîtant, forment toutes les

---

[1] On appelle ainsi, en général, les tissus organiques minces.

parties du tronc. A tous les âges du végétal, le microscope rend cette structure originelle évidente. Les doutes
ne portent, je le répète, que sur les modes selon lesquels
ces cellules s'ajoutent et se relient pour composer les tissus, les vaisseaux, etc.

Les fibres et les vaisseaux, comme les cellules dont ils
sont formés, offrent au microscope des apparences très-
variées. Certains de ces vaisseaux, nommés *trachées*,
sont formés d'une membrane cylindrique à la paroi intérieure de laquelle une sorte de fil s'enroule en spirale
déroulable comme un élastique
de bretelle.

« Quant à la direction que
« suit la spirale de la trachée,
« on a remarqué qu'il y en a
« une beaucoup plus fréquente
« que l'autre : c'est celle de
« gauche à droite. » Jussieu.

[158*d*] L'examen d'un très-
jeune rameau (fig. 5) suffit à
faire comprendre la formation
des branches. On voit qu'en
général [158*x*], il part de l'aisselle *a* d'une feuille *b;* et à
l'aisselle de chaque feuille qu'il
porte lui-même, on voit un

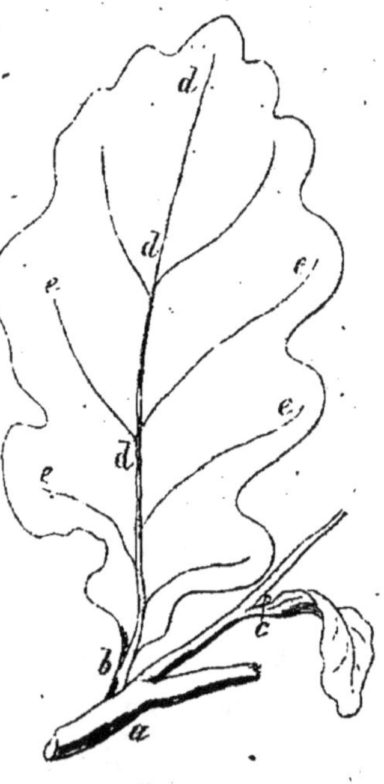

Fig. 5.

petit bouton *c*, destiné à former un nouveau rameau
l'année suivante. Ce petit bouton s'appelle *bourgeon*.

Les branches qui garnissent le tronc sont ainsi nées autrefois à l'aisselle d'une feuille. Ces branches se développent, s'allongent et grossissent de la même manière que
le tronc; leur section montre les mêmes parties et la
même disposition que dans le tronc, mais on y compte
d'autant moins de zones concentriques que leur formation est plus récente. Si, par exemple, une branche est
née quand le tronc avait déjà cinq ans, on y comptera
cinq zones de moins que dans le tronc.

[158e] Les racines dans leur ensemble présentent une
disposition assez analogue à celle du tronc et des branches; c'est-à-dire que si l'on compare la moitié supé-

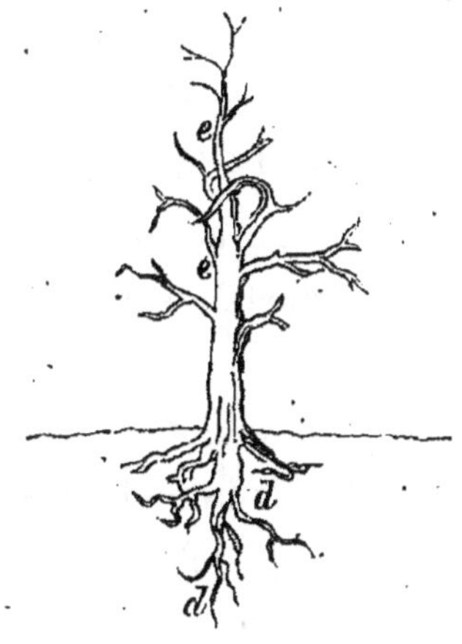

Fig. 4.

rieure du tronc, portant ses
branches et ses rameaux, avec
la partie inférieure du tronc d'où
s'étendent ses racines, ces deux
moitiés du végétal sont fort
ressemblantes.

La racine principale d (fig. 4),
qui correspond au prolongement aérien e du tronc, est
appelée *pivot;* elle se ramifie,
mais non point comme la tige
aérienne. 1° Dans celle-ci l'insertion[1] des feuilles détermine la disposition des rameaux, puisque les bour-

---

[1] Du verbe *insérer*, attacher, introduire. En anatomie, insertion, signifie : *attache d'une partie sur une autre.*

geons qui donnent naissance aux rameaux se trouvent
à l'aisselle des feuilles. La régularité avec laquelle celles-ci sont disposées, détermine donc la disposition régulière des rameaux; tandis que les racines ne portent
point de feuilles, et leurs ramifications ne sont point
régulières comme celles de la tige aérienne. 2° Les rameaux croissent, comme les tiges, à la fois en longueur
et en largeur, de sorte que la distance entre deux entre-nœuds d'une pousse augmente pendant toute la
croissance de cette pousse; tandis que la distance entre
deux ramifications d'une racine n'augmente point avec
le temps. Chaque tronçon de racine croît donc en grosseur, mais non en longueur. La cause de cette différence
est facile à saisir. Pour les tiges aériennes aucun obstacle ne s'oppose à la croissance des tronçons en longueur;
tandis que la masse des terres placées au-devant de chaque bifurcation des racines oppose un obstacle insurmon-
table à l'allongement des tronçons.

Les ramifications des racines, surtout vers leurs extrémités, sont garnies de *fibrilles*, sorte de fils blanchâtres
auxquels on a donné le nom de *chevelu*. Il se flétrit sur
les vieilles racines et se reproduit sur les extrémités des
racines les plus jeunes.

L'organisation des racines est assez différente de celle
des rameaux. On n'y trouve, en général, point de moelle;
elles offrent, comme le tronc et les rameaux, des cercles
concentriques de fibres et de vaisseaux, une écorce, un
épiderme; mais l'ensemble des tissus est plus serré, plus

compacte, plus gorgé de sucs ; leurs ramifications sont tantôt plus tortueuses, tantôt plus allongées que celles des branches, et ces ramifications souterraines ne paraissent pas suivre la même loi que les ramifications aériennes. Les fonctions des racines, la terre qui les presse, les obstacles qui s'opposent souvent à leur développement rectiligne[1], ou les circonstances particulières qui les favorisent, expliquent ces différences.

Néanmoins ces différences, entre les parties aériennes et les parties souterraines de notre chêne, n'empêchent point qu'au total l'arbre aérien et l'arbre souterrain n'offrent une assez grande ressemblance; et si d'un côté de la tige aérienne les rameaux sont plus développés que de l'autre côté, d'ordinaire le développement des racines offre la même inégalité semblablement disposée. Cette remarquable relation entre les deux parties du végétal, se manifeste clairement lorsqu'une branche principale est brisée ou coupée ; alors les racines correspondantes souffrent et même périssent; et lorsque, par la taille, on modifie la forme de l'arbre aérien, peu à peu l'arbre souterrain prend une forme semblable.

[158*f*] Les feuilles du chêne (fig. 3) présentent deux parties distinctes : le *limbe*, c'est-à-dire la partie longue, large, plate et festonnée; et le *pétiole b*, que l'on nomme vulgairement la queue[2].

---

[1] C'est-à-dire *en droite ligne*. De *recte*, mot latin qui signifie *droit*.

[2] Chez beaucoup de végétaux, tels que le rosier (fig. 14), ce pétiole est élargi à sa base de manière à entourer plus ou moins le rameau où il s'in-

Ainsi que tous les autres organes du végétal, la feuille et son pétiole sont composés de cellules, de fibres et de vaisseaux. Le microscope fait voir comment ces fibres et ces vaisseaux émanent du rameau, se réunissent pour former le pétiole et divergent ensuite pour former le limbe.

La feuille est parcourue dans son milieu par le faisceau principal de ces fibres et de ces vaisseaux, qui forment la *nervure médiane d d d*. De chaque côté de ce faisceau principal, des faisceaux secondaires rayonnent et s'étendent jusque vers les bords de la feuille, dont ils forment les *nervures d e*; ces faisceaux secondaires donnent eux-mêmes naissance à de nombreux petits vaisseaux qui parcourent la feuille en tous sens et *s'anastomosent* [1] entre eux. Chaque face de cet appareil *vasculaire* [2] est garnie d'une couche de cellules qui forment le *paren-chyme*; et les deux *pages*, c'est-à-dire le dessus et le dessous de la feuille, sont recouvertes par l'épiderme.

Les cellules du parenchyme de la feuille sont remplies de petits granules verts auxquels elles doivent leur couleur. Ces granules, dont l'importance est grande dans la

sère. Cet élargissement du pétiole se nomme *gaîne*, et ces sortes de feuilles sont dites *engaînantes*. Souvent aussi on trouve de chaque côté du pé-tiole de petits appendices, de forme très-diverses, auxquels on a donné le nom de *stipules*. Les feuilles sont alors dites *stipulées*. Chez les feuilles du rosier, fig. 14, les stipules *s* sont pointues comme de petites lames de couteau qui s'écartent de chaque côté du pétiole.

[1] *Anastomose*, abouchement d'un vaisseau dans un autre. Deux vais-seaux *s'anastomosent* lorsqu'ils s'embouchent l'un dans l'autre.

[2] *Vasculaire*, c'est-à-dire formé de vaisseaux.

vie du végétal, sont composés d'une substance à laquelle on a donné le nom de *chlorophylle* [158*t*].

Quelle que soit la position du rameau auquel elles appartiennent, quelque changement que l'on opère dans la direction d'un rameau, les feuilles du chêne et de tous les végétaux tordent et infléchissent leur pétiole de manière à tourner leur page supérieure vers le ciel et leur page inférieure vers la terre ; elles prennent cette direction dans l'obscurité aussi bien qu'à la lumière, et s'y retournent de même au besoin pour la reprendre.

Mais, en outre, les feuilles tendent à présenter leur face supérieure vers la lumière. Si dans une chambre la lumière leur vient d'un seul côté, elles se tourneront toutes de ce côté; et si l'on retourne le vase qui contient la plante, les feuilles se retourneront bientôt vers le côté d'où leur vient la lumière.

Cette double tendance existe aussi chez les racines et les tiges.

Dans l'obscurité, comme à la lumière, les tiges tendent vers le ciel et les racines vers la terre. Et si une plante qui végète dans un verre d'eau est placée dans une chambre éclairée d'un seul côté, sa tige s'infléchit de ce côté, et ses racines s'infléchissent en sens contraire. Il y a donc analogie entre une tige et la page supérieure d'une feuille, entre une racine et la page inférieure d'une feuille.

Mais, chose remarquable, la lumière n'agit ainsi sur les tiges et les racines que par ses rayons bleus, indigo et violets [65]. « Dans une chambre éclairée par une « lumière jaune, orangée ou rouge, la plante se com- « porte comme dans l'obscurité, quelle que soit l'inten- « sité de la lumière, c'est-à-dire que ni la tige ni les ra- « cines ne s'infléchissent. » (Payer.)

[158g] L'arrangement des feuilles sur les tiges végé- tales mérite beaucoup d'attention.

On appelle *nœuds* les points d'une tige, d'un rameau, où sont attachées les feuilles, et on appelle *entre-nœuds* les intervalles nus qui se trouvent entre ces points. Selon les espèces, chaque nœud porte une ou plusieurs feuilles; dans le chêne, il n'en porte qu'une. Au reste, dans l'ensemble des espèces végétales, le cas où chaque nœud ne porte qu'une feuille est le plus ordinaire.

Pour un grand nombre d'espèces, la régularité de l'arrangement des feuilles est facile à reconnaître. Tels sont les cas où les feuilles sont *alternes*, c'est-à-dire si- tuées alternativement de chaque côté de la tige : exemple, le tilleul; ou *opposées*, c'est-à-dire prenant naissance à la même hauteur vis-à-vis l'une de l'autre : exemple, le lilas.

Or, chez beaucoup de végétaux, tels que le chêne, où chaque nœud ne porte qu'une feuille, ces feuilles se pré- sentent de tous les côtés de la tige, sur laquelle, au pre- mier abord, elles paraissent éparses.

Mais si l'on suit avec attention l'ordre d'insertion des feuilles, on voit qu'elles suivent une ligne spirale [24r] autour de la tige, et que le nombre des feuilles insérées

sur un tour de spire est le même d'un bout à l'autre de
la tige. Cette disposition est très-facile à reconnaître sur
une branche de cerisier, fig. 5. On voit que la sixième

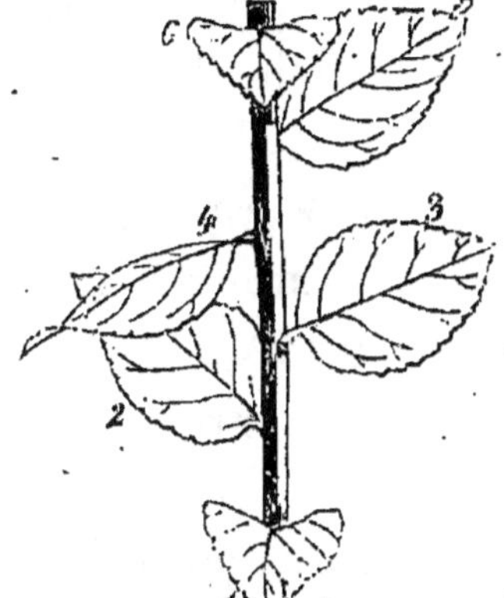

feuille vient se placer verticalement, au-dessus de la première,
après deux tours de spire.

Le nombre des feuilles insérées sur un ou plusieurs tours
de spire varie selon les espèces ; mais, quel qu'il soit, il est
généralement le même sur toutes les branches d'un individu
et sur tous les individus d'une
même espèce.

Fig. 5.

En résumé, il existe donc deux types apparents de *foliation* ou arrangement des feuilles autour de la tige :
1.° la *foliation en spirale*, où chaque nœud ne porte
qu'une feuille ; 2° la *foliation verticillée*, où chaque
nœud porte au moins deux feuilles, et souvent beaucoup
plus, qui sont disposées autour d'un même point de la
tige, comme les rayons d'un parapluie.

Quelquefois les feuilles sont disposées par *demi-verti-
cilles alternes*, c'est-à-dire que trois feuilles, par exemple, s'insèrent alternativement de chaque côté de la tige
et à une même hauteur ; mais, quels que soient le
nombre et la disposition des feuilles verticillées, on arrive à reconnaître qu'elles sont encore en spirale, non
pas sur une seule spirale, mais sur autant de spirales

qu'il y a de feuilles à chaque nœud. L'examen des végétaux prouve qu'en effet ces deux types de foliation ne sont pas essentiellement différents; car il arrive souvent qu'une plante à feuilles opposées, telle que le myrte, montre des feuilles alternes à l'extrémité de ses.rameaux.

Enfin, presque toujours la spirale tourne dans le même sens sur les tiges et sur les rameaux d'un même végétal; cependant, chez certaines espèces, la spirale tourne dans un sens sur la tige, et dans l'autre sens sur les rameaux.

[158*h*] La situation des fleurs sur les végétaux n'est pas la même dans toutes les espèces; mais, d'ordinaire, elles sont placées à l'extrémité des ramifications. L'arrangement des fleurs sur les rameaux est appelé *inflorescence;* il en existe de beaucoup de sortes.

Toute fleur, quels que soient sa forme, sa couleur, le nombre et la disposition de ses parties, est entièrement composée de feuilles plus ou moins modifiées. La métamorphose est extrême dans la plupart des fleurs; mais, sur les fleurs de certaines espèces, on peut suivre toutes les transitions successives de la feuille ordinaire du végétal aux diverses parties de la fleur. Cela est très-bien démontré dans tous les ouvrages qui traitent de la botanique.

La fleur est donc, dans son ensemble, une sorte de bourgeon modifié.

Le bourgeon ordinaire, qui termine la tige ou naît à

l'aisselle des feuilles, est destiné à continuer le développement de l'individu végétal ; mais les feuilles modifiées qui constituent la fleur ne portent pas de bourgeon à leur aisselle. Elles concourent à la formation des embryons ou *graines* destinées, non plus à développer l'individu, mais à développer l'espèce, à la propager. Ainsi, *la fonction spéciale de toute fleur est la formation d'un ou plusieurs fruits ou semences, destinés à reproduire des individus semblables à celui qui les a engendrés.*

L'étude des diverses parties des fleurs et de leurs fonctions reproductrices ne doit pas trouver place ici ; mais, pour l'intelligence de la suite de cet ouvrage, nous devons dès à présent dire quelles sont les parties essentielles des fleurs.

Une fleur complète et régulière se compose de quatre sortes de feuilles modifiées.

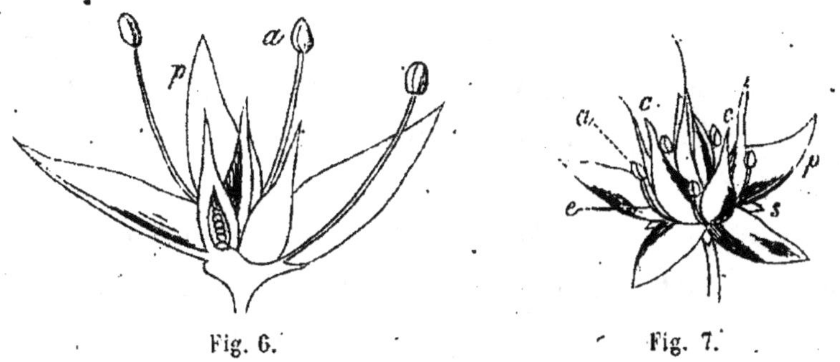

Fig. 6.　　　　Fig. 7.

Prenons pour exemple la fleur idéale (fig. 6) qui, dans la fig. 7, est représentée coupée par son milieu, afin qu'on puisse mieux en distinguer les parties.

A l'extérieur se trouvent des *folioles* vertes, *s*, nommées *sépales*, qui forment ensemble le *calice*.

A l'intérieur du calice les folioles colorées, *p*, nommées *pétales*, forment ensemble la *corolle*.

A l'intérieur de la corolle on voit des *filets*, *e*, terminés
par de petits sacs jaunes, *a :* ce sont les *étamines*. Les
petits sacs *a* sont appelés *anthères*.

Enfin au centre de la fleur se trouvent des corps allongés ou *carpelles*, *c*, qui forment le *pistil*. Ici les cinq
carpelles sont séparés ; souvent ils sont soudés ensemble et se terminent par un épanouissement nommé
stigmate, comme on peut le voir en *a* fig. 1, et en *s* fig. 9.

Le pistil contient une ou plusieurs cavités nommées
ovaires, où se développent un ou plusieurs embryons,
selon les espèces.

Les anthères, *a*, des étamines, contiennent une poussière jaune qui, en se répandant sur le stigmate du
pistil, féconde l'embryon, c'est-à-dire le rend capable de
se développer dans l'ovaire, et ensuite de germer et de
produire une plante semblable à celle où il s'est développé.

Ainsi que nous l'avons dit, toutes ces parties de la
fleur ne sont autre chose que des feuilles modifiées. Souvent les sépales du calice, par leur couleur verte et leur
forme très-peu altérée, révèlent au premier coup d'œil
leur véritable nature. Malgré leur couleur, très-rarement
verte, les pétales de la corolle, par leurs nervures et
leur texture, montrent encore une parenté étroite avec

les véritables feuilles. Les étamines, d'ordinaire si différentes d'une feuille, prennent cependant chez quelques
espèces des formes qui ne laissent pas le moindre doute
sur leur analogie. Et presque toujours le pistil est très-
visiblement formé de véritables feuilles repliées et soudées, ou pressées les unes contre les autres. Chacune de
ces feuilles repliées qui composent le pistil est appelée
carpelle; quelquefois il n'y a qu'un carpelle.

Dans la fleur idéale que nous donnons pour exemple,
les parties différentes sont disposées par verticilles alternes et emboîtés. Le plan de
cette fleur est représenté (fig. 8)
avec des proportions agrandies
qui rendent cette disposition plus
visible. Les points d'insertion des
sépales *s s*... des pétales *p p*... des
étamines *e e*... et les carpelles

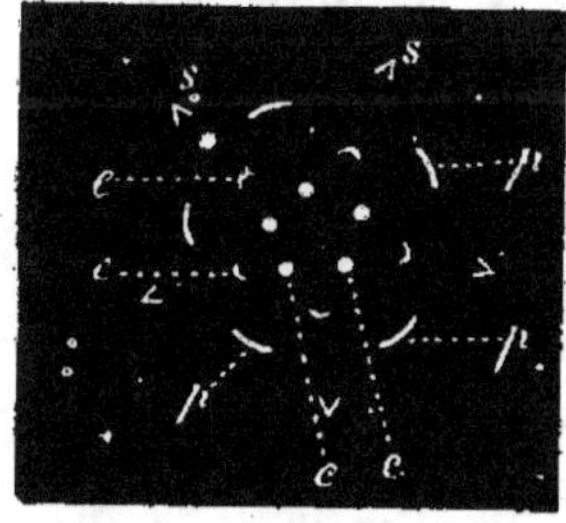

Fig. 8.

c c... alternent régulièrement par verticilles concentriques. Il existe aussi des fleurs où les parties de deux verticilles contigus n'alternent point, mais sont superposées.
Par exemple, les étamines, au lieu d'être insérées, comme
fig. 7, en face des sépales, peuvent être insérées en face
des pétales.

Cette disposition par verticilles est très-fréquente;
mais un examen attentif montre que dans beaucoup de
fleurs en apparence verticillées, les parties sont réellement disposées en spirale. L'arrangement de ces parties
des fleurs se rapporte donc, comme on devait s'y atten-

drc, à l'arrangement spiral de la foliation, dont nous avons parlé.

Toute fleur qui contient un même nombre de parties semblables dans chaque verticille alternant régulièrement est *régulière et complète*. Telle est la fleur idéale (fig. 6) qui contient cinq parties semblables dans chaque verticille. Telle serait encore une fleur composée de trois sépales, trois pétales, trois étamines, et trois carpelles, tous semblables entre eux et alternant régulièrement.

Une fleur est *incomplète* lorsqu'elle manque de certaines parties, par exemple de pétales, d'étamines ou de pistil; et l'on conçoit qu'elle peut être irrégulière d'une multitude de manières, selon que l'insertion, la disposition, la figure et le nombre de chacune des parties sont plus ou moins irréguliers. L'inégalité de développement des parties d'un même verticille, soit du calice ou de la corolle, soit des étamines ou du pistil, constitue d'ailleurs, à elle seule, une irrégularité. Mais, en général, *le nombre et la disposition, régulière ou non, des diverses parties de la fleur sont toujours les mêmes dans chaque espèce.*

Dans beaucoup d'espèces, telles que les fuchsias, les sépales sont colorés; quelquefois même ces sépales ont toute l'apparence des pétales, comme chez l'ancolie, l'hortensia, etc. Cela ne constitue point une irrégularité.

Nous venons de dire que les fleurs peuvent manquer des étamines ou du pistil. Celles qui manquent d'étamines et qui ont un pistil sont appelées *fleurs femelles*, parce

qu'elles contiennent les ovules ou embryons ; telles sont :
la fleur femelle du concombre, fig. 9[1], et le chaton *a*
fig. 1; celles qui manquent de pistil et qui portent des
étamines sont appelées *fleurs mâles*, parce que leur concours est nécessaire aux premières pour que l'embryon
qu'elles contiennent puisse se développer dans l'ovaire et
devenir capable de *germer*. Telles sont : le chaton *b*
fig. 1 et la fleur mâle du concombre, fig. 11[2].

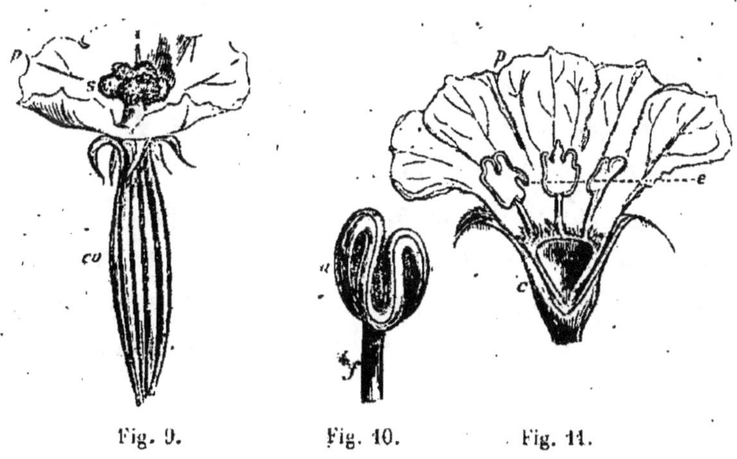

Fig. 9.   Fig. 10.   Fig. 11.

Les fleurs qui portent à la fois des étamines et un
pistil sont appelées *hermaphrodites*.

Chez beaucoup de végétaux, tels que les melons, les
citrouilles, le noisetier, le chêne, les fleurs mâles et les

[1] *co*, calice soudé à l'ovaire, — *p*, corolle, — *s*, stigmates.
[2] Les enveloppes de cette fleur ont été fendues et écartées pour montrer l'intérieur : *c*, calice, — *p*, corolle, — *e*, étamines.
La fig. 10 représente une étamine séparée : *f*. filet, — *a*. anthère.

fleurs femelles se rencontrent sur le même individu ; chez
d'autres, tels que le chanvre, les fleurs mâles et les
fleurs femelles se rencontrent
sur des individus différents.

Enfin, certains végétaux
portent à la fois sur le même
individu des fleurs mâles,
des fleurs femelles et des
fleurs hermaphrodites. Ces
végétaux sont appelés *poly-
games*.

[158*i*] Les feuilles des vé-

Fig. 12.

gétaux ne se transforment pas seulement en fleurs.
Chez beaucoup d'espèces, telles que le pois, elles se
transforment aussi en *vrilles*, *a* (fig. 12) en se réduisant
à leurs nervures principales. D'autres fois, comme il
arrive souvent dans l'*épine-vinette*, elles se transforment
en *piquants*.

Ces vrilles, ces piquants, peuvent d'ailleurs résulter
de la transformation de parties autres que les feuilles.
Ainsi, chez la vigne, les vrilles sont une transformation
de la tige elle-même, et le sarment qui s'élève au-dessus
du nœud où paraît la vrille n'est que le bourgeon *axil-
laire*, c'est-à-dire né à l'aisselle de la feuille correspondante, qui, en se développant, a fait avorter la tige, et,
prenant sa place dans le développement du végétal, l'a
réduite à une vrille. Chez les melons, les concombres, ce
sont les stipules qui se transforment en vrilles.

Chez l'ajonc, le *prunellier épineux*, fig. 15, ce sont
les rameaux qui se transforment en piquants; chez l'a-
cacia, fig. 14, ce sont les stipules *ss*.

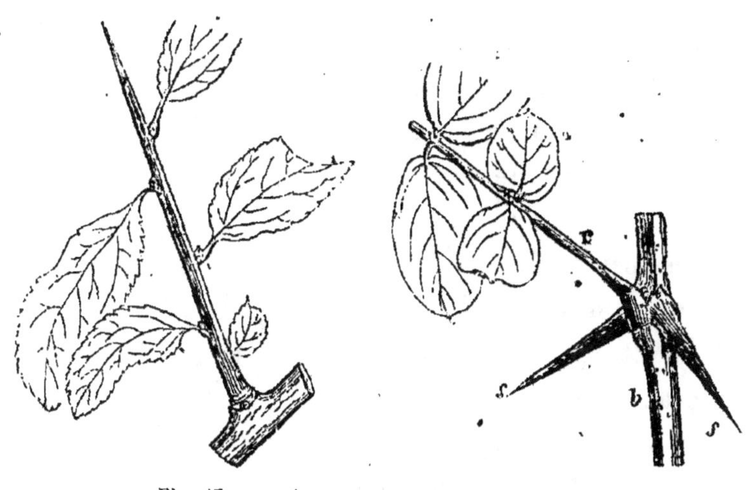

Fig. 15.   Fig. 14.

Les épines des rosiers, *a*, fig. 15, ne sont point des organes transformés, elles ne sont que des appendices
irrégulièrement disposés sur les tiges *r*, les nervures des
feuilles, etc., et comparables à des poils très-grossis.

Le houblon, les liserons, les haricots et beaucoup d'autres plantes grimpantes dépourvues de vrilles, s'enroulent par leur tige elle-même, qui réunit ainsi les deux
fonctions de tige et de vrille. Le sens dans lequel s'enroulent ces tiges grimpantes *volubiles* n'est pas le même dans
toutes les espèces. Ainsi, les liserons s'enroulent de
droite à gauche, et le houblon s'enroule de gauche à

droite. Le sens de l'enroulement est constant dans chaque
espèce, et il est impossible de les faire s'enrouler en
sens contraire.

Les écailles qui recouvrent et protégent en hiver les
bourgeons des chênes, ormes,
hêtres, châtaigniers, etc., sont
aussi des stipules transformés
qui tombent quand les bourgeons se développent : ce sont
des organes *caduques*.

Les écailles de l'érable sy-
comore sont des limbes *atro-
phiés* [1] et épaissis des feuilles
extérieures des bourgeons.

Chez le frêne, le groseillier,
le rosier, elles sont formées
par le pétiole des feuilles extérieures dont le limbe a
avorté. Un bourgeon de rosier ou de groseillier nouvellement développé montre une série de transformations,
depuis l'écaille proprement dite du bourgeon jusqu'à la
feuille normale.

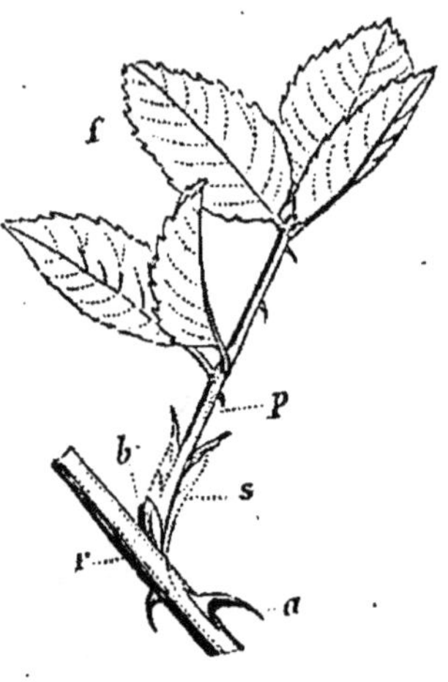

Fig. 15.

« Dans beaucoup de plantes aquatiques, les feuilles
« varient selon le milieu dans lequel elles se développent.
« Chez la renoncule aquatique, par exemple, les feuilles
« supérieures qui s'élèvent au-dessus de l'eau ont un

---

[1] Expression très-employée en physiologie ; l'atrophie est une réduc-
tion extrême des formes d'un organe.

« limbe plein dont les nervures sont réunies entre elles
« par un parenchyme complet; les inférieures, au con-
« traire, qui sont nées sous l'eau, sont réduites à leurs
« nervures, et ressemblent par suite, jusqu'à un certain
« point, à des racines. » (Payer. *Élém. de Botanique.*)

Sur le néflier sauvage, les feuilles d'un grand nombre
de bourgeons avortent complétement, et le bourgeon se
réduit à une épine. Dans les jardins, par l'effet de la culture, aucun des bourgeons de cet arbre ne se réduit ainsi
à un piquant; tous portent des feuilles et des fruits.
Analogie frappante de ce qu'on observe chez beaucoup
d'humains où certaines facultés qui, développées, auraient donné des fruits, se réduisent par le manque de
culture à des aspérités stériles et hostiles.

Une autre transformation des bourgeons mérite bien
d'être remarquée.

En général, le bourgeon est destiné à produire une
branche : mais sur certaines plantes, telles que le lis bul-
bifère, l'oignon d'Égypte cultivé pour la table, les bourgeons ne se développent pas en branches. Ils sont courts,
ramassés, gonflés de sucs, et reproduisent la plante lorsqu'ils sont semés comme une graine ordinaire.

Les tiges de beaucoup de plantes affectent des formes
qui, au premier abord, peuvent tromper sur leur véritable nature. Ainsi, les bulbes ou oignons des tulipes, et
les pommes de terre, ne sont autre chose que de véritables tiges souterraines, et les *caïeux* qui se trouvent à
l'aisselle des écailles des bulbes peuvent, étant séparés de

l'oignon ou bulbe, jouer le rôle de graines comme les bulbilles dont nous venons de parler et les *yeux* des pommes de terre.

Ajoutons d'ailleurs qu'en général tout bourgeon séparé d'une plante, tout rameau convenablement traité, peut donner naissance à un végétal semblable à celui dont il a été séparé. C'est le principe des *boutures*.

Beaucoup de plantes, comme le chiendent, émettent des branches souterraines d'une organisation intermédiaire entre celle de la tige et celle des racines, mais cependant plus voisine de celle de la tige. Ces branches souterraines portent le nom de *rhizomes*.

Ainsi, *les diverses parties des végétaux sont susceptibles de transformations variées.*

Et, comme conséquence, *beaucoup de végétaux peuvent se reproduire, propager leur espèce de plusieurs manières différentes.*

[158j] Nous ne dirons rien ici des différentes formes et des qualités des fruits. Il suffit de savoir qu'en général, quelles que soient les formes et les particularités qui distinguent ses enveloppes, tout fruit contient un embryon, tels que les *amandes* des fruits à noyaux et des glands, les *pepins* des pommes, des oranges et du raisin, les *grains* de blé et d'orge, les *graines* de réséda, de pavot et des plantes potagères, etc.

Tout le monde connaît le gland, fruit et semence du chêne.

Jusqu'à sa maturité, il est en partie contenu dans une

jolie coupe qui elle-même, dans plusieurs espèces, tient à l'arbre par une queue que l'on nomme *pédoncule;* mais le gland de l'espèce si répandue dans nos climats, et que nous avons représenté fig. 2, n'a point de pédoncule, il est *sessile,* c'est-à-dire attaché directement au rameau qui le porte[1].

Pédonculé ou sessile, à l'époque de sa maturité le gland se détache du rameau qui le portait; tombé à terre, il est désormais en état de reproduire un chêne par *germination.*

Dans l'origine, à l'époque où la fleur femelle du chêne s'est épanouie, le gland n'était qu'un très-petit utricule, un *ovule;* mais après la fécondation résultant du concours des fleurs mâles du chêne, d'autres utricules se sont formés dans l'intérieur de l'ovule primitif, le fruit a grossi, ses diverses parties se sont formées, et, au moment où nous le voyons tomber de l'arbre, c'est tout un appareil très-compliqué.

Il est contenu dans plusieurs enveloppes qui se recouvrent les unes les autres. Si l'on enlève ces enveloppes, on voit d'abord que l'*amande* se sépare en deux moitiés semblables l'une à l'autre, et que l'on nomme *cotylédons.* Ces cotylédons tiennent tous deux par l'une de leurs extrémités à un petit corps qui est l'embryon proprement dit.

---

[1] Cette expression, *sessile,* se dit également des fleurs, des feuilles et des fruits lorsqu'ils n'ont point de pédoncule. Au cas contraire on les dit *pédonculés.*

Notre fig. 16 représente l'*amande* entr'ouverte du
fruit de l'amandier, où les diverses parties de l'embryon
sont beaucoup plus visibles
que dans le fruit du chêne ;
il se compose, comme celui du
chêne, d'une pointe *a* appelée
radicule (petite racine), et
d'un mamelon *g* placé entre les
deux cotylédons. A la loupe, on y distingue très-bien
des feuilles rudimentaires[1] ; c'est pourquoi ce mamelon
a reçu le nom de *gemmule*[2].

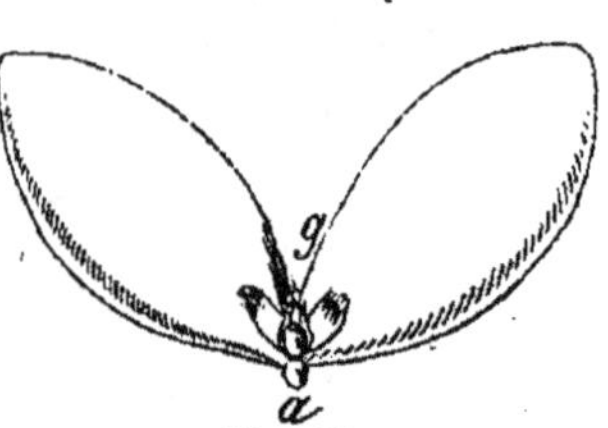
Fig. 16.

Toutes ces parties de la graine sont composées d'utricules agglomérés, à travers lesquels on aperçoit des ramifications vasculaires. Les utricules des cotylédons contiennent un grand nombre de *granules* (petits grains)
d'une substance particulière appelée *fécule* [158r].

[158k] Maintenant voyons comment le chêne sort du
gland où jusqu'alors sa vie n'a été qu'embryonnaire ;
voyons comment cesse ce sommeil de l'être et quelles
sont les fonctions des organes.

Enfoncé dans la terre à une petite profondeur, ou recouvert de quelques feuilles mortes et d'autres débris
apportés par les vents, le gland se trouve soumis à l'influence de l'air et d'un certain degré de chaleur et d'hu-

---

[1] En histoire naturelle, *rudiment* se dit des premiers linéaments de la
structure des organes ; *rudimentaire* signifie : qui a le caractère d'un
rudiment, d'une ébauche.

[2] Gemmule, petit bourgeon, du latin *gemma*. bourgeon.

midité. Alors commence la *germination*, qui ne saurait s'accomplir sans la réunion de ces conditions.

Toutes les parties du gland se gonflent. Des actions chimiques [97] s'y produisent; notamment une partie de l'eau absorbée paraît être décomposée en fournissant l'hydrogène nécessaire à la formation de nouvelles cellules. Les sucs, les grains de fécule accumulés dans les cotylédons, subissent des modifications qui les rendent aptes à nourrir l'embryon, c'est-à-dire à concourir à son développement en lui fournissant les substances nécessaires.

Bientôt la radicule, s'étant enrichie de nouvelles cellules, sort des enveloppes du gland et pénètre dans le sol. En même temps, la gemmule forme de nouvelles cellules, grossit, grandit, perce ses enveloppes et s'élève au-dessus du sol. La germination est alors achevée.

A ce moment, la jeune plante nous présente déjà, avec leurs fonctions normales, les racines et la tige feuillée, c'est-à-dire les deux moitiés, l'une souterraine, l'autre aérienne, que nous avons trouvée dans le chêne devenu arbre. Les cotylédons, toujours attenant au jeune chêne, sont demeurés en terre et continuent à fournir leur substance, jusqu'à ce que, épuisés, ils se détachent et se décomposent.

[158*l*] La fonction des racines est d'absorber l'eau contenue dans la terre. Les cellules qui forment l'intérieur des racines n'offrent aucune ouverture au dehors ; elles ne peuvent donc absorber les liquides de la même ma-

nière qu'une éponge criblée de lacunes; mais l'expérience
suivante rend compte du phénomène.

(Fig. 17), *a* est une petite poche formée d'une membrane animale ou végétale, et liée hermétiquement à un
tube de verre *b*. Cette poche et le bas du
tube étant remplis d'une dissolution épaisse
de gomme, si l'on plonge l'appareil dans
l'eau pure contenue par le vase *c*, on voit
bientôt le niveau du liquide gommé s'élever
rapidement dans le tube, et le niveau de
l'eau pure baisser dans le vase. En exami-

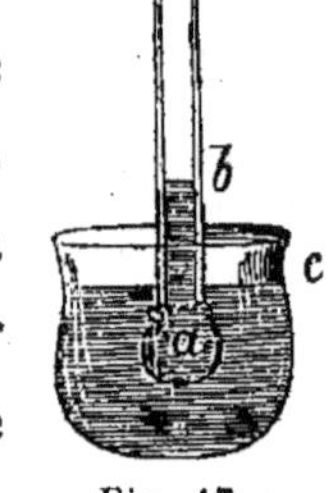

Fig. 17.

nant alors les deux liquides, on trouve qu'à travers la
membrane un peu de liquide gommé a passé dans l'eau
pure, mais qu'une beaucoup plus grande quantité d'eau a
passé dans le liquide gommé.

Si l'on intervertit les conditions de l'expérience en
mettant l'eau pure dans la poche et l'eau gommée dans le
vase, c'est toujours le niveau de l'eau pure qui baissera
rapidement dans le tube, et le niveau de l'eau gommée
qui montera dans le vase; et l'examen des deux liquides
montrera le même résultat que dans l'expérience précédente. A travers la membrane l'eau aura passé beauconp
plus rapidement vers le liquide gommé que celui-ci n'aura
passé vers l'eau.

Si l'on remplaçait la gomme par le sucre ou l'albumine,
[158*r*] et plusieurs autres substances, on obtiendrait les
mêmes résultats.

Nous ne discuterons pas ici ces phénomènes *d'endos-*

mose (tel est le nom qu'on leur donne), nous ferons seulement remarquer que *leur intensité augmente sous l'action de la chaleur;* mais, quelle que soit la cause à laquelle on doive les rapporter, ils rendent compte de l'absorption qui s'opère par les racines, car la membrane cellulaire est analogue à celle de notre appareil, et les sucs liquides contenus dans les cellules végétales sont en grande partie composés des trois substances que nous venons de nommer : sucre, gomme, albumine, dissoutes en proportions diverses; de sorte que les cellules en présence de l'eau du sol doivent se conduire comme la poche *a* dans la première expérience.

C'est d'ailleurs par l'extrémité des racines que l'absorption est la plus active. Là, en effet, leur jeune tissu est beaucoup plus perméable que le tissu compacte, et même revêtu d'écorce, des parties des racines plus anciennement formées.

Les racines absorbent, avec l'eau, les substances qu'elle peut avoir dissoutes. Ces dissolutions de l'eau du sol, étant presque toujours extrêmement faibles, agissent comme l'eau pure dans le phénomène d'endosmose; mais les substances qui ne sont que délayées et en *suspension* dans l'eau, quel que soit leur degré de ténuité [8], telles que le carmin et d'autres matières colorantes, ne sont point absorbées. Au reste, les racines absorbent les dissolutions nuisibles au végétal aussi bien que celles qui lui sont utiles.

Ajoutons que dans toutes les parties extérieures du végétal, les cellules, qui contiennent des sucs plus ou moins épais, absorbent de même l'eau des pluies et la rosée. C'est pourquoi le *bassinage* ou arrosage des feuilles, tiges, rameaux, est si efficace pour rétablir promptement la vigueur d'une plante qui a souffert de la sécheresse.

[158*m*] L'absorption de l'acide carbonique par les cellules végétales est très-bien expliquée.

Si l'on plonge une vessie *sèche*, remplie d'acide carbonique, dans un vase plein d'oxygène, les deux gaz se mêleront également à l'intérieur et à l'extérieur de cette membrane. Mais si la vessie est humide, le gaz carbonique, à travers la membrane, viendra se mêler à l'oxygène du vase beaucoup plus rapidement que celui-ci n'ira se mêler au gaz carbonique dans la vessie.

Une bulle de savon soufflée à l'aide d'un chalumeau, dans une cloche remplie d'acide carbonique, se gonfle rapidement, parce que l'acide carbonique passe dans l'intérieur de la bulle.

Or, un grand nombre de cellules ou de lacunes des végétaux sont remplies d'air. Lorsque cet air intérieur est purgé d'acide carbonique par suite de l'élaboration dont nous allons parler, et que ces cellules sont humides, l'acide carbonique de l'atmosphère [106] doit y pénétrer à travers leurs membranes avec la même rapidité que dans la bulle de l'expérience précédente. Et l'on voit ici une nouvelle raison de l'utilité du bassinage des feuilles en temps de sécheresse, bassinage auquel le simple arrosage de la terre qui porte un végétal ne saurait suppléer, quelque abondant qu'il soit.

[158*n*] Parvenue dans les racines, l'eau, mêlée aux diverses substances qu'elle y a apportées, ou qu'elle y a rencontrées, monte dans l'intérieur du végétal. Ce liquide mêlé ainsi de diverses substances s'appelle *séve*, et les divers mouvements qu'il manifeste dans l'intérieur du végétal constituent la fonction appelée *circulation*.

La circulation végétale est considérée aujourd'hui par les botanistes comme un résultat de plusieurs causes agissant de concert. Le phénomène d'endosmose qui a introduit l'eau dans les racines se continue dans l'intérieur du végétal, d'une cellule à l'autre; il s'y continue d'autant plus énergiquement que par suite de l'évaporation très-considérable dont les parties aériennes sont le siége, et aussi par suite de la respiration, les sucs contenus dans ces parties tendent toujours à se concentrer[1].

Nous avons vu d'ailleurs que le chêne est muni, depuis ses racines dernières jusqu'à l'extrémité de ses feuilles, de nombreux vaisseaux intérieurs. Dès les premiers temps de sa végétation, ces vaisseaux ont commencé à se former. Peut-être résultent-ils simplement de l'action mécanique de la séve qui, accumulée par endosmose et pressée dans les tissus déjà anciens, jaillit en quelque sorte dans les

---

[1] On appelle *dissolution concentrée* celle dans laquelle les substances dissoutes sont en très-grande proportion relativement à la masse du liquide où elles sont dissoutes. C'est ainsi qu'un suc végétal se *concentre* lorsque la proportion d'eau y diminue.

jeunes tissus et s'y crée des passages, soit par leurs interstices, soit en perforant les minces parois des cellules nouvelles; celles-ci formeraient alors des canaux comme une suite de petits barils défoncés. Peut-être les vaisseaux sont-ils formés de ces deux manières à la fois. Mais après qu'ils sont formés, ces vaisseaux, *capillaires* pour la plupart, doivent exercer sur la séve qui mouille leur intérieur une action tendant à la faire monter [35].

Enfin, l'évaporation produisant des vides dans les parties supérieures du végétal, détermine ainsi une sorte de succion qui ajoute à l'effet des causes précédentes; d'où semble résulter en définitive l'ascension rapide de la séve.

Toutefois, nous devons le dire, la circulation végétale ne nous paraît encore qu'imparfaitement connue, et les trois causes que nous venons d'énumérer ne suffisent pas à expliquer tous les mouvements circulatoires qu'on observe dans les végétaux.

[1580] La *respiration* végétale s'exerce par les feuilles et généralement par toutes les parties herbacées et vertes des plantes[1]. Ainsi, dans les premiers temps de sa végétation, la jeune tige du chêne, qui est tendre, verte et flexible comme une herbe, respire par toutes ses parties aériennes.

Nous venons de voir comment l'acide carbonique de

---

[1] *Herbacé.* Cette expression souvent employée signifie toute partie d'un végétal qui a l'aspect et la consistance des plantes que l'on appelle vulgairement *herbes.*

l'air est introduit dans les cellules vides, dans les lacunes du végétal.

Sous l'influence de la lumière, cet acide est décomposé dans l'intérieur du végétal. Le carbone est *fixé*, c'est-à-dire engagé dans les combinaisons organiques des tissus et des sucs du végétal, et une quantité d'oxygène à peu près correspondante est *expirée*, c'est-à-dire restituée à l'atmosphère. Telle est la source principale du carbone des végétaux. Le surplus de ce qu'ils en contiennent leur est apporté par l'eau de la terre ou des pluies, et décomposé de même.

Le résultat immédiat de cette fixation du carbone est la formation, dans l'intérieur des jeunes pousses, et surtout des feuilles, d'une certaine substance verte nommée *chlorophylle* [158t], à laquelle ces organes doivent leur couleur. La grandeur et le nombre des lacunes ou espaces vides dans le parenchyme des feuilles différant beaucoup selon les espèces, le vert des feuilles d'une espèce est d'autant plus *intense*, plus foncé, que les lacunes y sont plus nombreuses et plus grandes. On pouvait s'y attendre d'après ce que nous avons dit sur la manière dont l'acide carbonique est absorbé.

Toutes choses étant égales d'ailleurs, le phénomène est d'autant plus actif, la fixation du carbone d'autant plus considérable, que la lumière est plus directe et plus intense. A la lumière diffuse [63], le phénomène est moins actif, et dans l'obscurité complète il cesse complétement.

« Cette action assimilatrice des feuilles paraît être plus
« forte que toute action chimique imaginable. Pour se
« faire une idée de sa puissance, on n'a qu'à se rappeler
« qu'elle surpasse la puissance de la plus forte batterie
« électrique, appareil, avec lequel il n'est guère possible
« de séparer l'oxygène de l'acide carbonique. » (Liebig.)

La lumière solaire n'est pas la seule qui donne lieu à
ce phénomène. La lumière des lampes, du gaz ou de
toute autre flamme vive, le développe plus ou moins fai-
blement. La lumière électrique le produit énergiquement.

Un phénomène contraire, c'est-à-dire une exhalation
d'acide carbonique, se produit dans l'obscurité, et même
en pleine lumière, les fleurs, et aussi, paraît-il, toutes les
parties du végétal qui ne sont point vertes, exhalent de
l'acide carbonique.

Les conditions de la fixation et de l'exhalation du carbone par les plantes ne sont pas encore nettement déterminées.

D'une part, les champignons dont le développement
est nocturne prouvent que du carbone peut être fixé par
une plante dans l'obscurité, et les champignons qui se
développent pendant le jour, et ne sont point verts,
prouvent que des végétaux peuvent fixer du carbone à la
lumière sans contenir ni former de chlorophylle, — à
moins que l'on ne reconnaisse que les champignons ne
sont nullement des végétaux, mais une sorte d'êtres vivants formant un ordre inférieur distinct, voisin des végétaux.

D'autre part, l'importance de l'action de la lumière sur les végétaux ne permet pas d'admettre, sans preuves certaines, que l'acide carbonique dégagé à la lumière par leurs parties non vertes, ait assurément la même origine, soit dû aux mêmes causes que l'acide exhalé dans l'obscurité; et, s'il paraît certain que dans l'obscurité le carbone des végétaux subit, par l'action de l'air, une oxydation en suite de laquelle il est exhalé sous forme d'acide carbonique, il est également certain que des organes végétaux, des graines, par exemple, peuvent décomposer l'eau dans l'obscurité. Or n'est-il pas dès lors possible qu'une partie de l'eau absorbée par une plante dans l'obscurité, se trouvant décomposée, et son hydrogène fixé ou exhalé (sous forme d'ammoniaque?), l'oxygène de cette eau se combine avec une partie du carbone de la plante, exhalé bientôt sous forme d'acide carbonique?

Des expériences précises pourraient seules décider ces questions.

Quoi qu'il en soit, nous ferons remarquer avec soin que la fixation du carbone, effet de la respiration diurne, l'emporte de beaucoup sur l'expiration nocturne d'acide carbonique. S'il en était autrement, la plante ne s'accroîtrait point, puisqu'elle ne peut se développer qu'en fixant le carbone nécessaire à la production de nouvelles cellules [1].

[1] Quoique la proportion d'acide carbonique contenu dans l'air atmosphérique soit très-petite (quelques dix-millièmes seulement) on trouve,

La différence entre ces deux actions est, dit-on, si grande, qu'il suffit souvent d'une demi-heure d'*insolation*, c'est-à-dire d'exposition au soleil, pour qu'une plante regagne tout le carbone qu'elle avait perdu dans l'obscurité.

Au reste, il paraît certain qu'une partie de l'azote nécessaire à la vie du végétal est empruntée à l'atmosphère par la respiration.

[158*p*] Nous avons dit que toutes les parties du chêne sont recouvertes d'un épiderme ; or, dans les parties aériennes des végétaux, cette membrane est parsemée de très-petites ouvertures *ss* (fig. 18) nommées *stomates* [1].

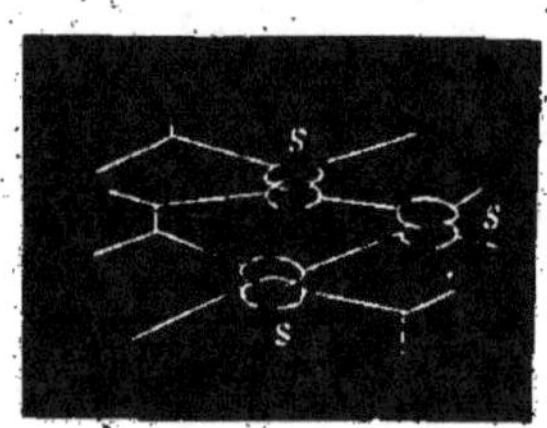

Fig. 18.

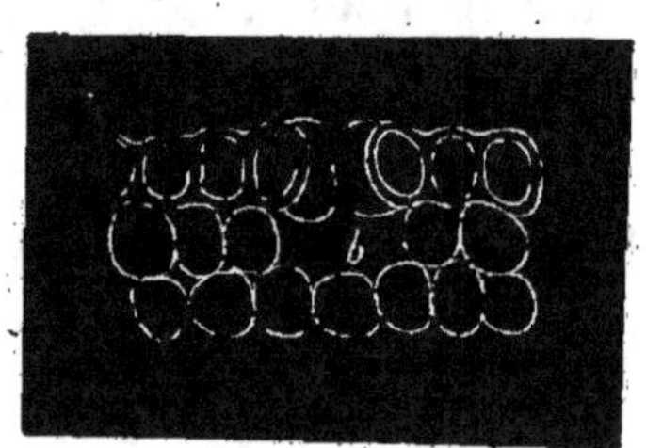

Fig. 19.

Sur les feuilles notamment, ces stomates sont l'entrée d'un cul-de-sac vide *b* (fig. 19) pratiqué dans le parenchyme de la feuille. Ces ouvertures facilitent à l'intérieur de la feuille l'accès de l'air et l'absorption de l'acide carbonique. Elles sont aussi un organe transpiratoire du

par le calcul, que la masse totale du carbone contenu dans la masse totale de l'atmosphère est énorme.

[1] Du grec *stoma*, bouche.

végétal, en facilitant l'évaporation, qui paraît être une des causes de l'ascension de la séve. Par un effet de leur forme et de leur disposition, après une pluie les stomates s'ouvrent davantage ; en temps de sécheresse, ils se res-serrent.

La figure et le nombre des stomates varient extrême-ment selon les espèces ; ce nombre n'est pas toujours le même sur les deux pages de la feuille.

« Les stomates comptés sur l'étendue d'un pouce carré de l'épiderme de la feuille ont donné les chiffres suivants :

	FACE SUPÉRIEURE.	FACE INFÉRIEURE.
Guï.	200	200
Iris.	11,572	11,572
Œillet des jardins.	58,500	58,500
Plantain d'eau.	12,000	6,000
Cobea grimpant.	0	20,000
Lilas.	0	160,000

(*Élém. de bot.* Jussieu.)

L'expérience de la bulle de savon explique l'absorp-tion de l'acide carbonique par les lacunes des feuilles aériennes, et les stomates facilitent évidemment le phé-nomène. Mais comment les choses se passent-elles chez les végétaux qui vivent sous les eaux ?

Beaucoup présentent des lacunes dans le parenchyme ordinairement très-épais de leurs feuilles, et l'on com-prend que ces lacunes puissent, sous les eaux, jouer le même rôle que dans l'air, c'est-à-dire absorber l'acide carbonique dissous dans l'eau comme celui qui est mêlé à l'air atmosphérique.

Mais, chez un grand nombre d'espèces vivant sous l'eau, les feuilles ne présentent point de lacunes. Or, ces feuilles immergées n'ont jamais d'épiderme ; les cellules extérieures de leur parenchyme sont immédiatement en contact avec l'eau où elles sont plongées. Il faut donc en conclure que les liquides intérieurs de leurs cellules absorbent, à travers la très-mince paroi de ces cellules, l'acide carbonique dissous dans l'eau. Sous l'influence de la lumière, cet acide carbonique est décomposé dans le végétal sous l'eau comme dans l'air ; son carbone est fixé de même et la chlorophylle est produite.

Quant aux végétaux dont les feuilles s'étalent à la surface des eaux, leur page supérieure en contact avec l'air est garnie d'épiderme et de stomates, et leur page inférieure n'a point d'épiderme, ni par conséquent de stomates. Leur respiration peut donc s'accomplir à la fois par le mode aérien des végétaux qui s'élèvent dans l'atmosphère et par le mode aquatique des végétaux immergés.

[158*q*] La *nutrition* est une fonction très-complexe par laquelle un être organisé, après avoir élaboré des substances précédemment absorbées, s'assimile tout ce qui, dans les produits de cette élaboration, peut entretenir et développer les différentes parties de son organisme.

Dans l'absorption radiculaire, on voit isolément le *fonctionnaire*, c'est-à-dire la racine, et la fonction, c'est-à-dire l'introduction de l'eau plus ou moins pure dans les racines.

Dans la respiration, on voit isolément le fonctionnaire, c'est-à-dire la feuille, et la fonction, c'est-à-dire l'absorption d'acide carbonique et l'exhalation d'oxygène.

Mais quand il s'agit de la nutrition, il ne s'agit plus d'un seul organe ni d'une fonction ordinaire. Un grand nombre d'organes, sinon tous, concourent à la nutrition, qui ne s'accomplit que par une série d'opérations. L'absorption et la respiration sont des besognes partielles dont la nutrition détermine l'effet combiné, qui est le développement de l'être. Cette remarque ne doit pas être oubliée.

S'assimiler, en physiologie[1], signifie faire semblable à soi, faire entrer en soi, de telle manière que la chose assimilée fasse part e de l'être qui l'a assimilée.

L'assimilation est donc un acte intermédiaire par lequel, après qu'il a élaboré en soi certains produits flottant encore dans les cavités de ses organes, l'être vivant s'incorpore ces produits et les fait entrer dans le tissu de ses organes.

[158r] Lorsqu'on dissèque une plante, surtout à l'époque où elle est en pleine végétation, on trouve ainsi

---

[1] La physiologie est la science qui traite des phénomènes de la vie et des fonctions des organes, soit dans les végétaux, soit dans les animaux.

en elle des produits contenus dans ses organes; ces produits sont appelés *substances organiques* [1].

Et l'on trouve des résultats de l'assimilitation formant le tissu des organes; les substances qui forment ces tissus des organes sont appelées *substances organisées*.

Ainsi, par exemple, les sucs particuliers, tels que la gomme, le sucre que l'on trouve dans certains vaisseaux, sont des substances organiques; et la substance qui forme la paroi de ces vaisseaux est une substance organisée.

Les substances produites dans l'organisme sous l'influence de la vie sont très-variées dans les diverses parties des végétaux, et plus variées encore chez les diverses espèces de végétaux. L'étude de leur composition et de leurs propriétés est un des objets de la *chimie organique*. Cette science est peu avancée, en ce sens que l'on n'est point parvenu encore à découvrir les lois générales de la production des substances organiques; mais les recherches ont révélé un grand nombre de faits d'une haute importance. Nous dirons seulement ce qui paraît fondamental.

Dans les végétaux, on ne trouve guère que quatre substances élémentaires [104], carbone, hydrogène, oxygène et azote. La proportion des autres substances qu'on

---

[1] Plusieurs de ces substances organiques peuvent être formées *de toutes pièces* dans le laboratoire; c'est-à-dire que la chimie peut produire à volonté quelques-unes de ces substances, en combinant les éléments dont ils se composent sans qu'aucun organisme vivant y ait concouru.

y rencontre est toujours petite, et elles ne se trouvent point engagées dans les *combinaisons organiques*. Elles se trouvent isolées, à l'état de cristal [136] dans les cellules, comme chez les cactus, ou bien elles incrustent certains tissus. La science n'est pas encore parvenue à expliquer toujours le rôle, sans doute très-important, de ces substances dans l'organisme.

Il est remarquable que les composés minéraux, cristallisés ainsi dans les tissus, y présentent souvent des formes cristallines différentes de leur forme habituelle.

Nous avons vu [94] que, dans les combinaisons chimiques minérales, les substances sont associées dans des rapports très-simples : 1 de A et 1 de B, 1 de A et 2 de B, etc. ; de sorte qu'une molécule [8] de ces combinaisons est formée d'un très-petit nombre d'atomes.

Dans les combinaisons chimiques organiques, cette simplicité ne se retrouve plus. Elles résultent du concours de trois éléments au moins, carbone, hydrogène, oxygène, et leurs proportions sont beaucoup plus complexes ; par le tableau ci-dessous, on verra qu'une seule molécule de chacune des substances qui y figurent, paraît être composée de dix mille atomes.

De toutes ces substances, la plus répandue est la *cellulose*, ainsi nommée parce qu'elle forme la paroi membraneuse des cellules végétales. Nous avons déjà dit qu'elle se compose de carbone uni à de l'oxygène et de l'hydrogène. Les étoffes de chanvre et de lin, le papier, sont formées de cellulose à peu près pure.

Le *ligneux* est la substance qui, en incrustant de couches successives les cellules végétales, les transforme en bois. Il entre moins d'oxygène dans la composition du ligneux que dans celle de la cellulose.

La cellulose et le ligneux, ainsi que l'amidon, le sucre, les huiles, etc., sont souvent désignés sous le titre général de *substances ternaires*, parce que chez toutes on ne trouve que les éléments carbone, hydrogène, oxygène. Elles prédominent dans la masse totale des végétaux.

On appelle *substances quaternaires* celles qui, outre ces éléments, contiennent de l'azote. Dans l'organisation végétale, la masse totale des substances quaternaires est beaucoup moindre que la masse totale des substances ternaires. Voici le tableau des *albuminoïdes* les plus répandues et la composition qu'on leur assigne : toutes trois se trouvent dans le blé, entre autres. D'ailleurs, la première compose la *fibre animale;* la seconde existe dans le lait, et la troisième abonde dans les œufs, dont elle forme le *blanc.*

	FIBRINE.	CASÉINE.	ALBUMINE.
Carbone. . .	52,75	53,56	53,47
Hydrogène. .	6,99	7,10	7,17
Azote.. . .	16,57	15,87	15,72
Oxygène. . .	23,69	23,47	23,64
	100,00	100,00	100,00

Les substances quaternaires se trouvent en quantités assez petites dans les jeunes tissus des végétaux, et elles se trouvent d'ordinaire en abondance, dans toutes les parties des graines, surtout dans les cotylédons.

Une substance ternaire, l'*amidon*, se rencontre aussi en abondance dans les graines et quelquefois dans les racines, les tiges et la moelle. On l'y trouve en grains arrondis, plus ou moins irréguliers, et formés de couches concentriques pressées les unes sur les autres. La grandeur de ces grains diffère beaucoup, selon les espèces. Ceux de la *fécule* de pomme de terre ont près d'un cinquième de millimètre de long : ce sont les plus gros que l'on connaisse ; ceux de l'amidon du froment n'ont qu'un vingt-cinquième de millimètre, et ceux de la betterave un deux cent cinquantième.

La matière *amylacée* des grains d'amidon est composée des éléments de la cellulose combinés avec une certaine proportion d'eau. Elle est insoluble dans l'eau ; mais une certaine substance quaternaire nommée *diastase*, qui se forme dans la germination et à la base des bourgeons par une modification des substances désignées au tableau précédent, a la propriété de changer l'amidon en une substance soluble sans changer sa composition chimique. Cette substance nouvelle, nommée *dextrine*, a l'apparence de la gomme arabique. Il suffit de la présence d'une seule partie de diastase pour transformer ainsi deux mille parties d'amidon.

Mise en présence de l'eau, la dextrine se combine avec une quantité définie [94] de ce liquide et se transforme en une sorte de sucre nommé *glucose* ou *glycose*.

Il existe, en effet, beaucoup de variétés de sucre. Par des procédés chimiques, le ligneux, la cellulose, et aussi le sucre ordinaire de la canne et de la betterave, peuvent être transformés en glucose.

Ce glucose, sous des influences fort diverses, se transforme facilement en une série de substances qui, malgré les plus grandes différences d'aspect et de propriétés, ne diffèrent du glucose que par de très-petites modifications dans la proportion des éléments qui le constituent.

Parmi les substances organiques ternaires les plus abondantes dans les végétaux, il faut ranger les *corps gras*, tels que les huiles d'olive et de noix, le beurre de cacao, etc., qui se distinguent par la grande proportion de carbone et d'hydrogène qu'ils contiennent, ce qui explique la facilité avec laquelle ils brûlent.

Sous la double influence de certaines substances azotées qui se trouvent dans les graines et d'une douce chaleur, ces corps gras, insolubles comme l'amidon, se transforment comme lui en substances nouvelles et solubles.

[158*s*] Il ne faudrait pas croire que l'intervention d'un organisme vivant est toujours nécessaire pour que les transformations des substances organiques s'accomplissent. Non-seulement la chimie parvient à composer *de toutes pièces* certains produits organiques artificiels tout semblables à certains produits organiques naturels, mais elle parvient presque toujours facilement à opérer sur un produit naturel tout ou partie des transformations qu'il

est susceptible de subir dans l'intérieur de l'être vivant.

Et quant à la transformation si remarquable de l'amidon par la diastase, il ne faut pas la considérer non plus comme ne pouvant s'accomplir que sous l'influence de la vie, car de l'amidon soumis à l'action de la diastase et de l'eau, dans une soucoupe, s'y transforme en dextrine et en glucose comme dans la plante. Les acides agissent même sur l'amidon comme la diastase, c'est-à-dire qu'ils le transforment également en dextrine et en glucose.

[158*t*] Nous parlerons maintenant de deux substances bien remarquables sous tous les rapports.

Dans l'intérieur des cellules très-jeunes, on voit, au microscope, un amas granuleux en forme de boule ou de lentille, appliqué sur l'un des côtés de la paroi cellulaire, et qui, diminuant à mesure que la cellule avance en âge, finit par disparaître.

Cette petite masse de matière est quaternaire, c'est-à-dire azotée; un célèbre physiologiste allemand, Schleiden, l'a appelée *utricule primordial*. Il suppose, et tout paraît le prouver, que cette petite masse est le premier point de départ de la cellule végétale élémentaire, et qu'elle doit être considérée comme résultant d'une réaction de l'acide carbonique sur l'ammoniaque, de même que la paroi cellulaire résulte d'une réaction de l'acide carbonique avec l'eau.

La *chlorophylle*, matière verte produite sous l'influence de la lumière, paraît toujours intimement unie à une substance quaternaire; en d'autres termes, elle paraît

n'être que cette substance colorée en vert par la lumière.
Elle nage dans les liquides des cellules et communique sa
couleur à ces liquides, ainsi qu'aux grains d'amidon qui
y sont contenus et aux parois cellulaires qu'elle tapisse[1].

Il est bien certain que la production de cette substance
n'est pas un phénomène dû seulement à la vie, puisque
la plante vivante, dans l'obscurité, perd sa chlorophylle
et ne la reproduit pas. Nécessaire au maintien de la vie
normale de la plupart des végétaux et à leur développement, et ne paraissant se produire que pendant la vie, ce
phénomène est un effet immédiat ou médiat de la lumière, et du même genre que les colorations produites
par elle dans beaucoup de substances inorganiques. C'est
ainsi que la lumière colore en noir certaines combinaisons de l'argent avec le chlore, l'iode, etc., phénomène
qui est la base de la photographie.

On croit savoir que, excepté chez les champignons, la
fixation du carbone ne s'opère que dans les parties vertes
des végétaux ; mais la formation de la chlorophylle est-
elle l'effet immédiat de la lumière sur une substance organique, ét est-ce la chlorophylle qui détermine ensuite
la fixation du carbone ? ou, au contraire, la formation de
la chlorophylle n'est-elle qu'un effet médiat résultant de
la fixation du carbone sous l'influence de la lumière ?

---

[1] M. Frémy a démontré que la *chlorophylle* résulte du mélange, en
proportions variables, d'une matière jaune et d'une matière bleue qu'il
est parvenu à isoler en opérant avec un mélange de deux dissolvants,
l'éther et l'acide chlorhydrique. (*Acad. des Sciences*, 27 février 1860.)

Voilà une question que nous ne trouvons résolue nulle part.

[158*u*] Un fait capital ressort de tout ce que nous avons dit sur les produits organiques : c'est la facilité avec laquelle ils se transforment par une très-petite modification dans les proportions de leurs éléments, ou même par un simple changement de propriétés, sans que leur composition ait changé ; changement de propriétés qui parait se rapporter à des modifications inconnues de l'arrangement moléculaire, et dont la cristallisation nous a offert des exemples [136*o*].

On conçoit que, sous les influences variées de l'air et de l'eau, de la lumière et de la chaleur, de l'électricité et des affinités chimiques, après que l'hydrogène, l'oxygène et le carbone ont été combinés de manière à former l'une de ces substances, elle se transforme en substances différentes propres à continuer le développement du végétal. On comprend notamment très-bien ce qui arrive de l'amidon accumulé dans les cotylédons du gland et dans d'autres parties de la plante, surtout lorsqu'on sait que la diastase se forme au point de contact des cotylédons avec l'embryon et à la base des bourgeons ; car, à mesure que l'eau d'absorption qui gonfle les cotylédons entraîne les grains amylacés vers la gemmule, ces grains, à leur passage, subissant l'influence de la diastase, se transforment en dextrine soluble, qui bientôt se transforme elle-même en cellulose pour ajouter de nouvelles cellules au jeune arbre. Des actions analogues modifient les corps gras et en tirent des substances solubles capables de nourrir l'embryon. Mais les manières dont s'opèrent ces transformations sont encore fort obscures.

Nous ne pourrions suivre plus longtemps cette histoire des produits organiques sans nous écarter de notre route. Il suffira d'ajouter que ces produits présentent des composés qui peuvent servir de base à des sels [129], comme les oxydes des métaux, et des acides qui se comportent avec ces bases organiques ou avec les oxydes métalliques, comme les acides minéraux, dont nous avons parlé précédemment [115]. C'est ainsi que l'acétate de morphine est un sel composé : 1° d'acide acétique, produit organique ternaire qui se trouve dans beaucoup de fruits, surtout avant leur maturité, et 2° de morphine, substance cristallisable extraite des pavots, et composée de carbone, d'hydrogène et d'azote unis à de l'eau en proportion définie.

En général, ces acides organiques contiennent, comme les acides inorganiques, une grande proportion d'oxygène, et l'un d'eux, l'acide hydrocyanique, ou acide prussique, est analogue aux hydracides [117a]; car il résulte de la combinaison de l'hydrogène avec le *cyanogène* composé seulement de carbone et d'azote ; de sorte qu'il ne renferme pas d'oxygène.

D'où provient l'azote des graines et de tous les tissus à l'état naissant?

Des expériences récentes ont prouvé qu'il est en partie emprunté à l'air atmosphérique ; mais il paraît provenir surtout de l'ammoniaque [116] dissoute par l'eau, soit dans l'air, soit dans la terre, et provenant elle-même de plusieurs sources que nous ferons connaître.

[158v] L'étude des fonctions nous a fait perdre de vue notre jeune chêne au moment où ses premières feuilles se déployaient ; il faut y revenir.

Pendant l'été, le jeune chêne, qui a continué à croître, est d'un beau vert, toutes ses parties sont herbacées ; mais à l'automne nous voyons ses feuilles rougir, et la tige, qui est devenue ligneuse, commence à brunir. Le bourgeon qui termine la tige et les bourgeons qui se trouvent à l'aisselle des feuilles sont petits et ne présentent extérieurement que des écailles rougeâtres fortement pressées les unes sur les autres. Bientôt l'abaissement de la température arrête la végétation. Les feuilles devenues rousses persistent encore quelquefois sur l'arbre, mais elles ne vivent plus et finissent par tomber [1].

A ce moment, si l'on coupe transversalement la jeune tige, on y trouve : 1° au centre, la moelle enveloppée de l'étui médullaire ; 2° autour de la moelle, une enveloppe ligneuse, c'est-à-dire une zone de cellules et de fibres incrustées de ligneux, et parcourue par des vaisseaux nombreux ; 3° le liber ; 4° l'écorce ; 5° l'épiderme.

Pendant tout l'hiver, la végétation sommeille ; mais,

---

[1] Les feuilles d'un grand nombre de végétaux sont *caduques* comme celles du chêne, et ne durent que quelques mois. Sur d'autres plantes elles persistent un an, et dans certaines espèces elles persistent plusieurs années

au printemps, la chaleur et l'humidité agissent sur toutes les causes qui produisent la circulation. Les substances organiques, accumulées dans les tissus l'année précédente, fournissent la substance nécessaire au premier développement des bourgeons, de même que des substances analogues accumulées dans les cotylédons avaient fourni la substance nécessaire au premier développement de la gemmule. Bientôt, à leur tour, sortant de leurs enveloppes écailleuses, les bourgeons, à l'état herbacé, s'allongent, se couvrent de nouvelles feuilles, de nouveaux organes respiratoires qui viennent aider au développement général de la plante.

Au deuxième hiver, quand les pousses de l'année, d'abord herbacées, sont parvenues à l'état ligneux, si l'on coupe transversalement l'une d'elles, on y trouve exactement les mêmes parties que l'on avait trouvées dans la tige l'année précédente. Et, si l'on coupe transversalement la tige, âgée maintenant de deux ans, on y trouve deux zones ligneuses au lieu d'une.

A la troisième année, on trouverait trois zones ligneuses dans la tige, deux zones ligneuses dans les pousses de deuxième année, et une seule zone ligneuse dans les pousses de première année.

[158x] Nous savons qu'à l'aisselle de chaque feuille il existe un bourgeon. S'ensuit-il qu'on doive trouver sur une tige autant de rameaux qu'elle a porté de feuilles, et que tous les rameaux soient insérés sur la tige exactement dans le même ordre spiral que les feuilles?

Non, car plusieurs causes troublent la régularité de la ramification.

Il arrive, surtout dans les végétaux appelés à une longue durée et à une grande taille, tels que le chêne, que beaucoup de bourgeons *avortent*, c'est-à-dire ne se développent point. Cet avortement peut résulter d'une multitude de circonstances fréquentes, par exemple, du voisinage de rameaux vigoureux qui privent certains bourgeons d'air, de lumière et des autres conditions nécessaires à la végétation [1].

La multiplicité des bourgeons à l'aisselle d'une même feuille est encore une cause de l'irrégularité de la ramification. Cette multiplicité est constante sur certains arbres, le noyer, par exemple. Sur le chêne, elle est anormale; mais on l'y rencontre parfois.

Enfin, l'ordre spiral des rameaux est souvent troublé par les bourgeons *adventifs*. On appelle ainsi des bourgeons qui apparaissent ailleurs qu'à l'aisselle d'une feuille, sur n'importe quel point du végétal, tige, rameau ou racine. Ces bourgeons diffèrent de ceux qui naissent à l'aisselle des feuilles; ils ne sont point recouverts d'écailles, et ils se développent immédiatement après leur apparition, laquelle n'a lieu qu'à l'époque où la végétation est en pleine activité.

---

[1] Dans beaucoup d'espèces végétales cet avortement se fait régulièrement. Par exemple, si les feuilles sont opposées, l'une des deux développera un bourgeon, et le bourgeon de l'autre feuille avortera; mais au nœud suivant ce sera la feuille située au-dessus du bourgeon avorté qui développera un bourgeon, et celui de l'autre côté avortera.

[158*y*] Tout ce que nous venons de dire du chêne est vrai d'un très-grand nombre d'arbres, sauf de légères variantes.

Un caractère commun à tous ces végétaux est que leur embryon est garni de *deux cotylédons*. Au reste, ce que nous avons observé dans l'organisation et la végétation du chêne est encore presque également vrai d'un nombre immense d'*arbustes* (petits arbres), d'*arbrisseaux* (buissons) et de végétaux herbacés vivaces ou annuels [159*u*], qui sortent, ainsi que le chêne, d'un embryon garni de deux cotylédons. Toutes les plantes auxquelles ce caractère est commun sont désignées en botanique sous le nom de *dicotylédonées* ou, plus simplement, *dicotylées*.

Après cette description de l'un des plus beaux types de la végétation, nous allons parcourir une suite de formes végétales très-diverses, depuis les plus simples jusqu'aux plus complexes.

O chêne, majesté de nos forêts, ne dirai-je donc rien de ta grandeur, de ton ombrage? A tes pieds, j'aimerais à m'asseoir; mais non, je dois marcher vite.

Je cherche la vérité et la justice; je ne puis m'arrêter pour saluer aucune beauté.

O beautés!... trop souvent fatales à la justice et à la vérité!

---

[159] On trouve dans les lieux humides, accessibles à la lumière du jour, des tissus verdâtres nommés *bissus*,

qui, au microscope, ne présentent qu'une masse de cellules confusément unies. Leur développement ne comporte qu'un accroissement du nombre des cellules de leur tissu. Certaines différences dans l'aspect du tissu et dans les circonstances qui président au développement de ces végétaux élémentaires ont fait reconnaître plusieurs espèces différentes de byssus. Ces plantes n'ont point d'appareil spécial de reproduction. La vie s'arrête en elles dès qu'elles sont desséchées; mais quelques espèces revivent et reprennent leur développement dès qu'elles sont de nouveau humectées par l'eau douce. Toutes les fonctions sont réunies et confondues dans chacune des cellules du byssus; la masse byssoïde respire par toute sa surface et ne présente encore aucune tendance à une forme déterminée.

[159a] Dans les eaux douces où pénètre la lumière, on trouve des filaments verts très-fins et ramifiés en tous sens. Ces végétaux, qui ont l'apparence d'un paquet de laine verte, ont reçu le nom de *conferves*. Uniquement composés de vésicules unies bout à bout et remplies d'un liquide où nagent de petits grains verts, ces filaments s'anastomosent [158f] de distance en distance au point de contact de deux cellules, et forment ainsi d'irrégulières et innombrables ramifications. Leur développement ne comporte qu'une augmentation du nombre des filaments. En général, les plantes de ces espèces n'ont point d'appareil spécial de reproduction, c'est-à-dire que, si l'on sépare un fragment quelconque de la

masse à laquelle il appartient, et qu'on le place dans des conditions convenables, il devient le point de départ du développement d'une nouvelle masse filamenteuse pareille à la première.

Ici encore, la masse respire par toute sa surface, mais les cellules des conferves sont allongées, les filaments qu'elles forment sont une première apparence de tiges, leurs anastomoses représentent une ramification élémentaire.

[159*b*] Dans l'eau de mer, on trouve, quelquefois errantes, mais d'ordinaire cramponnées aux fonds et aux rochers, des plantes d'un vert olivâtre plus ou moins foncé, quelquefois rougeâtres, brunes et mêmes noires, qui, dans leur développement, prennent des formes variées. Les plus remarquables sont composées de longs rubans cartilagineux, épais et festonnés ou dentelés. Entés les uns sur les autres, ils semblent déjà présenter une forme végétale assez distincte. Les crampons par lesquels ils s'attachent imitent une racine; la partie qui s'élève au-dessus des crampons rappelle la forme d'une tige; les parties supérieures sont ramifiées et disposées comme des rameaux. Mais, en réalité, ces végétaux n'ont point de racine, de tige, de rameaux ni de feuilles. Toute leur masse est composée de cellules douées également, mais seulement, des propriétés d'absorption et d'élaboration qui caractérisent la cellule élémentaire. On les appelle *fucus*, *algues;* les habitants des bords de la mer les appellent aussi *goëmonds*, *varechs*.

Cependant on voit apparaître ici des corps destinés à la reproduction. Dans l'épaisseur des lames membraneuses ou à leur surface, certaines cellules font saillie à l'extérieur. C'est là que s'élabore un corps reproducteur auquel on a donné le nom de *spore* [1].

Mais les cellules qui contiennent les spores n'ont rien de spécial. Elles sont semblables aux autres, qui semblent toutes également aptes à contenir et à développer des spores. Il y a donc dans ces plantes des corps reproducteurs, mais point d'appareil spécial de reproduction.

[159c] Certaines plantes, très-communes dans les eaux douces, les *chara* (charaignes) sont tout entières composées de longs tubes articulés. Des nœuds de chaque articulation partent des rameaux formés de cellules tubulaires comme l'entre-nœud dont ils émanent. Ces rameaux sont disposés en *verticille* [158g] ; le corps reproducteur ou *spore* présente les formes d'un entre-nœud très-peu développé. Les *radicelles* (petites racines) partent des entre-nœuds comme les rameaux.

On a constaté que le liquide intérieur des cellules ou tubes des charas est en mouvement ; il s'y produit un mouvement ascendant d'un côté du tube et un mouvement descendant de l'autre côté. Cette circulation (*intracellulaire*) a été observée dans les cellules de beaucoup d'autres plantes d'une organisation plus élevée, et l'on est porté à croire qu'elle se produit à l'intérieur des cel-

---

[1] Du grec *spora*, semence.

lules de tous les végétaux, du moins dans les premiers temps du développement des cellules.

[159d] Dans les lieux humides, même sous l'eau, croissent abondamment les nombreuses espèces de *mousses;* elles présentent des tiges très-déliées et souvent ramifiées, qui portent de petites feuilles au milieu desquelles une suite de cellules plus allongées que les autres dessinent une ébauche de nervure médiane. Ces jolis vé-

Fig. 20[1].

gétaux ont de petites racines chevelues et ramifiées. Les *spores* ou corps reproducteurs se développent dans des *réceptacles* en forme d'urne, auxquels on a donné le nom de *sporanges*, nom générique, d'ailleurs, de tout organe végétal distinct contenant des spores.

Plusieurs espèces de mousses, après qu'elles ont été

[1] *a, licopodium densum* de la Nouvelle-Zélande, un mètre de hauteur. — *b,* branche de grandeur naturelle. — *c,* fragment grossi à la loupe.

arrachées et séchées, et que leur végétation a été longtemps interrompue, peuvent, lorsqu'elles sont de nouveau exposées à l'humidité, ressusciter et recommencer
à végéter.

[159*e*] Les bois humides abritent les diverses espèces
de *lycopodes*, fig. 20. Leurs feuilles rappellent celles
des mousses, mais leur tige est plus ferme et droite,
leurs racines plus profondes. Leurs spores sont contenues dans de petits sacs jaunâtres, situés à la base des
feuilles. La tige de ces plantes montre un axe *vasculaire*
[158*f*] qui les rapproche de la constitution des végétaux
d'un ordre élevé.

[159*f*] Dans les prairies marécageuses croissent les
presles (équisétacées); elles ressemblent à un petit arbre
vert de vingt à soixante centimètres de hauteur. Elles
sont formées de longues articulations creuses et fermées
intérieurement par des cloisons. De chaque articulation
partent des rameaux en verticille. Les rameaux se ramifient de même, mais la plante est dépourvue de feuilles;
elle respire par ses rameaux. Les racines sont profondes.
L'appareil qui contient les spores est placé à l'extrémité
de la tige, et est beaucoup plus compliqué que chez les
végétaux qui précèdent; mais, dans la tige des presles,
on ne retrouve pas les longs vaisseaux des lycopodes.

[159*g*] Tout le monde connaît les *fougères*. On voit
au printemps sortir de terre leurs *frondes* recourbées
comme des crosses d'évêque. Cette fronde est formée
par la feuille roulée sur elle-même de telle manière que,

dans son jeune âge, la face inférieure est cachée. Bientôt cette feuille solitaire se déroule à l'extrémité d'un pétiole très-fort et plus ou moins allongé, selon les espèces. Dans nos climats, la tige reste couchée et rampante sous la terre; mais, entre les tropiques, sous la zone la plus chaude du globe, cette tige s'élève verticalement [29]

Fig. 21.   Fig. 22.   Fig. 23.

dans l'atmosphère jusqu'à la hauteur de quinze ou vingt mètres. Les fig. 21, 22, 23, représentent trois différentes espèces de ces fougères. La première est de l'île Bourbon, la seconde de l'île Maurice et la troisième du Brésil.

Les feuilles des fougères diffèrent beaucoup de forme, selon les espèces : quelques-unes sont profondément et très-délicatement découpées. Toutes présentent des nervures nombreuses, souvent plus ramifiées encore que celles des plantes dicotylées. Les feuilles des fougères arborescentes sont réunies en touffe au sommet de la tige, ce qui donne à ces grands végétaux beaucoup de ressemblance avec les palmiers. La structure interne de leur tige est très-élémentaire ; au centre, on trouve une masse cellulaire ; près de la circonférence, un anneau de gros vaisseaux ligneux de formes très-inégales et irrégulières ; en dehors de cet anneau vasculaire, on voit une zone cellulaire recouverte par l'épiderme dans le jeune âge, et, plus tard, par une enveloppe coriace formée des bases des anciennes feuilles, tombées à mesure que la tige s'est élevée.

Dès qu'elle a atteint une certaine hauteur, la tige des fougères arborescentes cesse de croître en diamètre ; elle s'élève seulement en conservant la même grosseur. Mais il arrive souvent que, près de la base, un grand nombre de filaments radiculaires sortent de cette tige, descendent vers la terre, et forment alentour un feutrage épais qui s'élargit en cône [244] jusqu'au sol.

Chez toutes les fougères, les spores sont contenues dans de petites capsules rangées à la face inférieure des feuilles.

Il existe dans nos climats des plantes de ce genre, qui, ainsi que certaines mousses, sont susceptibles de végéter de nouveau vigoureusement après avoir été arrachées du sol et longtemps desséchées.

[159*h*] Nous venons de parcourir rapidement une suite de végétaux où la complication des formes et des organes est croissante, mais reste bien éloignée des appareils perfectionnés des dicotylées. Ce qui les distingue particulièrement, c'est la simplicité des corps reproducteurs. Chez les plus élémentaires, *bissus*, *conferves*, toutes les cellules qui composent la plante paraissent aptes à la reproduire. A partir des *fucus* jusqu'aux *fougères*, nous voyons bien des corps reproducteurs, les *spores*; mais ces corps n'ont rien de la structure des graines des dicotylées : point d'enveloppes, point de cotylédons, ni de plumule, ni de radicule. Les spores ne sont que des vésicules remplies d'une substance huileuse variable selon les espèces. Elles ne donnent point passage à un embryon développé en elles par la germination ; elles se développent directement en s'allongeant par un point de leur contour, et bientôt le développement tigellaire accompagne le développement radiculaire par la formation de nouvelles cellules. Dans l'étude de la génération végétale, nous verrons même que les spores ne reproduisent pas toujours immédiatement la plante dont elles proviennent.

L'absence de cotylédons a fait donner aux plantes où on la constate le nom générique d'*acotylédonées*, c'est-à-dire *sans cotylédons*.

Les espèces qui se reproduisent ainsi par leur simple cellule végétale ou par des spores sont extrêmement nombreuses, et encore n'en connaît-on probablement qu'une partie ; mais les végétaux de cette classe que nous venons de décrire, rapprochés de ceux qui vont suivre, suffiront pour mettre le lecteur en état de comprendre le développement historique de la végétation.

[159i] Les eaux sont habitées par un grand nombre d'autres végétaux herbacés d'une organisation un peu plus élevée que les espèces précédentes. La structure de leurs tiges, composées surtout de cellules agglomérées avec des intervalles remplis d'air, est encore très-simple. Les vaisseaux circulatoires y sont très-rares. Ces végétaux se distinguent par un appareil reproducteur plus compliqué. Une ébauche de fleur, assez remarquable chez plusieurs, y produit un embryon d'une organisation plus ou moins distincte selon les espèces, et qui consiste essentiellement en une tigelle ou radicule très-renflée sur le côté, et une excroissance très-petite où l'on croit reconnaître l'indice d'un seul cotylédon. Ce renflement de la tigelle est riche en fécule et joue dans la germination le rôle des cotylédons [158*u*].

Ces espèces sont beaucoup plus abondantes dans l'eau douce que dans l'eau de mer ; elles sont les plus imparfaites de celles qui, à cause de leur unique cotylédon, ont été rangées par les classificateurs sous le titre général de *monocotylédonées*.

[159j] Après un grand nombre de végétaux intermédiaires dont la description, même sommaire, ne saurait trouver place ici, viennent des espèces (*les cypéracées*)

beaucoup plus organisées que les précédentes; elles croissent sur la terre ou dans les lieux marécageux; elles sont herbacées; leurs feuilles en forme de rubans étroits portent des nervures longitudinales parallèles [24h]. Leur tige pleine, sans nœuds, est triangulaire dans certaines espèces, telles que le *souchet*, où les feuilles sont tristiques, c'est-à-dire disposées autour de cette tige comme les plumes d'une flèche à trois barbes. Les tiges que l'on voit s'élever dans l'air ne sont, dans beaucoup d'espèces, que les rameaux annuels de ces sortes de tiges souterraines vivaces que l'on nomme *rhizomes*.

La fleur des cypéracées est inférieure en organisation à la fleur de certaines des espèces aquatiques dont nous venons de parler. Leur embryon offre encore avec un cotylédon rudimentaire un renflement de la tigelle, comme dans les espèces précédentes; mais il est de plus enveloppé d'une couche épaisse d'une matière farineuse à laquelle on a donné le nom de *périsperme*. Ce périsperme est un magasin de nourriture destinée au développement de l'embryon lors de sa germination.

[159h] Dans tous les terrains et presque sur tous les points du globe, depuis les marécages jusqu'aux sables arides, on trouve les innombrables espèces des *graminées*.

Assez voisines des cypéracées par leur organisation, les graminées ont souvent, comme elles, des tiges souterraines vivaces d'où s'élèvent leurs *chaumes* ou tiges aériennes. Caractérisées par des renflements ou nœuds d'où part chaque feuille, ces tiges diffèrent en outre de celles des cypéracées en ce qu'elles sont creuses et fermées intérieurement par une cloison à la hauteur de chaque nœud.

Les feuilles, semblables à celles des cypéracées et à nervures parallèles, sont ordinairement disposées de chaque côté de la tige en barbes de plume. A l'aisselle de ces feuilles, dans beaucoup d'espèces, naissent des bourgeons d'où résulte leur ramification. L'embryon ressemble à celui des cypéracées. Le cotylédon unique, très-petit, y est encore accompagné d'un renflement de la tigelle et d'un périsperme farineux; mais, au total, la formation de l'embryon est plus avancée que dans les cypéracées, et ses parties sont plus distinctes.

Toutes nos céréales, l'orge des murs, l'ivraie, le riz, le maïs, le sorgho, la canne à sucre, les roseaux, les bambous, partagent ces caractères. La plupart des espèces sont annuelles et herbacées. Chez d'autres, le chaume est annuel, et les tiges sont souterraines et vivaces : tel est le chiendent. Enfin, les grands roseaux du midi de l'Europe atteignent jusqu'à sept ou huit mètres de hauteur, et les bambous des tropiques sont de véritables arbres de dix à quinze mètres.

Les végétaux dont nous venons de parler forment une série assez bien suivie; mais il n'en sera plus de même de ceux que nous citerons encore.

[159*l*] Réunissant des caractères empruntés aux espèces précédentes, tous habitants des contrées les plus

chaudes de la terre, les *palmiers* ont généralement comme
les fougères arborescentes une tige nue; souvent très-
élevée, d'un diamètre à peu près égal dans toute sa longueur, et terminée par une touffe de longues feuilles.

Fig. 24.

Tel est l'arbre qui se trouve à gauche dans la figure 24:
l'autre arbre, marqué d'un 2, est aussi des tropiques;
mais ce n'est pas un palmier, c'est un Vacoua. Comme
chez les fougères, des racines filamenteuses descendent
de la partie inférieure de la tige vers la terre et for-

5.

ment un feutrage épais. L'organisation de cette tige est très-différente de celle des dicotylées; elle ne se ramifie que dans très-peu d'espèces, on n'y trouve point de couches concentriques [158c]. Répandus dans une masse cellulaire, les faisceaux fibreux au centre de la tige sont rares et écartés les uns des autres; ils deviennent plus nombreux, plus volumineux et plus colorés vers la circonférence, de sorte que la section horizontale de cette tige présente une constitution intermédiaire entre celle des fougères en arbre et celle des dicotylées; et tandis que la solidité, la dureté de la tige des dicotylées décroît du centre vers la circonférence, dans les tiges des palmiers c'est le contraire. D'ailleurs, le palmier n'a point de liber, et son écorce n'est qu'une couche de tissu cellulaire. Enfin, dans quelques espèces, la tige est traçante et souterraine.

Leurs feuilles, très-grandes, sont de deux formes selon les espèces : les unes plissées ou découpées en éventail à l'extrémité d'un long pétiole, telle est la feuille du lepidocarium, fig. 25; les autres allongées avec nervures en barbes de plume de chaque côté du pétiole, comme la feuille du bananier, fig. 26. Leurs fleurs, coriaces, naissent à l'aisselle des feuilles. Leur fruit, quelquefois énorme, comme chez le cocotier, est essentiellement formé d'un périsperme très-dur dans lequel est niché un petit embryon où l'on croit reconnaître un seul cotylédon.

La fleur des palmiers est composée de deux verticilles

de trois folioles. Les étamines sont au nombre de six ;
quelquefois trois seulement. Le pistil est composé de
trois ovaires. Cette disposition par trois ou par multiple
de trois doit être remarquée, parce qu'elle est très-générale dans les fleurs des plantes dont l'embryon est monocotylé.

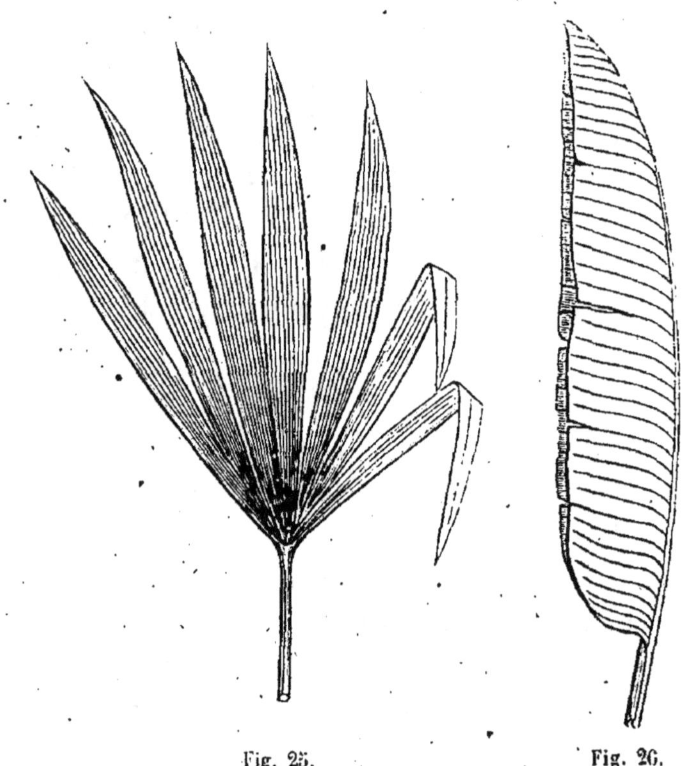

Fig. 25.   Fig. 26.

[159m] Le *bananier*, dont le fruit nourrit les habitants
des contrées les plus chaudes de la terre, se rapproche
des palmiers par ses grandes feuilles à nervures parallèles

transversales, fig. 26. Les longues gaines [158*f*] de ces feuilles forment une apparence de tige aérienne; mais la vraie tige est cachée sous le sol. Un certain nombre d'espèces (les musacées) se rapportent à ce même type.

D'autres espèces monocotylées, parmi lesquelles figure le végétal qui fournit l'arrow-root, se rapprochent des musacées par leurs feuilles et leurs tiges, mais s'en éloignent beaucoup par leurs fleurs dont l'irrégularité est singulière.

D'autres espèces, telles que le gingembre, voisines encore des précédentes par leurs feuilles et leurs tiges, portent aussi des fleurs irrégulières; mais l'irrégularité de celles-ci est autre, et, chose exceptionnelle, la graine monocotylée présente deux périspermes de nature différente, dont l'un enveloppe l'autre, qui, lui-même, enveloppe l'embryon.

[159*n*] Un type de plantes monocotylées, dont les espèces sont très-nombreuses et variées, est celui auquel se rapportent les lis, la tulipe, la jacinthe, l'ail, l'oignon, le poireau, etc. Dans nos climats, les *liliacées* sont toutes herbacées; leurs tiges, pour la plupart, sont en forme de bulbes souterraines [1]. Mais, dans les climats chauds, il en est d'arborescentes, et l'un des plus gros arbres connus sur le globe, le draconier des Canaries, est une liliacée. En général, chez les liliacées, les feuilles sont allongées, à nervures parallèles. Les fleurs portent

[1] Vulgairement appelées *oignons*.

six folioles sur deux rangs, six étamines disposées de
même en deux verticilles, et trois ovaires.

Les *amarillidées*, auxquelles se rapportent les *nar-
cisses*, et les *iridées*, auxquelles se rapportent les *iris*,
sont des groupes d'espèces monocotylées qui, par leur

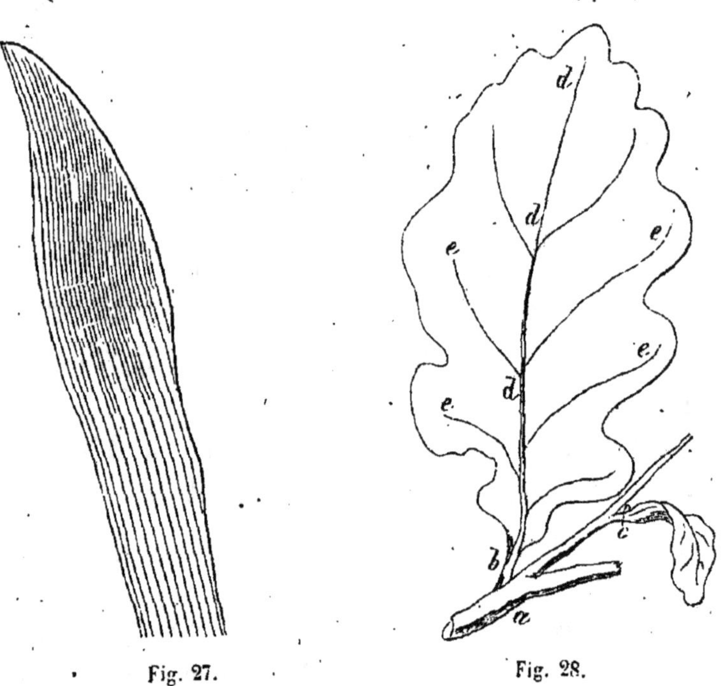

Fig. 27.   Fig. 28.

organisation, se rapprochent plus ou moins des liliacées.

[159o] On voit, par ce qui précède, qu'en général
chez les végétaux dont l'embryon est muni d'un seul cotylédon, les feuilles portent des nervures parallèles longitudinales, comme celles de l'iris, fig. 27; et non point
des nervures anastomosées comme celles des dicotylées,

fig. 28 [158*f*]. Mais il existe des espèces où, quoique l'embryon ne porte pas deux cotylédons, les feuilles présentent une ressemblance plus ou moins grande avec les feuilles des dicotylées. Quelques-unes de ces espèces se trouvent même au bas de l'échelle végétale, parmi les plantes dont la fleur n'est que rudimentaire et où l'embryon est sans périsperme (aroïdées). Chez d'autres espèces (dioscoréacées), les nervures et la forme des feuilles sont très-semblables à celles des dicotylées ; dans leur embryon, le cotylédon unique est aplati comme ceux d'un grand nombre de dicotylées, et l'organisation totale de ces plantes étant, pour le reste, celle des monocotylées les plus parfaites, elles paraissent comme des intermédiaires entre les monocotylées et les dicotylées.

[159*p*] Les *cycadées*, groupe peu nombreux, réunissent des caractères empruntés aux végétaux les plus éloignés dans la série générale. Extérieurement, ces arbres ressemblent aux palmiers ; leur tige est de même, longue, droite, simple et couronnée de grandes feuilles. A l'intérieur, ces tiges présentent les couches concentriques des dicotylées ; mais chaque couche paraît n'être formée que très-lentement et en un plus ou moins grand nombre d'années. Leurs organes reproducteurs sont une combinaison de ceux des conifères et de ceux d'un groupe de végétaux très-inférieurs, les équisétacées. L'embryon mûr s'y montre accompagné de plusieurs autres très-petits qui ont avorté.

[159*q*] Le vaste groupe d'espèces que l'on désigne sous le nom de *conifères*, parce que leur fruit est généralement conique, présente des caractères très-semblables dans toutes les espèces. Leurs tiges offrent intérieurement les couches concentriques annuelles des dicotylées. Leurs racines sont peu profondes, très-menues et chevelues. Leurs feuilles, groupées différemment selon les espèces, sont en général très-petites et *aciculaires*, c'est-à-dire en forme d'aiguilles; pourtant, dans quelques espèces, elles sont plus larges, et chez d'autres; même, elles atteignent aux proportions ordinaires d'un limbe. Excepté chez les mélèzes, les feuilles des conifères persistent l'hiver; c'est pourquoi les conifères sont désignés souvent sous le nom d'*arbres verts*.

Leurs organes reproducteurs sont d'une simplicité remarquable. L'ovule ou graine n'y est pas, comme dans l'immense majorité des végétaux, contenu dans un ovaire ou enveloppe spéciale. Les ovules, nus comme chez les cycadées, sont d'abord groupés de même en certain nombre sur une écaille. Dans ce nombre, un ou deux ovules seulement se développent; les autres avortent. L'embryon rappelle ceux des végétaux inférieurs; c'est une radicule entourée d'un gros périsperme et surmontée de petits appendices souvent nombreux et verticillés, où l'on a cru voir autant de cotylédons, ce qui leur a fait donner le nom de polycotylédonés. En réalité, cet embryon n'est guère qu'un très-petit bourgeon élémentaire où les appendices se développent par la germination en un verticille de feuilles analogues à celles de l'arbre lui-même.

Outre les pins, sapins, mélèzes, cyprès, l'if et le genévrier, ce groupe, qui n'offre aucune plante herbacée, renferme beaucoup d'autres espèces d'arbres, et notamment les gigantesques pins, de plus de cent mètres de haut, récemment découverts dans l'Amérique du Nord.

[159r] Il existe des plantes dont l'embryon porte un cotylédon très-développé, et en outre l'indice, le rudiment d'un autre cotylédon. Telle est la châtaigne d'eau, fruit du *trapa* (onagrariées), et, entre ce fruit et les embryons dont les deux cotylédons sont parfaitement égaux, on peut ranger une multitude de végétaux dont les cotylédons présentent tous les degrés d'inégalité intermédiaires.

[159s] Il est remarquable que, parmi les végétaux dont l'embryon est nettement dicotylé, la plupart des grandes et belles espèces d'arbres portent des organes reproducteurs très-simples et même très-incomplets. Ainsi, le groupe de végétaux auxquels on a donné le nom d'amentacées [1], parce que leurs fleurs (fig. 1) ont pour enveloppe seulement des écailles rassemblées en épis que l'on nomme *chatons*, comprend le chêne, le châtaignier, le hêtre, le charme, l'orme, le bouleau, le peuplier, le saule, le platane, etc.

Pourtant, c'est dans un groupe d'espèces dicotylées

---

[1] Du latin *amentum*, chaton.

peu nombreuses, les bombacées, dont la fleur rappelle celle des mauves (malvacées), que l'on trouve les arbres les plus gros de la terre, entre autres le baobab. Le développement des arbres de ce groupe, tous habitants des contrées tropicales, est surtout extraordinaire en largeur ; leur tronc, en forme de barrique ou d'œuf allongé, étend horizontalement des branches d'une longueur extrême.

En général, si parmi les végétaux dicotylées on met d'une part ceux dont les proportions sont les plus grandes, et d'un autre côté ceux dont les organes reproducteurs sont les plus compliqués ou bien les plus parfaits, on verra que parmi ceux-ci il n'existe aucun végétal de la taille des premiers, et que, parmi les plus grands végétaux dicotylés, il en existe très-peu dont les organes reproducteurs puissent être rangés parmi les plus compliqués; et l'on trouve à mi-chemin entre eux un très-grand végétal, le baobab.

Cette observation s'applique également et avec une singulière identité aux monocotylées. Sauf le draconier, les palmiers sont les plus grands monocotylés ; or, leurs organes reproducteurs s'éloignent fort de la perfection. Les *orchidées* sont de toutes les monocotylées celles qui ont les fleurs les plus compliquées ; or, ces plantes sont de très-petite taille, et on trouve à mi-chemin une énorme liliacée, le draconier.

Elle s'applique également aux végétaux dont l'embryon n'est pas cotylédoné. Les plus grands sont les fou-

gères arborescentes, où il n'y a pas même un rudiment
de fleur ; les feuilles portent directement les spores. Et
ce sont les petites équisétacées qui, dans cette classe,
portent les organes reproducteurs les plus compliqués.

Enfin, c'est parmi les conifères, dont les organes reproducteurs sont si simples, que se trouvent les gigantesques pins de l'Amérique du Nord, c'est-à-dire les végétaux les plus élevés de la terre[1].

[159t] Nous venons de parcourir une suite d'espèces
où l'organisme va croissant, depuis les byssus jusqu'aux
conifères. Au-dessus de celles-ci, c'est-à-dire supérieures
aux conifères, nous retrouvons les dicotylées dont nous
avons étudié succinctement l'organisation particulière,
telle qu'elle se montre dans le chêne. Mais, parmi la
multitude d'espèces dont l'embryon est dicotylé, très-
peu atteignent les proportions et la durée des chênes.

Les plantes acotylées présentent à elles seules plusieurs séries d'organisations, depuis l'humble byssus jusqu'aux fougères arborescentes. Ces byssus ne durent que
peu de jours ; d'autres plantes, les charas, par exemple,

---

[1] Ces arbres croissent dans une petite vallée du Mexique, à 1,500 mètres au-dessus du niveau de la mer. Les deux plus grands ont, l'un,
31 mètres de circonférence et 100 mètres de hauteur, le second, 30 mètres de circonférence et 110 mètres de hauteur.

Mais un autre, mort et renversé, mesure 57 mètres de circonférence à
la base. On pense qu'il a dû avoir 160 à 170 mètres d'élévation. En tom-
bant, il s'est brisé à une hauteur de 100 mètres, et, là, son tronc a encore
une circonférence de 13 mètres. Par le compte de ses couches concentriques [158c] on a trouvé qu'il était âgé de 3,000 ans.

L'écorce de ces arbres a deux pieds d'épaisseur.

durent toute une saison; certaines fougères, chez nous notamment, poussent chaque année de nouvelles feuilles chargées de spores qui meurent à l'automne; la tige seule reste vivante sous le sol; et, sous les tropiques, d'autres fougères atteignent les proportions et la durée d'un grand arbre.

De même, les monocotylées, à elles seules, présentent plusieurs séries d'organisations où, depuis les humbles espèces aquatiques jusqu'aux supérbes palmiers et au draconier d'Orotava, la distance est grande; et entre ces termes extrêmes on trouve beaucoup plus d'espèces intermédiaires, soit quant à la durée, soit quant à la taille, qu'on n'en trouve entre les byssus et les fougères en arbre.

De même enfin, les dycotylées présentent des séries analogues, mais beaucoup plus riches, non-seulement par la supériorité générale de l'organisme, mais par le nombre des formes végétales intermédiaires, depuis les plus mignonnes espèces cachées sous l'herbe jusqu'aux châtaigniers de l'Etna.

[159*u*] Si nous considérons la durée du végétal, nous voyons d'abord des plantes herbacées dont la végétation parcourt en très-peu de temps toutes ses phases, depuis la germination jusqu'à la fructification et la mort: tels sont le cresson alénois, le cerfeuil. On nomme *annuelles* toutes ces espèces dont la végétation ne dure qu'un an au plus.

D'autres espèces, pendant la première année, germent

et développent les organes de leur végétation, mais ne fleurissent et ne fructifient que la seconde année : tels sont les choux, les betteraves, etc. On nomme ces espèces *bisannuelles.*

D'autres, tels que le beau pois rose, l'asperge, l'aconit, la pivoine, l'ancolie, poussent des rameaux herbacés qui fleurissent, fructifient et meurent dans le cours d'une saison, mais dont la tige ou ses analogues [158*i*] [159*j*] continuent à vivre sous la terre et poussent chaque été une nouvelle tige herbacée. On appelle ces plantes *vivaces.*

LES PARASITES

[160] Cet examen rapide d'un certain nombre de formes végétales très-diverses, et des fonctions fondamentales des organes, nous permet de reconnaître maintenant que le type végétal complet est essentiellement composé d'une racine et d'une tige, ramifiée ou non, portant des feuilles et des fleurs.

La racine pompe les liquides de la terre; les feuilles respirent et élaborent l'air atmosphérique. La tige est un réceptacle général; elle met en communication les racines et les feuilles. Les fleurs produisent l'embryon, elles le portent et l'abritent comme dans un berceau.

Ainsi, l'être végétal est une sorte de travailleur; il fouille la terre pour y chercher sa nourriture, il aspire et expire sans cesse les gaz, il combine lui-même et en lui-même les matériaux qu'il a rassemblés; il doit son accroissement à ces diverses besognes, et après qu'il a rendu service à une multitude d'autres êtres, il emploie le surplus de ses forces et de sa substance à reproduire son espèce.

[160a] Mais il y a des plantes qui ne prennent point tant de peine et ne se donnent que de l'agrément. Elles ne vont point chercher péniblement leur subsistance dans la terre; la plupart même n'élaborent point les gaz : elles plongent simplement leurs suçoirs au pied ou dans les flancs des végétaux travailleurs, et là elles pompent, tout à leur aise, les sucs élaborés par les feuilles et les racines d'un autre.

Les espèces de ces végétaux sont peu nombreuses dans nos climats; mais quoiqu'elles aient été fort mal étudiées et mal comprises jusqu'à ce jour, il paraît qu'elles sont beaucoup plus répandues et plus variées dans les contrées chaudes.

Ces végétaux, en général, n'ont ni force, ni grandeur, ni beauté. Leurs tissus sont d'ordinaire mous et décolorés; beaucoup d'entre eux exhalent une odeur nauséabonde.

La plupart s'établissent sur les racines des autres vé-

gétaux; leur tige est en général simple, et quand elles se
ramifient, ce n'est que sous le sol. Telles sont :

Certaines espèces (balanophorées) qui croissent sur les
racines baignées par l'eau de mer. Elles n'ont point de
feuilles, seulement des écailles qu'elles portent en spirale
comme les autres végétaux. Le système de leurs fleurs
est assez simple, mais il forme presque toute la partie
aérienne du végétal, c'est-à-dire qu'extérieurement elles
se réduisent presque à une fleur.

Le *cytinus*, qui croît sur les racines des cistes dans le
midi de la France, est de même sans feuilles et se réduit
extérieurement à un système floral assez simple, mais
très-développé.

L'*orobanche*, qui croît sur les racines du chanvre, est
de même sans feuilles et se réduit à une fleur dont le
système se range parmi les plus perfectionnées, tandis
que la fleur du pauvre chanvre est beaucoup plus simple.
Or, quand vous saurez que les fleurs sont les lits d'amour
des plantes, vous comprendrez ce qu'il y a d'abomina-
blement symbolique dans ce fait profond et si général,
que les parasites ont des fleurs beaucoup plus perfectionnées que la fleur du végétal qu'ils exploitent. — Nous
reviendrons sur ce fait.

Le *monotropa* croît sur les racines du chêne; il est sans
feuilles et réduit à une fleur beaucoup plus perfectionnée
que celle du chêne.

Le *rafflesia*, géant de ces espèces, qui croît à Sumatra
et à Java sur les racines du *cissus angustifolia*, n'a point

de feuilles ni de tige aérienne; c'est seulement une fleur qui atteint parfois plus d'un mètre de diamètre et peut peser de six à huit kilogrammes. Elle emploie trois mois à se développer et répand une odeur de cadavre.

Dans cette classe des parasites, la *cuscute* a des habitudes un peu différentes. Sa tige, mince comme un fil, s'enroule autour des tiges du genêt, de la luzerne, etc., et y enfonce ses suçoirs. Elles ne porte que des folioles presque invisibles, et ses nombreuses fleurs se développent en groupes. Elle finit par tuer le végétal qu'elle suce.

Viennent ensuite d'autres espèces, un peu moins méprisables, qui se donnent du moins la peine de développer leurs feuilles et d'élaborer les gaz : tel est le *gui* que l'on trouve si souvent sur les tiges du peuplier, du pommier, etc., et aussi quelquefois sur le chêne. Comme toujours chez les parasites, les fleurs du gui sont beaucoup plus perfectionnées que celles des arbres sur lesquels il s'établit. Et son feuillage résiste à l'hiver qui fait tomber les feuilles des peupliers, des pommiers et des chênes.

Le *lierre* représente parmi les végétaux ces gens qui travaillent vigoureusement, mais auxquels tout est bon, et qui ne craignent point de voler et de mal faire pour se faire du bien. Il pousse des racines en terre et de nombreuses et belles feuilles aériennes. Or, sa tige est fort grêle, quoique ligneuse; et il aime l'air comme un honnête végétal. Il grimpe donc le long des murs et s'y ac-

croche par des racines qu'il enfonce entre les pierres.
Pousser des attaches qui sont des racines, c'est, à coup
sûr, plus habile et plus spirituel que de s'entortiller simplement comme ferait un haricot, ou que de s'accrocher
par des vrilles comme ferait un pois; mais il monte aussi
le long des arbres, enfonce dans leur écorce ses racines,
dont l'action ne saurait être aussi innocente qu'on le pré-
tend, et s'attache aux arbres, et les serre si bien qu'ils
périssent. Voilà le méfait. Il va sans dire que ses fleurs
sont très-perfectionnées, et, comme le gui, il conserve ses
feuilles l'hiver.

[160b] Nous pourrions parler encore des *lichens*, ces
êtres rudimentaires qui s'attachent partout, même aux
pierres; nous devrions peut-être parler des champignons,
ces parasites de la pourriture qu'ils élaborent en poisons.
Mais les mérites du lichen d'Islande, de la morille et de
l'agaric comestible, prix Monthyon de ces espèces, ne
nous arrêteront pas. On a vu, au surplus [158t] que nous
avons quelques doutes sur la véritable nature de ces
êtres.

Ajoutons cependant que des champignons microscopiques, accompagnant toujours la maladie de la vigne, la
maladie des pommes de terre et plusieurs affections des
animaux et de l'homme, la teigne entre autres, sont accusés et convaincus d'en être cause.

Il est vrai que ces misérables, s'appuyant sur de récentes observations, peuvent essayer de soutenir à M. Raspail et à tous ceux qui, après lui, imposent une si grande

responsabilité à leur affreuse famille, qu'ils sont les produits, immondes il est vrai, de ces maladies, leur symptôme consécutif et inséparable, mais non point la cause de ces maladies.

Nous croyons qu'ils sont l'un et l'autre, séparément ou successivement, selon des cas à distinguer.

PHÉNOMÈNES D'ORDRE SUPÉRIEUR CHEZ LES VÉGÉTAUX

[161] L'étude de la séve, des feuilles, des tiges et des racines nous a fait connaître, chez les végétaux, plusieurs sortes de mouvements, les uns mal expliqués encore peut-être [158n], les autres résultant, selon toute apparence, d'une polarité comparable à celle que manifestent les corps aimantés et, en certains cas, les corps électrisés; c'est-à-dire que les deux moitiés du végétal sont influencées *par la terre* et *par la lumière* d'une manière qui rappelle l'action de la terre sur un barreau aimanté, la terre attirant l'une des parties du végétal et repoussant l'autre, la lumière attirant la partie que repousse la terre et repoussant la partie qu'attire la terre.

Cette action attractive et répulsive de la terre sur les extrémités contraires de certains corps n'est pas nouvelle pour nous [70], mais l'action attractive et répulsive de la lumière nous apparaît pour la première fois dans l'histoire des phénomènes, et elle peut être un motif nouveau de considérer la lumière comme une des modifications de la même force inconnue à laquelle il faut rapporter les phénomènes magnétiques, électriques, caloriques et d'affinité [102].

[161*a*] L'influence de la lumière se manifeste plus visiblement encore sur la fleur du *grand soleil*, qui se dirige pendant tout le jour vers l'astre dont elle porte le nom ; sur les *belles de jour*, qui s'épanouissent le matin et se ferment le soir, et enfin sur les *belles de nuit*, qui, au contraire, se ferment le matin et s'épanouissent le soir.

Les fleurs de certaines plantes se ferment en plein jour un peu avant qu'une pluie tombe ; d'autres, au contraire, ne se tiennent épanouies que par un temps brumeux, et se ferment en plein jour quand le temps devient très-pur. — Malheureusement, les auteurs de ces observations n'ont pas assez nettement recherché si ces mouvements sont dus aux variations de la lumière par suite de la présence ou de l'absence des nuages, s'ils sont dus seulement à l'état d'humidité ou de sécheresse de l'air, ou si les deux causes interviennent dans le phénomène.

[161*b*] Enfin, on observe, chez certains végétaux, des mouvements d'un ordre supérieur, dont nous rechercherons ailleurs la signification.

Lorsque l'on touche les folioles qui composent la feuille d'une *sensitive*, elles se rapprochent aussitôt et s'appliquent simultanément les unes sur les autres. Toutes les parties de la feuille ne sont pas également sensibles : si l'on touche avec la pointe d'une aiguille une tache blanchâtre qui existe à la base des folioles, le phénomène est beaucoup plus rapide.

Le phénomène est d'ailleurs susceptible de modifications bien remarquables qui, sans doute, n'ont pas été toutes reconnues. Ainsi, lorsqu'on coupe avec des ciseaux la moitié d'une foliole inférieure, bientôt la foliole mutilée et celle qui lui est opposée se rapprochent; puis les suivantes se rapprochent successivement et par paires jusqu'à l'extrémité de la feuille. Enfin, une sensitive emportée dans une voiture ferme d'abord ses feuilles par l'effet du cahotement, mais elle les rouvre ensuite peu à peu et ne les referme plus.

Chez une plante du Bengale, dont les feuilles sont composées d'une grande foliole terminale et de deux petites latérales, la grande foliole s'incline alternativement de droite à gauche, et les deux petites se tordent et s'infléchissent alternativement, en sens contraire, de chaque côté du pétiole.

On a même observé des mouvements analogues dans les feuilles des pois et des haricots.

[161c] Beaucoup de plantes, pendant la nuit, modifient la disposition de leurs feuilles. Chez les unes, les folioles se replient en-dessous du pétiole en s'appliquant

l'une contre l'autre par leur page inférieure. Chez le baguenaudier, elles se replient, au contraire, en appliquant l'une contre l'autre leurs faces supérieures. Chez la sensitive, les folioles pendant la nuit s'appliquent le long du pétiole, comme lorsqu'on les touche.

[161*d*] La température des végétaux est sensiblement la même que celle du milieu ambiant [39]. Mais, pendant la germination, la température des graines peut s'élever de 5° à 25° au-dessus de celle du milieu ambiant. Il en est de même au moment de la floraison; dans le *colocasia odorata*, on a vu une élévation de 22°.

Il est indubitable que le développement végétal consistant en une fixation, c'est-à-dire une solidification de substances gazeuses et liquides, cette solidification doit être accompagnée d'un dégagement de chaleur [60]; mais la lenteur de cette opération générale et aussi, sans doute, la transpiration insensible du végétal [61] en voilent le résultat pour l'observateur.

L'élévation de la température des graines est attribuée à la grande quantité de carbone qui, pendant la germination, s'y combine avec l'oxygène de l'air; mais il n'a pas été fait d'observations précises pour constater si la chaleur dégagée par la graine est représentée tout entière par la combustion du carbone de l'acide produit. D'ailleurs, le dégagement de cet acide carbonique et son origine ne sont pas hors de doute dans tous les cas, puisqu'on a vu des graines germant dans l'eau dégager de l'oxygène.

Et, quant au *colocasia odorata*, il nous semble impossible d'attribuer le phénomène exclusivement à la production d'acide carbonique, dont la fleur paraît être le siége; surtout si, comme il résulte de l'ouvrage que nous avons sous les yeux, la plante tout entière élève de 22° sa température au moment de la floraison.

Voilà un beau champ d'expériences pour les savants de profession, qui n'en savent pas plus que moi là-dessus, et peuvent disposer des instruments nécessaires pour étudier ces phénomènes dont l'importance est extrême.

[161*e*] Et puisque nous en sommes sur les *doutes*, disons ce que nous conjecturons de la circulation végétale.

On a vu que l'ascension de la séve n'est pas bien expliquée par le seul concours de l'endosmose, de la capillarité et de l'évaporation, et nous confesserons que le mouvement de la *séve descendante*, dont nous avons, à dessein, évité de parler, n'est pas expliqué du tout; mais nous avons fait connaître [159*c*] la circulation intracellulaire, qui, dans les cellules végétales, consiste en un mouvement ascendant d'un côté et descendant de l'autre, lequel ne peut, en aucune manière, être expliqué par l'endosmose, la capillarité et l'évaporation.

Eh bien, il nous paraît que la circulation, tant ascendante que descendante, des végétaux supérieurs, se rapporte surtout à la même cause que la circulation intracellulaire, quelle que soit cette cause.

Ce n'est pas sans un commencement de preuve que

nous en présumons ainsi ; mais les moyens d'observation
dont nous avons pu disposer étant très-imparfaits, nous
ne pouvons considérer comme décisifs les résultats qu'ils
nous ont fait entrevoir.

CLASSIFICATIONS

NOMENCLATURE

[162] Nous voici loin des commencements du monde,
car tout ce que nous venons de dire se rapporte à la végétation actuelle. Il semblera d'abord que, dans ce chapitre, nous nous éloignons bien plus encore de l'histoire
antique de la terre. Pourtant, l'étude que nous allons
faire ici est à la fois l'une des plus importantes dans l'ensemble des sciences, et celle peut-être qui tendra le
mieux l'intelligence du lecteur vers le but général de ce
livre.

La science a pour objet immédiat la connaissance de
lois selon lesquelles se produisent les phénomènes, elle
parvient à cette connaissance par l'observation directe
et par voie d'expérience.

La science a, de plus, pour but philosophique supérieur : 1° la connaissance des forces dont l'action produit les phénomènes [1], et 2° l'interprétation des lois.

Or :

Les phénomènes se produisent sans dire leur nom.

Les forces, invisibles, agissent en silence.

Les lois dans l'univers n'ont point de titre, elles ne se proclament point ; nous sommes réduits à les chercher et à les constater dans l'obéissance universelle des substances et des êtres.

Dès les premiers temps de notre race, les hommes ont imposé des noms aux principaux phénomènes, et même, lorsque le phénomène se produisait avec bruit, leur naïve sagesse les conduisait à nommer le phénomène par une imitation du bruit qu'ils entendaient. C'est ainsi que dans toutes les langues le *tonnerre* est exprimé par un mot qui imite ses éclats, ses roulements.

Aucun phénomène, pas plus que le tonnerre, ne nous dit son nom. Ils passent en foule autour de nous, sur nous, en nous, sans nous connaître. Et les lois, même constatées, sont des choses sans nom, comme les forces qui semblent leur obéir.

Quand il saisit pour la première fois un phénomène, une loi, un aspect de l'être, l'homme ne sait comment nommer ce prisonnier de son génie.

Il attendrait en vain : êtres et phénomènes, lois et for-

. [1] C'est-à-dire qu'elle recherche incessamment l'origine primitive de la force qu'elle voit agir [20].

ces, ils sont, ils se laissent saisir ; mais ils se taisent. L'animal même qui le premier de sa race se débat dans nos mains, crie, et ne nous dit pas son nom. Nous seuls sur le globe savons dire ce que nous sommes.

Il faut donc nommer ces inconnus qui s'ignorent. Pour les reconnaître, il faut leur dire : Tu es tel, et désormais tu t'appelleras tel. — Et c'est là le sens du mythe superbe de la Genèse hébraïque, où Adam nomme tour à tour les animaux qui passent devant lui.

Nous ne pouvons d'ailleurs nous entendre avec nos semblables et communiquer ce que nous savons des êtres et des phénomènes qu'en leur imposant des noms. Et si un être, tel qu'un chêne, présente un grand nombre de parties différentes, nous sommes obligés de donner des noms différents à toutes ces parties.

[162a] L'ensemble de ces noms des choses dont s'occupe chaque science constitue la *nomenclature*. Ainsi, racine, tige, rameau, feuille, foliole, pétiole, limbe, etc., sont des termes de la nomenclature particulière de la botanique. On conçoit que dans chaque science ces noms doivent être très-nombreux, d'autant que chaque objet porte souvent plusieurs noms.

La nomenclature occupe donc une grande place dans la science ; mais elle est un exemple essentiel de l'imperfection nécessaire attachée à nos procédés intellectuels. En effet, voici que pour apprendre à connaître les *réalités*, c'est-à-dire les êtres, et les lois, et les forces (ce qui est la vraie fin de la science), il faut commencer par apprendre une multitude de noms arbitraires et qui, au fond, n'ont aucun lien avec les choses et les êtres qu'ils sont appelés à faire reconnaître. Car il est clair que ce que nous appelons *herbe*, nous pourrions l'appeler tout autrement, comme en effet des centaines de millions d'hommes l'appellent autrement dans leurs divers langages.

Dans toute étude, nous devons donc passer par les mots avant d'arriver aux choses, et pour apprendre n'importe quoi. nous sommes obligés à deux études pour chaque détail : 1° il nous faut apprendre le nom qu'on lui donne; et 2° il nous faut apprendre la chose en elle-même.

Toute science se compose de deux sortes de connaissances dont l'une importe bien plus que l'autre, quoiqu'elle soit nécessairement liée à l'autre. L'une est la connaissance des réalités qui existaient avant qu'on les eût nommées, et qui sont toujours les mêmes, quelque nom qu'on leur donne; l'autre est la connaissance des noms par lesquels on désigne les réalités.

J'insiste, et je dis : Dans l'ensemble des connaissances qui constituent une science il y a deux parties : 1° une partie relative à l'homme, faite par l'homme ; et 2° une partie indépendante de nous, qui n'a pas été faite par nous, et que nous avons apprise directement par l'observation et par l'expérience.

Ainsi, une pierre abandonnée à elle-même dans l'atmosphère tombe vers la terre : ce fait entre dans nos connaissances physiques, et il serait le même si nous ne le connaissions pas ; il ne dépend pas de nous. Mais nous appelons *pesanteur* la force qui précipite la pierre, et *loi de la pesanteur* la manière constante dont elle tombe ; ces expressions font partie également de nos connaissances physiques ; mais elles sont créées par nous.

Ce qu'il est important de savoir, c'est la réalité, quels que soient les mots. Si l'on pouvait enseigner et apprendre la réalité dégagée de mots, ce serait mieux ; et c'est en effet ainsi que les esprits supérieurs se représentent à eux-mêmes les choses. Mais, faute de pouvoir se passer de nomenclature, au moins faut-il la simplifier et la réduire le plus possible ; c'est de quoi nous avons pris grand soin, convaincu que ce qu'il importe le plus de faire connaître à l'immense majorité des lecteurs ce sont les généralités et non point les détails. En effet, une seule généralité bien connue explique plus de choses et renferme une plus grande somme de vérité *réelle* que n'en contiennent mille termes de nomenclature correspondant à des détails.

[162*b*] La nomenclature ne compose pas à elle seule le bagage humain des sciences. Dans la botanique, notamment, les *classifications* occupent une grande place. Elles doivent être comptées parmi les œuvres les plus remarquables de l'intelligence. Et en apprenant à connaître leur objet et leur utilité, nous nous rapprocherons tout à coup de notre but.

Au milieu des innombrables productions de la nature et de notre industrie, la nomenclature peut bien nous faire reconnaître les objets quand ils se trouvent sous nos regards et sous nos mains; mais il faut un autre secours intellectuel, un procédé spécial pour nous aider à les retrouver sans perdre trop de temps à fouiller l'amas des choses quelconques où ils se trouvent.

Or, le but primitif des classifications est de constituer un arrangement des choses tel, que nous puissions facilement retrouver l'une quelconque de ces choses parmi toutes les autres.

La tendance à imaginer des classifications est universelle dans l'humanité.

L'enfant *range* ses jouets, les bons hommes d'un côté, les petits moutons de l'autre. C'est un essai de classification.

Toute bonne ménagère, en tout pays, à certains jours, *range* dans la maison. Jours redoutables, où elle s'arroge une autorité bruyante et sans bornes, que tous respectent instinctivement.

Sur le buffet, elle place les vases de métal selon l'ordre de grandeur, et aussi les vases de terre, le tout aligné en une série à plusieurs étages; les couteaux, les cuillers, les fourchettes en un groupe avec plusieurs divisions. Dans l'armoire, elle dispose régulièrement les habits selon leur nature. Ailleurs, on voit les nappes empilées à côté des serviettes, puis les chemises et tout le linge du chef de la famille, puis les chemises et les beaux fichus de la ménagère, puis les petites nippes des enfants. Quand elle a tout disposé selon son plan elle se calme, et d'un air satisfait où perce un juste orgueil, elle dit à toute la famille qui, sans en excepter le père, voit arriver avec plaisir la fin de cette grave opération : Ah ! si je n'étais pas là pour ranger, que deviendriez-vous tous?

C'est en effet à cette classification de tout le ménage que chacun d'eux doit une partie de son bien-être, et rien qu'en voyant l'armoire de la ménagère, on peut juger du degré d'ordre et d'économie qu'elle apporte au gouvernement intérieur qui est son partage.

De même, le jardinier classe chez lui ses outils, ses plants, ses graines ; et dans son jardin il distribue ses semis et ses cultures.

De même, un auteur classe dans son livre les matières dont il traite ; et un bon classement est l'une des plus grandes difficultés pour l'écrivain et l'un des mérites les plus utiles au lecteur, — quoique peu apprécié.

Pour retrouver facilement un objet parmi beaucoup d'autres, toutes sortes d'arrangements ne sont pas également bons ; il y en a d'excellents, de médiocres, de détestables.

Prenons pour exemple une bibliothèque. Voici trois mille volumes à ranger : on peut d'abord mettre d'un côté tous les livres reliés, et d'un autre côté tous les livres non reliés, les brochures ; puis dans chaque division mettre ensemble tous les formats semblables.

Cette classification rendra sans doute de grands services ; il suffira de se rappeler si le livre dont on a besoin est relié, et quel est son format, pour trouver aussitôt le groupe de livres qui le contient et n'avoir plus qu'à le chercher parmi un certain nombre de volumes. Mais un tel mode de classement est très-imparfait, car on peut oublier quel est le format d'un livre et s'il est relié ; d'ailleurs, s'il existe dans cette bibliothèque cinq cents volumes d'un même format, il faudra chercher parmi ces cinq cents volumes ; enfin, les ouvrages de format différent qui traitent d'une même science se trouveront dispersés dans divers groupes de livres.

On pourrait ranger cette bibliothèque de bien d'autres manières qui seraient plus ou moins utiles ; mais n'y en aurait-il pas une plus rationnelle [1] que les autres?

Qu'est-ce qu'un livre? — C'est un professeur toujours prêt à donner leçon.

Quel est le caractère principal de ce professeur? — Ce n'est ni le format, ni la couleur de la couverture, ni la qualité de l'impression, ni le nombre des volumes de chaque ouvrage. Tout livre traite d'une matière quelconque: c'est là le caractère principal.

C'est donc par la distinction entre les diverses matières, les diverses branches des connaissances et des divertissements ou des spéculations [2] de l'intelligence, que doivent être déterminées les divisions d'une bibliothèque.

[1] Ici, *rationnel* signifie : qui est fondé sur le raisonnement (du latin : *ratio*, raison).

[2] Ici, *spéculation* signifie : recherche théorique, développement abstrait d'une conception de l'esprit [24a].

De plus, ce monument de la pensée humaine doit montrer un ordre dans lequel non-seulement on passe du simple au composé, mais dans lequel, autant que possible, on ne passe à une étude nouvelle qu'après toutes les études préparatoires.

Et comme l'étude des choses où la pensée humaine intervient sans cesse, non pas seulement comme miroir de l'univers, mais comme puissance créatrice, offre une double complication, on doit faire trois divisions générales, la première comprenant tous les ouvrages de *science* pure, où l'homme se borne à observer et à démontrer des réalités, des phénomènes. Cette division, qui commencera par les mathématiques, se terminera par la physiologie générale.

La seconde division comprendra les *sciences appliquées* : art de l'ingénieur, navigation, agriculture, médecine, hygiène, etc., etc. Enfin, la troisième division comprendra d'un côté les ouvrages qui traitent principalement de l'intervention humaine, et d'un autre côté ceux qui sont le produit le plus direct de la pensée. Cette division, qui sera plus difficile à classer, comprendra d'un côté l'histoire aboutissant à la politique, et, de l'autre, la poésie et la philosophie aboutissant à la religion.

On voit que l'ordre des ouvrages, dans ces divisions, est déterminé par l'ordre rationnel des matières.

La classification fondée sur le format était *arbitraire*[1],

---

[1] Arbitraire signifie : qui est produit par la seule volonté de l'homme, sans avoir de règle ni de fondement naturel.

et c'est ce qu'on appelle une *classification artificielle*.

La classification fondée sur l'ordre des matières est tirée de la nature même des choses, et c'est ce qu'on nomme une *classification naturelle*.

C'est en botanique que les classifications ont pris le plus d'importance, et il y avait pour cela beaucoup de motifs. Les plantes ayant fourni dès l'antiquité des médicaments et des aliments précieux, on dut enseigner à les reconnaître. On imagina les *herbiers*, où chaque plante est conservée sèche et peut servir en tout temps à l'étude. Dès que le nombre des plantes étudiées et connues fut considérable, il fallut mettre de l'ordre dans ces herbiers, c'est-à-dire classer les plantes; chaque botaniste le fit d'abord à sa guise.

Mais le nombre des plantes connues ayant atteint plusieurs milliers, il devenait impossible à une mémoire humaine de retenir les caractères et le nom de chacune. Pourtant il fallait pouvoir non-seulement les reconnaître et les trouver facilement dans les herbiers, mais s'entendre entre botanistes. Il fallait donc imaginer une classification qui fût à la fois, pour tous les botanistes, un catalogue raisonné pour les herbiers et les livres, et une méthode pour connaître facilement le nom d'une plante cueillie dans un champ ou dans un bois, pourvu qu'on eût présents à la mémoire, ou décrits dans un livre, des signes distinctifs suffisants.

On établit d'abord certaines généralités.

[162c] Chacun sait que, dans un pré ou un bois, par

exemple, on voit souvent à la fois beaucoup de plantes très-différentes, beaucoup de plantes semblables entre elles, et un assez grand nombre de plantes qui, sans être tout à fait semblables, présentent des ressemblances.

On s'accorda à nommer *espèce* l'ensemble de toutes les plantes semblables; ainsi tous les individus *pommier* formèrent l'*espèce pommier*, tous les individus *pêcher* formèrent l'*espèce pêcher*, etc.

On s'accorda à nommer *variété* l'ensemble des individus qui ne diffèrent de ceux de leur espèce que par très-peu de points, mais dans lesquels ces différences sont persistantes et se perpétuent [1].

On s'accorda à nommer *genre* l'ensemble des espèces qui, bien que différentes, présentent certains rapports, certaines similitudes.

Il ne pouvait guère y avoir alors de discussion sur les limites de l'espèce, c'est-à-dire sur la question de savoir en quoi chaque espèce se distingue d'une espèce différente : car, au premier abord, rien ne paraît plus tranché que l'ensemble des caractères *spécifiques*, c'est-à-dire qui distinguent une espèce.

Mais, dès lors, on ne s'entendit pas aussi facilement sur les caractères *génériques*, c'est-à-dire sur la question de savoir en quoi un genre se distingue d'un autre genre [2].

---

[1] C'est ainsi que la **reinette**, la **calville**, appartiennent à des variétés de l'esp'ce pommier.

[2] Nous compléterons ceci ailleurs.

Sans faire l'histoire des diverses méthodes de classifications qui furent employées, ni des systèmes qui furent proposés ou mis en pratique, nous entrerons dans quelques détails nécessaires pour faire comprendre les questions que soulèvent les classifications, et dont la portée est très-grande. Nous tâcherons de déduire clairement ces aridités ; mais le lecteur qui veut s'instruire et comprendre l'univers ne peut pas se dispenser ici de nous seconder de toute son attention.

A moins que vous n'y ayez jamais songé, vous trouvez tout naturel que, pour produire et amener jusqu'à votre main le petit pain dont vous déjeunez, il ait fallu le concours de plusieurs centaines d'ouvriers et plusieurs années d'efforts. Mais, pour qu'il vous nourrisse, encore faut-il que vous le preniez, et qu'après l'avoir porté à votre bouche, morceau par morceau, vous le mangiez.

N'espérez donc pas acquérir une connaissance dont puisse se nourrir votre esprit, sans un effort et une méditation proportionnée. N'oubliez pas que ces connaissances devenues si claires ont été conquises lentement, douloureusement, par des armées de chercheurs, inconnus aujourd'hui pour la plupart, et que chacun des courts chapitres que nous vous offrons n'a pu être préparé que par les travaux de cent génies infatigables et supérieurs. Vous leur devez bien un petit effort ; c'est dans l'espoir de cette récompense qu'ils ont pris tant de peine.

Au siècle dernier, le suédois Linné imagina de classer

méthodiquement les végétaux par la considération des particularités diverses que présentent les étamines et les pistils, ou leur absence. Il fit donc d'abord deux divisions : d'une part, les plantes *phanérogames*, qui ont des étamines et des pistils ; de l'autre, les *cryptogames*, qui n'en ont point (V. *notes*).

Les premières formèrent aussi deux divisions : l'une, où les étamines et les pistils sont réunis dans la même fleur [1584] ; l'autre, où ces organes sont portés sur des fleurs différentes.

Selon que : 1° les étamines et les pistils adhèrent ou non ; 2° les étamines sont libres ou adhérentes entre elles ; 3° les étamines sont égales ou inégales ; 4° il existe dans la fleur une étamine ou deux, ou trois, etc. ; selon que les fleurs mâles et femelles existent sur le même individu ou sur des individus séparés, etc., etc., il rangea tous les végétaux connus alors en vingt-quatre classes, et, dans ces classes, les végétaux furent rangés selon des considérations semblables.

Quand il s'agit seulement de trouver le nom d'une plante, cette classification, qui date de 1734, est encore la meilleure pour aider une personne qui débute dans l'étude de la botanique et qui étudie seule.

Mais cette classification *artificielle* [1], puisqu'elle était

---

[1] Du reste, Linné lui-même fut le premier à dénoncer l'imperfection de son système artificiel, et, en 1738, il publia un essai de méthode naturelle où les genres connus de son temps étaient disposés selon l'ordre de leurs affinités, telles qu'elles avaient pu être déjà constatées alors.

fondée sur un caractère pris arbitrairement et non sur l'ensemble du végétal, réunissait souvent dans une même classe des genres de plantes absolument différentes, qui n'avaient d'autres rapports entre elles que la disposition de quelques parties de leurs fleurs. Il est vrai que, dans certaines classes, les genres qui se trouvaient réunis, ou quelques-uns seulement, présentaient dans leur ensemble des ressemblances frappantes. D'un autre côté, Magnol, botaniste français du dix-septième siècle, avait déjà enseigné qu'un grand nombre de genres offrent ainsi des similitudes et présentent un air de *parenté*, quoique leurs fleurs diffèrent en beaucoup de parties. De là, on avait conçu l'idée d'appeler *familles* ces groupes, ces genres d'espèces *parentes*, quoique différentes sous beaucoup de rapports.

Il y avait donc à faire un travail nouveau pour grouper naturellement les genres d'après des similitudes convenables, de même que, dans les genres, on avait groupé les espèces.

Afin de reconnaître ces groupes naturels, Adanson, botaniste français, construisit, à l'égard de seize cents plantes, soixante-cinq systèmes ou classifications artificielles d'après soixante-cinq bases différentes; c'est-à-dire qu'à l'imitation de Linné qui avait pris pour base de sa classification des considérations relatives aux étamines et au pistil, Adanson prit successivement pour base d'un examen systématique les racines, les feuilles, les branches, etc., enfin toutes les parties de ces végétaux et tous les points de vue sous lesquels on peut les rapprocher.

Comparant ensuite ces soixante-cinq systèmes, il forma des *familles naturelles* de tous les genres de plantes qui présentaient le plus de similitudes dans chacun des soixante-cinq systèmes, en tenant compte cependant du principe suivant, que : *Il y a des caractères plus importants que d'autres.*

Ce travail gigantesque fit faire de grands pas à la science, mit en lumière le principe que nous venons de dire, et détermina plusieurs familles réellement naturelles, mais ne parvint pas à classer d'une manière incontestable en familles également naturelles tous les genres de plantes connus alors. Le nombre des plantes connues augmentant rapidement, cette tentative ne fut bientôt plus qu'un monument de volonté et de méthode, après lequel il restait encore presque tout à faire pour réaliser une classification naturelle des plantes.

Enfin, en 1789, parut l'ouvrage d'A. de Jussieu, où le problème de la détermination des *ordres naturels*[1] est traité avec une grande clarté, et qui marque, à très-peu près, le terme extrême où est parvenue la théorie de la méthode en matière de classification naturelle.

[162*d*] Dans l'état actuel de la botanique, le but définitif de la classification est parfaitement indiqué : *il s'agit de ranger les végétaux de manière à faire ressor-*

---

[1] Il désigne par cette expression ce que Magnol et Adanson avaient appelé *familles naturelles.*

tir leurs ressemblances et leurs différences, et à les rendre sensibles toutes à la fois. Voici sur quels principes elle est fondée. Presque tous les systèmes passés y ont apporté quelque chose.

On établit d'abord trois grandes divisions :

1° Végétaux dont les corps reproducteurs n'ont point de cotylédons. — On les nomme *acotylédonés* ou *acotylés*.

2° Végétaux dont les embryons n'ont qu'un cotylédon. — On les nomme *monocotylédonés* ou *monocotylés*.

3° Végétaux dont les embryons ont deux cotylédons. — On les nomme *dicotylédonés* ou *dicotylés*.

Dans chacune de ces trois grandes divisions, les plantes sont distribuées par familles. Et voici sur quels principes sont formées ces familles :

Dans l'ensemble des caractères communs à un certain nombre d'espèces, tous n'ont pas la même valeur. Il en est qui sont plus importants que d'autres, il en est qui semblent dominer toute l'organisation. Comme exemple de ces *caractères dominateurs*, nous citerons par excellence celui qui se rapporte à l'existence d'un ou de deux cotylédons. En effet, si la plante n'a qu'un cotylédon, ses feuilles sont presque toujours à nervures parallèles ; elle se ramifie rarement. Elle a des fleurs dont les divisions sont presque toujours ternaires dans chaque verticille ; sa racine n'est presque jamais pivotante, etc. Si la plante a deux cotylédons, ses feuilles sont presque toujours à nervures anastomosées dans toutes les directions ; elle a

des fleurs dont les divisions sont presque toujours qui-
naires ou quaternaires [1]. Elle se ramifie; elle a souvent
une racine pivotante, etc., etc.

C'est donc par ces caractères dominateurs, considérés
dans toutes les parties d'une plante, dans l'ordre de leur
importance, que doit être résolue la question de savoir
si une plante appartient à telle famille ou à telle autre.

Les caractères des familles étant déterminés et tous
les genres de végétaux distribués en familles, il s'agit
encore de classer les familles dans l'ordre naturel. Pour
cela on procède d'après les considérations suivantes :

« Tout être organisé l'est à un degré d'autant plus
« élevé que sa vie résulte de l'exercice d'un plus grand
« nombre de fonctions et que les organes chargés de les
« exécuter sont plus composés. Parmi les fonctions gé-
« nérales, les unes sont d'un ordre supérieur aux autres ;
« ce sont celles qui ne sont pas communes à tous, mais
« deviennent l'attribut particulier d'un certain nombre
« d'êtres. Ceux qui en sont doués l'emportent, en effet,
« nécessairement sur les autres, puisque, outre les
« mêmes actes, ils exécutent un certain nombre d'actes
« différents, et que la capacité de ceux-ci suppose celle
« des premiers. C'est donc par la capacité de ces actes
« en plus, par ce qu'on est convenu d'appeler la dignité
« des fonctions, qu'on peut constater le degré de l'orga-
« nisation...

____

[1] *Quinaire*, par cinq ou multiple de cinq; *quaternaire*, par quatre ou
multiple de quatre.

« Il serait facile de prouver par le même raisonnement
« que la même fonction peut, suivant les différents êtres,
« offrir différents degrés de dignité , puisqu'elle ne
« s'exercera pas d'une manière identique dans tous,
« mais dans les uns par certains actes, dans les autres
« par d'autres actes ajoutés aux premiers. Les organes
« qui en sont les agents se multiplient et se perfec-
« tionnent donc dans la même proportion.

« La classification naturelle, ayant pour but de repré-
« senter ces différents degrés de l'organisation dans leur
« progression ascendante, devra s'attacher à constater
« dans chaque être ce qu'il a de plus élevé, d'abord
« comme fonction, puis comme organes qui y con-
« courent; et on appellera ces organes les plus impor-
« tants, non parce qu'ils sont les plus indispensables à la
« vie, qui peut souvent se conserver sans eux, mais parce
« que ce sont eux qui constituent la véritable nature de
« l'être qui en est pourvu, que c'est par eux qu'il est lui
« et non autre.

« Appliquons maintenant ces règles aux végétaux ;
« nous y avons reconnu deux grandes fonctions : la nu-
« trition et la reproduction. La seconde sera incontesta-
« blement la plus importante, dans le sens que nous ve-
« nons d'attacher à ce mot, puisqu'elle suppose néces-
« sairement la première, que la plante est, pendant une
« partie de sa vie, et peut pendant toute sa vie même
« être bornée aux organes de la végétation, mais qu'elle
« n'est complète que par le développement des autres.

« C'est donc d'après le perfectionnement graduel de
« ceux-ci que nous devons chercher à établir l'échelle du
« règne végétal.

« La plante est d'autant plus parfaite, que nous voyons
« un plus grand nombre d'organes différents concou-
« rant ensemble à la reproduction... » (Jussieu, *Élem.
de Botanique.*)

Le lecteur trouvera sans doute que ces règles ne se
dessinent pas à l'esprit avec une clarté suffisante ; il ne
s'expliquera pas facilement comment on pourrait les appliquer avec une précision scientifique. Après les avoir
lues, il voudra les relire, et, après plusieurs lectures, il
sera fatigué, attristé, en voyant qu'il n'est pas plus
avancé ; il se croira en une mauvaise disposition d'esprit
peut-être, même il jugera que ceux qui sont en état d'appliquer ces règles sont de bien grands esprits. Qu'il se
détrompe ; ces règles sont pour tout le monde comme
pour lui. Ceux qui les appliquent sont souvent fort
embarrassés de les expliquer ou de justifier l'application qu'ils en ont prétendu faire. Et c'est afin que le
lecteur puisse reconnaître ce qu'elles ont de vague et
d'indéterminé, que nous les avons placées sous ses
yeux.

En résumé, les auteurs de cette classification, après
avoir reconnu qu'un grand nombre d'espèces forment
réellement des familles naturelles, ont pensé que tous les
végétaux devaient former ainsi des familles dont il s'agissait seulement de déterminer les caractères et les limites.

On a voulu, en conséquence, — on y travaille depuis bien des années, — distribuer tous les végétaux par familles et établir entre ces familles un ordre dans lequel on passât du simple au composé, une sorte d'échelle où l'on vît ces familles occuper les échelons successifs, depuis le plus inférieur, non loin duquel sont les *byssus*, jusqu'au plus élevé, où sont placées maintenant les *composées*.

Cette classification, appelée *naturelle*, porte ainsi le titre qu'elle ambitionne, mais qu'elle ne mérite pas encore. Elle a été l'objet de critiques et d'éloges à la fois mérités et exagérés. Produit laborieux des efforts de beaucoup d'hommes éminents, elle a, malgré ses imperfections, rendu de grands services, et ces imperfections mêmes, résultant de l'impossibilité de mettre d'accord la nature végétante et l'*a priori*[1] sur lequel est basée cette classification, rendent aujourd'hui un nouveau service en posant à la fois des questions et des réponses sur plusieurs des points les plus importants de l'histoire du globe.

[162*e*] Constatons d'abord certains résultats énigmatiques, mais positifs, qu'a fait jaillir cette méthode ap-

---

[1] *A priori*, expression latine souvent employée dans plusieurs sens, et qui signifie ici : *un principe tenu pour absolument vrai avant que sa généralité ait été vérifiée.*

En effet, après avoir observé des familles naturelles bien délimitées, croire que toutes les plantes formaient des familles également délimitées, et construire une classification sur ce principe, c'était construire sur un *à priori* qui ne s'est point vérifié.

pliquée au classement de cent et quelques mille végétaux de la Flore [1] aujourd'hui connue.

Dans ce nombre, beaucoup d'espèces présentent en effet, les unes avec les autres, des ressemblances extérieures nombreuses et qui correspondent à des ressemblances intérieures ; de telle sorte que ces espèces forment réellement des familles naturelles telles que les ont définies les auteurs de la méthode.

Et si l'on compare ces familles, on observe ce qui suit :

Pendant que les unes, telles que la famille des *composées* [2], contiennent des milliers d'espèces, d'autres ne contiennent que très-peu d'espèces.

Dans certaines familles, telles que les *légumineuses*, on trouve des végétaux de toute taille, depuis le haricot nain et le genêt jusqu'à l'acacia. Dans d'autres, telles que les *conifères*, on ne trouve que des espèces ligneuses ; dans d'autres, telles que les *cariophyllées* [3], on ne trouve pas d'espèces ligneuses, toutes sont herbacées.

Dans certaines familles très-nombreuses, telles que les

[1] La population végétale d'un pays, d'une zone de la terre, se nomme *la Flore* de ce pays, de cette zone. La *Flore*, sans qualificatif, signifie la population végétale de tout le globe.

[2] On leur donne ce nom parce que chaque fleur de ces plantes est en réalité composée d'un nombre plus ou moins grand de petites fleurs pressées les unes contre les autres, ainsi qu'on peut le voir dans le *bleuet*, les *scabieuses*, par exemple, qui appartiennent à cette immense famille.

[3] Les *œillets*, les *lychnis*, appartiennent à cette famille.

conifères, toutes les espèces sont à peu près moulées sur le même type, et les différences sont fort petites d'une espèce à une autre; si bien que l'échelle totale des différences entre toutes les espèces de la famille est très-courte. Au contraire, dans d'autres familles même moins nombreuses, c'est-à-dire contenant peu d'espèces, les différences entre les espèces sont beaucoup plus fortes; si bien que l'échelle des différences entre toutes les espèces de la famille est très-grande.

D'une famille à celle qui la suit, la différence est quelquefois très-petite; d'autres fois la différence est très-grande.

Parmi les nombreuses critiques qui ont été exprimées contre cette classification, je me bornerai à exprimer la suivante, qui importe à mon sujet :

Il est vrai que le plus grand nombre des espèces se range nettement parmi les acotylées, ou les monocotylées, ou les dicotylées, mais il est certain qu'un grand nombre de végétaux présentent : ou l'embryon monocotylé et certains caractères des dicotylées, ou l'embryon dicotylé et certains caractères des monocotylées, ou des suites de gradations d'une classe à l'autre, et cela sous une multitude d'aspects. C'est-à-dire que certaines plantes semblent intermédiaires entre les monocotylées et les dicotylées sous le rapport des racines ou des tiges, ou des feuilles ou des fleurs, ou des embryons. Et en vain cherche-t-on à classer ces plantes dans des familles bien circonscrites, bien naturelles; elles y sont étrangères pour tout œil non prévenu, et ces étrangères qui, se refusant à entrer dans aucune famille, tiennent à la fois de plusieurs familles, sont assez nombreuses.

Parmi les critiques que l'étude de cette classification m'a suggérées à moi-même, je n'en énoncerai qu'une seule, qui importe également à mon sujet :

Je pars d'abord de cette observation, qui ne peut être contestée, que le type supérieur de l'être végétant, eu égard aux organes de la végétation, c'est l'arbre. Or, s'il était vrai que la supériorité dans les organes reproducteurs emportât toujours et absolument un caractère de supériorité générale, ce serait, en général, sur les plus grands arbres que devraient se trouver les fleurs les plus compliquées. Or, c'est généralement le contraire. Donc, la classification actuelle pèche fondamentalement en ne tenant point assez de compte des organes de la végétation ; ce qui la conduit à ce résultat absurde de ranger les parasites dans les familles les plus élevées en dignité, par cela seul que ces misérables végétaux ont des fleurs très-complètes.

Voilà certes une chose extraordinaire : des plantes sans racine, sans rameaux et sans feuilles, sans matière verte, sans grandeur, sans solidité, sans force et sans durée pour la plupart, qui se trouvent rangées au nombre des plantes les plus complètes !

Les cactus, dont les fleurs sont si belles pendant que leurs autres organes sont si imparfaits, donnent une autre preuve du peu de solidité d'une classification où la perfection des fleurs est regardée comme si importante.

D'ailleurs, on n'a pas tenu assez de compte de plusieurs caractères très-importants. J'en citerai un dont je ne vois pas que les classificateurs s'occupent.

[162f] Parmi les dicotylées, un grand nombre d'embryons, dans la germination, poussent leurs cotylédons hors de terre, de sorte que ces cotylédons servent d'abord de feuilles au jeune végétal. D'autres ne poussent point leurs cotylédons hors de terre; ils y restent comme magasin de nourriture, et l'embryon pour respirer pousse immédiatement ses vraies feuilles hors de terre.

Quel est ici le caractère de supériorité? Je réponds que c'est le cas où les cotylédons restent en terre. Parce que, en général, l'être organisé qui emploie un même organe à deux fonctions distinctes est inférieur à l'être qui emploie des organes différents à des fonctions distinctes.

Or, des cotylédons qui servent de feuilles, c'est-à-dire qui servent à la fois de magasin de nourriture et d'organes respiratoires, attestent que l'embryon, au moment de la germination, était encore trop imparfait pour développer immédiatement ses organes respiratoires. Au contraire, un embryon qui pousse immédiatement de vraies feuilles hors de terre nous prouve qu'il était plus parfaitement organisé que le premier, c'est-à-dire plus près de l'état d'un végétal complet. Et, en général, ces embryons doivent appartenir à des espèces plus parfaitement organisées que celles où les cotylédons exercent cette fonction respiratoire. En effet :

Voici deux plantes de la famille des *légumineuses*, deux *papilionacées* très-voisines, le *haricot* et le *pois*. Le haricot pousse ses cotylédons hors de terre, le pois les garde en terre. Y a-t-il quelque signe de supériorité chez le pois? — Oui.

Le pois et le haricot sont incapables de se soutenir dans l'atmosphère sans un appui; ce sont des plantes grimpantes. Mais, pendant que le haricot, faute d'organes *préhenseurs* (c'est-à-dire capables de prendre, de saisir), est obligé d'enrouler sa tige autour des appuis qui se trouvent près de lui, le pois, muni d'organes préhenseurs, de *vrilles*, s'attache par elles aux appuis environnants et garde la *dignité* de sa tige.

Il y aurait un travail à faire pour constater la supériorité, plus ou moins générale, des plantes dont les cotylédons restent en terre. Le chêne se trouve dans ce cas.

En définitive, la série d'un nombre quelconque de plantes, d'après les organes de la végétation, n'est pas du tout la même que la série des mêmes plantes d'après les organes de la reproduction.

Faute de tenir compte de cette vérité et d'un grand nombre de caractères très-importants, on met tout en haut de l'*échelle* la famille des *composées*, qui ne comprend guère que des plantes de médiocre stature, et l'on arrive à l'absurdité relative aux parasites.

Enfin, quoi qu'on fasse et quelle que soit l'élasticité des règles que l'on établit, il y a un très-grand nombre

de plantes qui se refusent absolument à entrer dans les
casiers des classificateurs.

DE LA SÉRIE

[165] Nous avons parlé souvent de *série*.

Fidèle à notre méthode, nous avons cherché d'abord à
montrer des exemples de série, sans définir la série en
général. Il faut maintenant tâcher d'en donner une notion abstraite, — je me garde bien de dire précise.

Ce n'est chose facile ni simple, mais c'est chose *sine
qua non*[1].

Quand on ne considère dans l'univers que les faits et
les êtres, et toutes choses individuellement par le détail,
on satisfait sa curiosité d'une manière amusante, mais
l'on se perd dans la multitude des choses sans s'élever à
aucune vue d'ensemble, c'est-à-dire à aucune idée générale.

Quand on considère les faits et les êtres comme présentant tous des différences et des ressemblances assez
nombreuses et assez tranchées pour les rendre tous éga-

---

[1] Prononcez : *Siné qua none*. Locution latine souvent employée et qui
signifie : chose indispensable sans laquelle on ne peut rien.

lement aptes à entrer dans les casiers d'une classification, on se débarrasse des détails. Marchant hardiment à travers ces multitudes qu'il chasse devant soi et qu'il parque comme des troupeaux, l'esprit s'élève à des vues d'ensemble, à des généralités d'où il découvre à la fois réellement beaucoup de choses, ou plutôt beaucoup d'aspects des choses. Mais on s'aperçoit tôt ou tard que ces généralités sont incomplètes ou trop absolues, c'est-à-dire fausses.

L'étude de la série, seule, peut nous conduire invariablement à la vérité dans l'étude de l'univers. Elle nous porte d'un seul coup dans le ventre des choses.

Sans cesse variée, et toujours elle-même dans ses innombrables aspects, soit qu'on la considère comme conception de l'esprit, soit qu'on la considère comme ordre des choses de l'univers, elle reste toujours : la théorie et le fait, l'intellectuel et le réel, étroitement liés.

Instrument de l'ordre formidable qu'elle nous révèle, elle nous le révèle à la fois dans tous les sens avec une instantanéité violente, grandissante, infinie, indissoluble, qui nous fait tourbillonner, nous éblouit et nous écrase. Et pendant que notre pensée meut cet instrument merveilleux et redoutable, trop puissant et trop large pour nos étroits cerveaux, nos mains, comme effrayées du péril, viennent d'elles-mêmes soutenir notre front accablé.

Concevoir bien nettement la série dans l'univers n'est pas l'affaire d'un instant. Pour l'état actuel de la connaissance humaine, c'est le terme suprême et dernier de la science.

Aussi ne chercherons-nous à la faire comprendre que par degrés.

[165a] D'après le Dictionnaire de l'Académie, le mot *série* signifie : suite, succession.

Cette définition est tout à fait insuffisante et n'indique même qu'un aspect vague d'un seul des trois caractères de la série. Cela tient surtout à ce que cette définition fut établie à une époque où la série n'était pas encore scientifiquement reconnue. L'idée latente, le sentiment de la série, ont existé de tout temps dans l'humanité ; mais elle n'était pas un sujet d'observation, ni de théories, ni de réflexions méthodiques. On rapportait à cette expression des assemblages, des suites d'objets identiques, comme $1, 1, 1, 1\ldots, 3, 3, 3, 3$, *qui ne sont nullement des séries*, aussi bien que les suites progressives, telles que $1, 2, 3, 4$, etc., $1, 4, 7, 10$, etc., qui sont réellement des séries.

Dans la recherche que nous abordons *de la nature de la série et des moyens d'en communiquer la notion*, nous sommes abandonné à nous-même.

Deux hommes seulement jusqu'ici ont écrit d'une manière plus ou moins dogmatique sur la série : Charles Fourier, au commencement de ce siècle, a découvert la loi sérielle et en a proclamé, le premier, l'universalité. Il a reconnu et déclaré que tous les êtres, tous les phénomènes de l'univers, sont *sériés*, c'est-à-dire appartien-

nent à une série quelconque. Là s'est bornée sur ce point l'œuvre de Fourier. Il a donné de nombreux exemples de série, souvent très-remarquables, parfois risibles ; mais cet étrange génie, systématiquement hostile à tout procédé logique, n'a nulle part fait connaître avec précision en quoi consistait la loi-sérielle, ni recherché les caractères fondamentaux de la série. On peut même douter qu'il y ait jamais pensé. Une fois en possession de ce puissant instrument, il s'en est servi sans l'examiner, sans le bien connaître, ni donner aucun procédé pour que d'autres pussent s'en servir. Aussi tout ce qu'en ont dit ses plus savants disciples n'est qu'une modulation des discours de Fourier, sans plus de rigueur que chez leur maître.

Depuis lors, P. J. Proudhon [1] a mieux étudié la série. Il a cherché une route dans ces champs inconnus où germe l'avenir de la pensée humaine ; à plusieurs reprises même il y a pénétré profondément. Mais pour construire la démonstration méthodique des propriétés de la série, il lui manquait, ainsi qu'il le dit bien lui-même, une connaissance assez large et précise des sciences d'observation ; et trois lectures du travail de ce dialecticien célèbre m'ont prouvé qu'il avait aperçu toute l'immensité et toute l'importance de ce sujet, mais ne m'ont rien fourni de net et de solide pour l'enseignement de la notion générale de la série. Il s'est même trompé grave-

---

[1] *Création de l'ordre dans l'humanité.*

ment sur les caractères essentiels de la série, et a confondu avec elle des assemblages uniformes, des suites
d'unités uniformes.

J'offrirai donc ici le résultat de mes propres réflexions.

[163*b*] Nous avons supposé jusqu'ici que le lecteur
connaît l'arithmétique, et s'il l'ignorait presque, ce ne
serait en vérité qu'un médiocre obstacle à ce qu'il com-
prît ce qui va suivre sur la série. Cependant nous allons
rappeler quelques-uns des principes relatifs aux progressions. Nous savons bien que ce paragraphe, très-inutile
à ceux qui ont étudié les mathématiques, ne sera ni intéressant ni suffisant pour ceux qui ne les connaissent
point; mais je me souviens que, dans le cours de mes
premières études positives, lorsqu'une expression que
j'avais déjà vu employer dans une science se retrouvait
dans une autre, sans que *le livre* (car j'étudiais seul) me
déclarât d'abord si elle avait encore le même sens qu'ailleurs, j'étais très-inquiet. De même, lorsque, dans une
suite de raisonnements, *le livre* faisait allusion à quelque
principe d'une autre science, sans montrer d'une façon
claire comment ce principe se rattachait à l'objet qui
avait motivé l'allusion, j'étais arrêté. Il me fallait avec
grand travail et casse-tête chercher à retrouver la ligne
de jonction rationnelle. J'y parvenais presque toujours;
mais alors même je n'étais pas certain que mon explication fût celle qu'avait sous-entendue *le livre*. Ces tâtonne-
ments fatiguent l'intelligence beaucoup plus qu'ils ne
l'exercent; ils dépensent une énergie et un temps pré-

cieux : je veux les éviter à ceux qui liront ma *Genèse*
dans le même esprit où je l'aurais lue à quinze ans. C'est
pour ceux-là surtout que je trouve un dur plaisir à combattre les rebutantes difficultés d'une telle œuvre ; car
ceux-là sont mes frères et mes sœurs. Ils me sauront gré
d'avoir placé ici les principes suivants, presque textuel-
lement extraits de Bezout.

Raison ou *rapport*. Ces mots expriment le résultat de
la comparaison de deux quantités.

Si dans la comparaison de deux quantités on a pour
but de connaître de combien l'une surpasse l'autre, ou
en est surpassée, le résultat de cette comparaison, qui
est la différence de ces deux quantités, se nomme leur
rapport arithmétique.

Ainsi, si je compare 15 avec 8 pour connaître leur différence 7, ce nombre 7, qui est le résultat de la comparaison, est le rapport arithmétique de 15 à 8.

Si dans la comparaison de deux quantités on se pro-
pose de connaître combien de fois l'une contient l'autre,
ou est contenue en elle, le résultat de la comparaison se
nomme leur *rapport géométrique*.

Par exemple, si je compare 12 à 3 pour savoir combien de fois 12 contient 3, le nombre 4, qui exprime ce
nombre de fois, est le rapport géométrique de 12 à 3.

Les deux quantités que l'on compare s'appellent l'une
et l'autre les *termes* du rapport.

Proportions. — Lorsque quatre quantités sont telles
que le rapport des deux premières est le même que le

rapport des deux dernières, on dit que ces quatre quantités forment une *proportion*, et cette proportion est arithmétique ou géométrique, selon que le rapport qu'on y considère est arithmétique ou géométrique. (Un point entre chaque terme et deux points entre les deux rapports indiquent une proportion arithmétique; deux points entre chaque terme et quatre points entre les deux rapports indiquent une proportion géométrique.)

Les quatre quantités 7.9 : 12.14 forment une proportion arithmétique, parce que la différence des deux premières est la même que celle des deux dernières. Pour énoncer la proportion ainsi écrite, on dit : 7 *est à* 9, *arithmétiquement, comme* 12 *est à* 14.

Les quatre quantités 3 : 15 : : 4 : 20 forment une proportion géométrique, parce que 3 est contenu dans 15 autant de fois que 4 l'est dans 20, et pour énoncer la proportion ainsi écrite, on dit : 3 *est à* 15 *comme* 4 *est à* 20.

Le premier et le dernier terme de la proportion se nomment les *extrêmes*; le deuxième et le troisième se nomment les *moyens*.

La propriété fondamentale des proportions arithmétiques est que *la somme des extrêmes est égale à la somme des moyens*. Par exemple, dans cette proportion : 3.7 : 8.12, la somme 3 et 12 des extrêmes, et celle 7 et 8 des moyens, sont également 15.

La propriété fondamentale de la proportion géométrique est que *le produit des extrêmes est égal au produit des moyens*; par exemple, dans cette proportion

5 : 15 : : 7 : 35, le produit de 35 par 3, et celui de 15 par 7, sont également 105. C'est sur cette propriété qu'est fondée *la règle de trois*, si employée et si utile.

Progressions. — La progression *arithmétique* ou par *différence* est une suite de termes dont chacun surpasse celui qui le précède, ou en est surpassé de la même quantité. Par exemple, cette suite :

$$\div 1 . 4 . 7 . 10 . 13 . 16 . 19 . 22 . 25 . \text{etc.},$$

est une progression arithmétique, parce que chaque terme y surpasse celui qui le précède d'une même quantité qui est ici 3, et qui s'appelle *rapport, raison ou différence*. Cette progression s'énonce ainsi : 1 *est à 4 comme 4 est à 7, comme 7 est à 10*, etc.

La progression est dite *croissante* ou *décroissante*, selon que les termes vont en augmentant ou en diminuant.

D'après la définition de la progression arithmétique, on voit qu'avec le premier terme et la différence commune ou le rapport de la progression, on peut former tous les autres termes, en ajoutant consécutivement ce rapport, et que, par conséquent :

Le second terme est composé du premier, plus le rapport ou différence ;

Le troisième est composé du second, plus la différence, et, par conséquent, du premier, plus deux fois la différence ;

Le quatrième est composé du troisième, plus la différence, et, par conséquent, du premier, plus trois fois la différence ; de sorte que, en général, *un terme quelconque*

*d'une progression arithmétique est composé du premier,
plus autant de fois la différence qu'il y a de termes avant
lui.*

Ce principe, entre autres applications, sert à trouver
un terme quelconque d'une progression arithmétique,
sans qu'on soit obligé de calculer ceux qui le précèdent.
Qu'on demande, par exemple, quel serait le centième
terme de la progression ci-dessus. Puisque ce terme
cherché doit être le centième, il a donc 99 termes avant
lui ; il est donc composé du premier terme 1, et de 99 fois
la différence 3 ; il est donc 1 plus 297, c'est-à-dire 298.

La progression *géométrique* ou *par quotient* est une
suite de termes dont chacun contient celui qui le précède, ou est contenu en lui le même nombre de fois. Par
exemple, cette suite :

$$\div 3 : 6 : 12 : 24 : 48 : 96 : 192, \text{etc.}$$

est une progression géométrique, parce que chaque
terme contient celui qui le précède le même nombre de
fois, qui est ici 2, et qui s'appelle *rapport* ou *raison*.
Cette progression s'énonce comme la progression arithmétique.

La progression est dite *croissante* ou *décroissante*, selon que les termes vont en augmentant ou en diminuant.

Puisque le second terme contient le premier autant de
fois qu'il y a d'unités dans la raison, il est donc composé
du premier multiplié par la raison.

Puisque le troisième terme contient le second autant
de fois qu'il y a d'unités dans la raison, il est donc com-

posé du second multiplié par la raison, et par conséquent du premier multiplié par la raison, et encore par la raison, c'est-à-dire deux fois par la raison.

Puisque le quatrième terme contient le troisième autant de fois qu'il y a d'unités dans la raison, il est donc composé du troisième multiplié par la raison, et par conséquent du premier multiplié trois fois par la raison.

Par exemple, dans la *progression ci-dessus*, 6 est composé du premier terme 3, multiplié par la raison 2 ; 12 est composé du premier terme 3, multiplié par le carré 4 de la raison 2 ; 24 est composé du premier terme multiplié par le cube 8 de la raison 2.

On voit *qu'un terme quelconque d'une progression géométrique est composé du premier multiplié par la raison autant de fois qu'il y a de termes qui précèdent ce terme quelconque.*

Ce principe peut servir à calculer tel terme qu'on voudra de la progression, sans être obligé de calculer ceux qui le précèdent. Si l'on demande, par exemple, quel serait le douzième terme de la progression ÷ 3 : 6 : 12, etc., comme je sais que ce terme doit être composé du premier multiplié par la raison autant de fois qu'il y a de termes qui précèdent le terme demandé, je multiplierai ce premier terme 3 onze fois par 2, ce qui me donnera 6144 pour le douzième terme de la progression.

Les *logarithmes* sont des nombres en progression arithmétique qui répondent, terme pour terme, à une

pareille suite de nombres en progression géométrique.
Si l'on a, par exemple, la progression géométrique et la
progression arithmétique suivantes :

$$\div 2 : 4 : 8 : 16 : 32 : 64 : 128 : 256, \text{ etc.}$$
$$\div 3 . 5 . 7 . 9 . 11 . 13 . 15 . 17, \text{ etc.,}$$

chaque terme de la suite inférieure est dit le logarithme du terme qui est à pareille place dans la suite
supérieure.

Un même nombre peut donc avoir une infinité de logarithmes différents, puisque à la même progression
géométrique on peut faire correspondre une infinité de
progressions arithmétiques différentes.

Comparons maintenant, terme à terme, une progression géométrique quelconque, mais dont le premier
terme soit l'unité, avec une progression arithmétique
aussi quelconque, mais dont le premier terme soit 0 ;
par exemple, les deux suivantes :

$$\div 1 : 3 : 9 : 27 : 81 : 243 : 729 : 2187 : 6561, \text{ etc. ;}$$
$$\div 0 . 4 . 8 . 12 . 16 . 20 . 24 . 28 . 32 , \text{ etc.}$$

Il suit de la nature et de la correspondance parfaite de
ces deux progressions, qu'autant de fois la raison de la
première est facteur dans l'un quelconque des termes de
cette progression, autant de fois la raison de la seconde
est contenue dans le terme correspondant de cette seconde ; par exemple, dans le terme 2187, la raison 3 est
sept fois facteur (c'est-à-dire que ce terme 2187 est le
produit du premier terme 1 *multiplié* 7 fois par 3), et
dans le terme 28, la raison 4 est contenue sept fois (c'est-

à-dire que ce terme 28 résulte de la raison 4 *additionnée* 7 fois).

Un terme quelconque de la progression géométrique ayant toujours pour correspondant, dans la progression arithmétique, un terme qui contiendra la raison de celle-ci autant de fois que la raison de la première est facteur dans le terme quelconque dont il s'agit, *si, d'une part, on multiplie l'un par l'autre deux termes de la progression géométrique, et si, d'autre part, on additionne les deux termes correspondants de la progression arithmétique, le produit et la somme seront deux termes qui se correspondront dans ces progressions.*

Donc on peut, par l'addition seule de deux termes de la progression arithmétique, connaître le produit des deux termes correspondants de la progression géométrique, en supposant ces deux progressions prolongées suffisamment.

Par exemple, en ajoutant ci-dessus les deux termes 8 et 24, qui correspondent à 9 et 729, j'ai 32 qui correspond à 6561, et j'en conclus que 6561 est le produit de 729 multiplié par 7, ce qui est vrai.

Et généralement, dans tout système de ce genre, c'est-à-dire où la progression géométrique commence par l'unité et la progression arithmétique par 0, *en ajoutant le logarithme de deux nombres, on a le logarithme de leur produit.*

C'est sur ce principe qu'est fondé l'usage des tables de logarithmes dans les calculs. Cet admirable mécanisme permet d'effectuer presque sans peine des opérations arithmétiques énormes.

[165c]　　(A) 1.2.3.4.5.6.7.8.9.10... etc.

　　　　　(B) 1.4.7.10.13.16.19 22.25. etc.

　　　　　(C) 1:3:9:27:81:243...

　　　　　(D) 1,4,9,16,25,36,49,64,81...

　　　　　(E) 1,8,27,64,125,216,343....

sont des séries, et chacun de ces chiffres séparé, tels que 1...,27...,216..., est un *terme* de la série à laquelle il appartient.

Un nombre quelconque de carrés d'un même côté ou de cercles d'un même rayon [24n] placés sur une même ligne ne forment aucunement une série, pas plus qu'une suite de 1.1.1... ou de 3.3.3...; mais

(F) Un nombre quelconque de carrés ou (F') de cercles dont les côtés ou les rayons croissent régulièrement de l'un à l'autre, forment une série.

Un nombre quelconque de solides [24t], par exemple, des cubes d'un même côté ou des sphères d'un même rayon, ne forment pas une série ; mais

(G) Un nombre quelconque de cubes ou (G') de sphères dont les côtés ou les rayons croissent régulièrement de l'un à l'autre, forment une série.

Il est facile de reconnaître que dans chacune de ces séries il y a distinction, individualité de chacun des termes, c'est-à-dire que *chaque terme d'une série diffère de tous les autres termes de cette même série.*

On reconnaît encore que cette différence comporte une

définition, spéciale à chaque série, qui exprime la valeur, l'étendue de la différence entre les termes successifs.

Enfin il est facile de voir que dans chacune de ces séries il y a une *succession progressive qui constitue un ordre régulier*, ordre régulier qui s'observe aussi bien en considérant ces séries de gauche à droite que de droite à gauche.

Ainsi :

1° *Individualité de chaque terme, différant de tous les autres ;*

2° *Rapport ou caractère différentiel assujetti à une loi entre tous les termes de la série ;*

3° *Ordre régulier qui consiste en un accroissement ou un décroissement.*

Voilà les caractères communs à ces séries et, hâtons-nous de le dire, communs à toutes les séries possibles.

[163*d*] La seule inspection des séries (A) (B) (C) révèle entre tous les termes de chacune *un rapport différentiel uniforme.* Dans les deux premières, chaque terme surpasse celui qui le précède, et est surpassé par celui qui le suit d'une même quantité : 1 pour les termes de (A) ; 3 pour les termes de (B). Ces séries sont de véritables progressions arithmétiques. Dans la série (C), chaque terme contient trois fois celui qui le précède, et est contenu trois fois par celui qui le suit. C'est donc une véritable progression géométrique.

Mais si nous examinons la série (D), nous voyons que le second terme surpasse de trois unités le premier, et que le troisième surpasse de cinq unités le second. Ce n'est donc point une série de la nature des progressions arithmétiques, puisque la différence entre les termes est inégale.

D'un autre côté, le second contient quatre fois le premier, et est contenu deux fois et un quart dans le troisième. Ce n'est donc point une série de la nature des progressions par quotient, puisqu'on n'y trouve pas une raison géométrique commune entre tous les termes.

Mais, poursuivant notre recherche, nous trouvons que 4 surpasse 1 de 3 unités ; 9 surpasse 4 de 5, 16 surpasse 9 de 7 ; 25 surpasse 16 de 9, etc. Ainsi, 3, 5, 7, 9, etc., voilà la suite de rapports croissants que nous montre cette suite de termes. La régularité de ce *rapport différentiel croissant* entre les termes dénote la série. Mais si l'on examine ces quotients successifs, on trouve que chacun d'eux surpasse celui qui le précède, et est surpassé par celui qui le suit d'une même quantité 2 ; il doit donc exister, entre tous les termes de la série, *un rapport uniforme caché* dont la nature reste à découvrir.

En effet, si l'on divise 1 par 1, 4 par 2, 9 par 3, 16 par 4, etc., on trouve pour quotients successifs 1, 2, 3, 4, etc., c'est-à-dire la série arithmétique (A) : d'où il suit que les termes de la série (D) paraissent représenter une série de carrés dont les côtés croissent selon la série (A) ; de sorte que la longueur du côté du premier carré étant prise pour unité, le côté de chaque carré surpasse d'une unité le côté du carré qui le précède, et est surpassé d'une unité par le côté du carré qui le suit.

Examinons maintenant la suite (E), qui ne nous offre ni un rapport arithmétique, ni une raison géométrique.

Nous voyons que le terme 8 surpasse 1 de **7** unités ; 27 surpasse 8 de **19** ; 64 surpasse 27 de **37** ; 125 surpasse 64 de **61** ; 216 surpasse 125 de **91** ; etc.

Si nous écrivons sur une même ligne ces résultats d'une première recherche :

$$7, 19, 37, 61, 91,$$

et que nous recherchions, comme précédemment, leurs rapports, nous trouvons que 19 surpasse 7 de **12**, 37 surpasse 19 de **18**, 61 surpasse 37 de **24**, 91 surpasse 61 de **30**.

Si nous cherchons maintenant les rapports de ces résultats d'une seconde recherche :

$$12, 18, 24, 30,$$

nous trouvons que chaque terme surpasse celui qui le précède, et est surpassé par celui qui le suit d'un même nombre d'unités : 6. Il y a donc lieu de rechercher ce que peut signifier cette série (E), dont le rapport uniforme caché n'a pu être découvert que par trois recherches successives.

Or, si l'on divise 1 par 1, 8 par 2, 27 par 3, 64 par 4, etc., on trouve pour quotients 1, 4, 9, 16, etc., qui, divisés encore une fois par 1, 2, 3, 4, etc., donnent pour quotients 1, 2, 3, 4, etc., c'est-à-dire la série (A) ; ce qui semble indiquer que dans la série (E) il s'agit d'une série de solides, de cubes, par exemple, dont les côtés sont entre eux comme 1, 2, 3, 4, etc.

Nous disons que ces considérations semblent indiquer qu'il s'agit de carrés dans la série (D) et de cubes dans la série (E), parce qu'en effet, dans le premier cas, il peut s'agir de toutes autres surfaces ou de toute autre chose, aussi bien que de carrés; comme dans le second cas, il peut s'agir de tous autres solides ou de toute autre chose, aussi bien que de cubes. Mais, quoi qu'il en soit, leur qualité de séries est manifestée par leurs rapports différentiels croissants et réguliers.

Concluons donc de ces observations que le caractère différentiel peut être : 1° *uniforme*, soit arithmétique, soit géométrique; 2° *croissant*; 3° *uniforme, mais caché*, et parfois très-difficile à reconnaître.

[163*e*] Avant de poursuivre, nous devons définir deux termes dont l'emploi nous sera souvent nécessaire : concret, abstrait.

Concret se dit d'un attribut, d'une qualité considérée dans un sujet. Ainsi, quand on dit : cet homme est grand, cette femme est belle, les termes *grand, belle*, sont des termes concrets; ils expriment la qualité d'un sujet.

Abstrait se dit d'une qualité considérée indépendamment de tout sujet. Ainsi, *grandeur, beauté*, sont des termes abstraits.

Concret se dit de même d'un nombre qu'on exprime en disant l'espèce de ses unités; un homme, dix hommes, cent chevaux, mille vaisseaux, sont des nombres concrets.

Abstrait se dit de même d'un nombre que l'on considère seulement comme une collection d'unités sans indiquer l'espèce de ces unités ; un, dix, cent, mille, sont des nombres abstraits.

Sans aucun doute, l'expression *série concrète* signifie une série de corps ou de figures, telles que les séries (F) et (G), et généralement *une série déterminée quelconque*.

Mais si nous appelons *série abstraite* le quelque chose de commun à toutes les séries et qui peut être abstrait, c'est-à-dire extrait de leur ensemble par la pensée, comment devons-nous appeler des séries telles que (A) (B) (C) (D) (E), qui sont toutes composées de nombres abstraits ? A coup sûr, elles ne sont pas la série abstraite, puisqu'elles diffèrent les unes des autres, et que l'expression : série abstraite, doit être réservée seulement au quelque chose de commun à toutes les séries... Nous n'irons pas plus loin ici sur cette difficulté qui ne peut être résolue que par des raisonnements très-ardus ; nous nous bornerons à ranger sous le nom de *séries numériques* toutes les séries composées de nombres abstraits, et nous rappellerons que la nature des objets représentés par ces séries est indéterminée. Il n'y a en elles de déterminé que leurs rapports différentiels.

[163*f*] La série abstraite est ici l'objet de notre recherche. Cette série abstraite est l'image idéale et générale qui, dans son expression la plus simple, représenterait à notre esprit les qualités communes à toute série numérique ou concrète.

De la comparaison des séries numériques nous avons
déjà tiré trois conditions de la notion générale de série
[163b]. Nous continuerons à procéder scientifiquement,
c'est-à-dire que nous observerons maintenant des séries
concrètes pour chercher si elles ne nous révéleront pas,
sur la série en général, quelques conditions nouvelles.

Nous avons décrit au premier livre quatre courbes :
1° la circonférence du cercle [24n] ; 2° la spirale cylindrique ; 3° la spirale plane ; 4° la spirale conique [24r],
dont l'examen va nous faire connaître à peu près tout ce
qui nous reste à savoir.

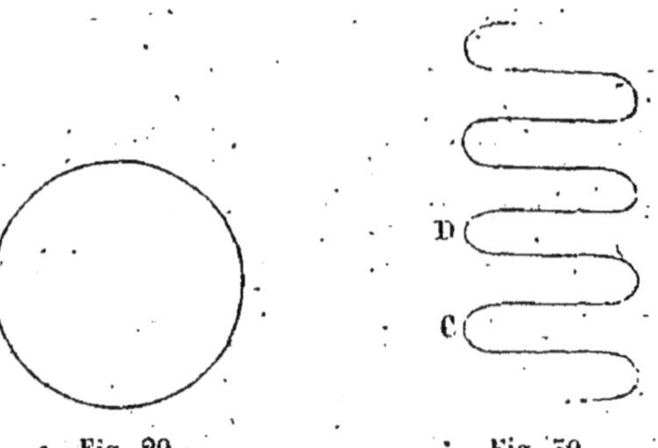

Fig. 29.   Fig. 30.

La circonférence du cercle (fig. 29) nous présente une
suite de déviations continuellement égales d'une ligne
droite, et ces *arcs élémentaires* [24n] sont à une distance
uniforme du point qu'on nomme centre, et auquel ils se
rapportent [103c]. Chacun des éléments de la circonférence
étant semblable à tous les autres, il n'y a point là le caractère (individualité de chaque terme, différent de tous

v.   9

les autres) essentiel à toute série, et que nous exprimerons désormais par cette expression : *caractère différentiel ;* la circonférence du cercle n'est donc pas une série.

La spirale cylindrique (fig. 30), soit que l'on y compare deux spires successives ou deux arcs élémentaires
successifs, nous présente une suite d'éléments égaux et
à une distance uniforme de l'axe de la spirale. Là encore
il n'y a point le caractère différentiel essentiel à toute série. La spirale cylindrique n'est donc point une série.

La spirale plane (fig. 31) nous offre une suite d'éléments (spires ou arcs élémentaires) continuellement
différents entre eux et par rapport à leur distance du
centre de la spirale. Cette courbe présentant le caractère
différentiel requis est donc une série.

La spirale conique (fig. 32) offre de même une suite
d'éléments (spires ou arcs élémentaires) continuellement différents entre eux, et par rapport à leur distance
du point de départ de la spirale, et par rapport à leur
distance de son axe. Cette courbe présentant le caractère
différentiel requis est donc une série.

Un caractère commun à ces deux séries, quel que soit
leur développement, est qu'à leur origine leur premier
terme complet ou spire est extrêmement petit.

Si maintenant nous examinons le cercle, c'est-à-dire
la surface comprise dans la ligne courbe nommée circonférence, nous voyons que cette surface est une série, car
elle peut être considérée comme formée d'une infinité
de circonférences concentriques de plus en plus grandes

à partir du centre, et présentant, par conséquent, le
caractère différentiel. Or le premier terme de cette
série de circonférences concentriques est extrêmement
petit.

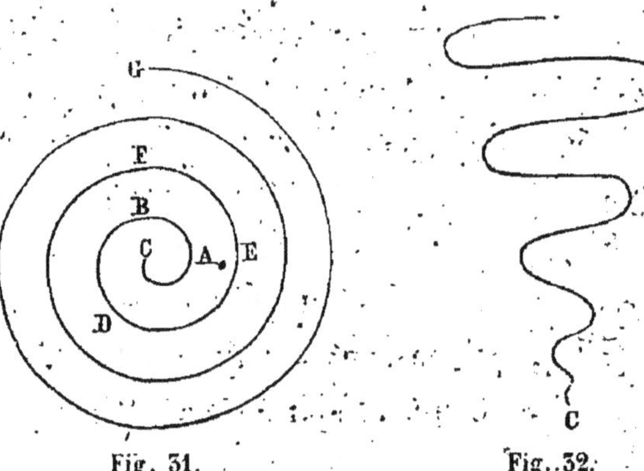

Si maintenant nous reprenons les séries numériques
(A) (B) (C) (D) (E), et si nous considérons leurs derniers termes eux-mêmes comme très-petits, nous voyons
qu'en conséquence des décroissements de longueur, ou
de surface, ou de solidité [24t] qu'elles figurent quand
on les lit de droite à gauche, l'unité qui exprime leur
premier terme est encore, à plus forte raison, extrêmement petite.

Et, si nous remarquons que ces séries numériques ou
concrètes ont chacune un caractère extrêmement général :
les premières à cause de leur nature même qui exprime
simplement des rapports entre termes ou l'unité peut-
être quelconque ; les secondes parce que, considérées

chacune comme espèces, elles sont susceptibles d'une
infinité de cas particuliers, tels que les constituent la longueur plus ou moins grande du rayon dans le cercle, la
distance plus ou moins grande des spires [24r], l'accroissement plus ou moins rapide de la distance des
spires successives par rapport au centre, ou à l'axe, ou à
tous deux, etc., etc., nous nous trouvons fondé à conclure tout au moins que, dans une infinité de séries,
sinon dans toutes, *le premier terme de la série est extrêmement petit.*

[163g] Nous venons de voir qu'il y a des formes, des
concepts [24a], qui ne sont pas des séries. Telle est la
circonférence, telle est la spirale cylindrique, telle est
l'unité : 1.

Mais si, guidé par l'analogie évidente des formes, ou
mieux encore, par l'analyse des lois de leur génération,
nous plaçons les quatre courbes dans cet ordre : circonférence, spirale cylindrique, spirale plane, spirale conique, nous apercevons aussitôt une série ; car la spirale
cylindrique peut être considérée comme engendrée par
le mouvement circulaire d'un point autour du centre
qui se meut uniformément et perpendiculairement à lui-
même ; la spirale plane peut être considérée comme engendrée par le mouvement circulaire d'un point dans un
même plan comme pour la circonférence du cercle, mais
avec cette différence que l'effort tangentiel [103c] est
constamment plus grand que la force centripète [103c];
enfin la spirale conique réunit les conditions des deux spi-

rales précédentes, le point qui décrit la courbe s'élevant avec le centre ainsi que dans la première; et s'éloignant en même temps du centre comme dans la dernière. Ainsi chaque spirale appartient, à la fois, à la série générale des lignes, à la série secondaire des courbes, à la série plus restreinte des spirales, et enfin à la série particulière des spirales d'un ordre déterminé.

De même, une circonférence quelconque appartient à la série générale des lignes, à la série secondaire des courbes, à la série plus restreinte des courbes fermées qui limitent une surface, à la série spéciale des courbes fermées régulières, et enfin à la série particulière dés circonférences.

Si maintenant nous remarquons que l'unité 1, qui n'est pas une série, appartient également à une foule de séries numériques, arithmétiques, géométriques ou autres ; qu'une ligne droite, qui n'est pas une série, appartient : 1° à la série suivante : point, ligne (engendrée par le mouvement d'un point), surface (engendrée par le mouvement d'une ligne) ; 2° à la série générale des lignes ; qu'enfin tout corps, tout être concret possédant les trois dimensions, appartient, au moins, à la fois à la série des substances et à la série des formes... tout ce qui nous est perceptible dans l'univers se rangeant, sans exceptions, sous les catégories[1] d'unité, de longueur, de su-

---

[1] *Catégories*, classes idéales dans lesquelles on range des choses différentes qui présentent certains rapports.

perficie ou de solidité, nous conclurons que, soit qu'il
s'agisse d'un objet *sérié*, c'est-à-dire représentant à lui
seul une série, ou d'un objet non sérié, pourvu qu'il soit
concret ou numérique, *tout ce qui est perceptible par nous
dans l'univers appartient à la fois à plusieurs séries différentes.*

[163*h*] Toutes les formes possibles des séries arithmétiques ou par différence, telles que (A), formeraient par
leur réunion les termes successifs de la série générale
des séries arithmétiques ; toutes les formes possibles des
séries géométriques, telles que (G), formeraient par
leur réunion les termes successifs de la série générale
des séries géométriques ; d'ailleurs, la série générale des
figures a pour termes successifs la série des lignes, la
série des surfaces, la série des solides (lesquelles ont
elles-mêmes pour termes successifs des séries). Concluons donc qu'*il existe des séries de séries ;* c'est-à-dire
des séries où chaque terme successif est à lui seul une
série et même une série de séries ; de sorte que, enfin,
il existe dans l'univers des SÉRIES de séries de *séries.*

[163*i*] Maintenant, si nous remarquons que le chiffre 9
placé au neuvième rang dans la série (A), est placé au
troisième rang dans la série (C) ; que le nombre 81 placé
au quatre-vingt-unième rang dans la série (A) est au cinquième dans la série (C), et au neuvième rang dans la série (D) ; que la circonférence placée dans la série des
lignes fermées au rang le plus élevé de tous, sous le rapport de l'étendue des surfaces qu'à égalité de longueur

elles peuvent limiter, c'est-à-dire contenir, est placée dans un rang inférieur à l'ellipse [240] dans la série de ces mêmes lignes; eu égard à la multiplicité des conditions de leur génération respective, nous conclurons *qu'un objet occupe souvent un rang très-différent dans les diverses séries où il figure.*

Et, si nous remarquons que le chiffre 9 est également au troisième rang dans les séries (C) et (D), qui sont extrêmement différentes quant à la forme, à l'origine et à la signification, nous conclurons qu'*un objet peut néanmoins occuper le même rang dans des séries très-différentes.*

[163j] Un carré (fig. 33) nous offre un exemple remarquable d'un cas particulier très-fréquent.

Si on le considère selon le côté A B, on voit qu'il se compose de cinq assemblages de cinq petits carrés. Chacun de ces assemblages de petits carrés semblables ne constitue pas une série, puisqu'ils sont égaux; et la réunion de ces assemblages égaux ne constitue pas davantage une série. Il en est de même si l'on considère le carré selon tout autre côté.

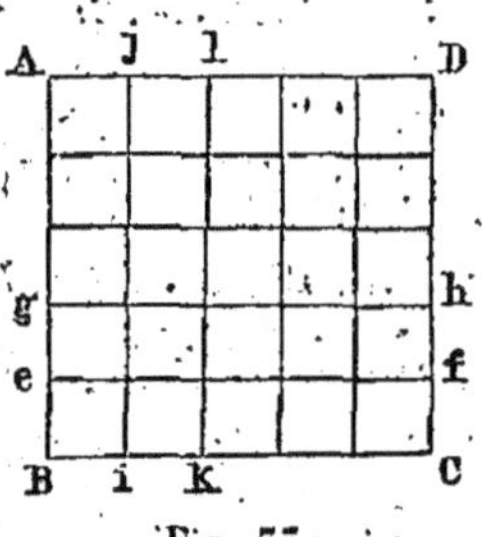

Fig. 33.

Mais, si on le considère selon une diagonale A C, ou B D, on trouve d'abord un carré, puis un rang de deux carrés, puis de trois, puis de quatre, puis de cinq; après quoi l'on retrouve quatre carrés, trois, deux, et un. Ainsi il y a différence dans chaque terme ou rang considéré,

c'est-à-dire qu'il y a série, et, de plus, la série, après avoir
été croissante, après avoir atteint une certaine amplitude,
rétrograde par des termes symétriques [24b] jusqu'à un
terme minimum égal au minimum d'origine.

Ainsi *il existe des objets, des formes, qui sous certains
aspects ne sont point sériés, et sous d'autres aspects sont
sériés.*

*Il existe des séries qui, après avoir atteint un maximum,
rétrogradent vers un minimum,* et nous les appellerons
séries symétriques.

Nous devons d'ailleurs conclure que, *lorsque dans
l'univers nous observons des séries décroissantes, il y a
lieu de rechercher si elles n'ont pas d'abord été croissantes.*

Les séries numériques nous enseignent qu'*il peut exister des séries croissantes illimitées,* et les spirales le confirment.

Les séries symétriques et beaucoup d'autres enseignent
qu'*il existe des séries limitées.*

Le triangle plan, quel qu'il soit, est une série, n'importe comment on le considère, et il est une série limitée.

Le cercle est une série limitée, ainsi que la sphère; ces
séries sont *ordonnées* concentriquement par rapport à
leur premier terme ou centre dans toutes les directions
sur le plan du cercle et dans toutes les directions dans
l'étendue de la sphère. Pour distinguer les deux cas, nous
appellerons les premières *séries concentriques planes* et
les secondes *séries sphériques.*

Le cercle est à la fois une série croissante limitée quand

on le considère comme formé par des circonférences croissantes concentriques, et une série symétrique quand on le considère comme formé d'une série de *lignes droites où cordes parallèles* de longueurs différentes et perpendiculaires à un diamètre. En effet, ces lignes croissent, selon une certaine loi, depuis l'extrémité du diamètre auquel elles sont perpendiculaires jusqu'à son milieu, la plus grande de toutes ces cordes étant alors égale au diamètre. Et, au delà de ce maximum, les cordes parallèles décroissent de la même manière qu'elles s'étaient accrues. Cette série symétrique du cercle est très-particulière et elle a des propriétés très-remarquables.

Le cube [136g], qui n'est point une série, pas plus que le carré, quand on le considère selon ses faces, est une série symétrique composée, analogue à la série numérique (D), quand on le considère selon l'une quelconque de ses trois diagonales.

On trouve encore que le cylindre n'est point une série quand on le considère par sa base selon son axe. Il n'est alors qu'un assemblage d'une infinité de cercles superposés; mais il est une série (concentrique cylindrique) lorsqu'on le considère de son axe vers son contour comme formé d'enveloppes cylindriques d'un rayon croissant; et il est une série symétrique d'ordre particulier quand on le considère selon une suite de coupes longitudinales parallèles à son axe, c'est-à-dire comme étant formé de rectangles superposés.

[163k] La suite (H) 1, 3, 5, 6, 8, 9, 10, ne forme pas

9.

une série régulière: Mais il est facile de voir que 3, 5, 6...
8, 9, 10, sont sériés régulièrement, et que si l'on suppose enlevés de la série régulière (A) les termes 2 et 7,
on a 1., 3.5.6., .8.9.10, c'est-à-dire la série (A) présentant des lacunes, et que l'on peut appeler *lacunée* ou
incomplète.

Dans la nature, on observe souvent des séries incomplètes; ainsi les chimistes, pour beaucoup de substances,
connaissaient des combinaisons sériées, selon la loi des
proportions multiples, mais où il manquait des composés
intermédiaires. Guidés par le sentiment de la série, ils ont
cherché à produire ces combinaisons intermédiaires qui
leur manquaient, et, à l'égard de plusieurs substances,
ils y sont parvenus. Ils y parviendront certainement à
l'égard de toutes ; cette recherche est même l'une des
plus importantes pour compléter la partie élémentaire de
leur science.

Il ne faudrait pas croire que les nombres élevés, tels
que 175 *de fer* et 100 *de soufre*, qui, dans les livres de
chimie, figurent souvent l'état d'une première combinaison, contredisent en rien l'une des conclusions principales auxquelles nous sommes arrivé : *que le premier*
terme de toute série est extrêmement petit, car l'un des
deux nombres signifie presque toujours, comme dans cet
exemple, *un seul atome* de l'une des substances. Or,
n'importe comment on interprète la signification de
l'unité à l'égard de la masse d'une substance dans une
combinaison, cette unité représente nécessairement tou-

jours une quantité aussi petite que possible quant à cette substance. Et nous pensons même que ce principe de l'extrême petitesse du premier terme de toute série pourrait conduire les chimistes à des considérations de la plus haute importance, et guider des recherches dont les résultats approfondiraient singulièrement les questions relatives aux atomes et à l'unité fondamentale de la matière. Il nous serait facile de le montrer, mais de tels développements ne sauraient trouver place dans ce livre.

[163*l*] Jusqu'à présent, la comparaison des séries numériques et des séries concrètes nous a fourni des résultats très-concordants. Ici, la poursuite de leur étude comparée va nous offrir des résultats tout différents et pleins d'enseignement.

Si nous concevons que tous les termes des séries numériques (A) (B) (C) (D) (E) soient gravés sur des jetons d'ivoire, nous pouvons imaginer qu'après avoir jeté tous les termes de la série (A) dans un sac et les y avoir mêlés, nous demandons de les retirer au hasard l'un après l'autre et d'en dire la signification. Il est possible qu'on les tire justement soit dans l'ordre croissant, soit dans l'ordre décroissant, et alors on reconnaîtra bien qu'ils forment une série et que cette série est la numérique (A). Mais il y a beaucoup à parier qu'ils sortiront du sac dans une telle interversion, un tel désordre, qu'il sera impossible d'y reconnaître d'abord une série. Cependant, en examinant bien cette *série troublée*, on verra que ces dix jetons sont les termes exacts de la série

(A), et l'on pourra rétablir visiblement la série en la replaçant en ordre. Il en serait de même avec plus de difficulté si nous n'avions jeté dans le sac que la série numérique incomplète (H).

Mais, si nous jetons dans le sac, par exemple, les termes 1, 4, 9 de la série (A), les termes 16 et 81 de la série (D) et les termes 8, 27 de la série (E), après qu'on les en aura retirés et qu'on les aura disposés selon l'ordre de leur valeur, 1, 4, 8, 9, 16, 27, 81, il sera impossible de découvrir dans cet ordre rien de certain sur la signification de ces termes. On pourra y voir une série (A) incomplète ; c'est même la seule chose qui paraîtra pouvoir être dite incontestablement. Or, cette chose qu'on affirmera *incontestablement* sera fausse, puisque nous avons emprunté ces jetons à trois séries très-différentes; et, quand même on avertirait de cette circonstance, il sera absolument impossible de rien retrouver de certain sur la signification de quatre des termes qui composent cette suite de sept termes, le terme 1 pouvant appartenir également aux séries (A) (D) (E) et à toutes les autres séries numériques, le terme 4 pouvant provenir de (A) ou de (D), le terme 8 pouvant provenir de (A) ou de (E), le terme 9 et le terme 81 pouvant provenir de (A) ou de (D). Bien plus, si nous jetons seulement dans le sac un nombre quelconque des termes de la série (D) ou de la série (E), par exemple, après qu'on les aura replacés en ordre, pour peu que la série soit incomplète, il sera impossible de décider si ces termes appartiennent à la série numérique (A) ou à l'une des deux autres séries. Et même, quand ce serait la série complète (D) ou (E) que nous aurions jetée dans le sac, *il sera seulement probable* que la progression retrouvée et rétablie en ordre est la série (D) ou la série (E), car on pourra toujours soupçonner que ces termes sont simplement empruntés à la série arithmétique (A).

Maintenant, jetons dans notre sac un nombre quelconque de termes de la série des carrés (F), de la série des cercles (F'), de la série des cubes (G) et de la série des sphères (G'). Ici, plus d'hésitation : les termes de ces quatre séries concrètes se replaceront d'eux-mêmes en quatre suites plus ou moins incomplètes, mais dont la nature et l'origine ne seront point douteuses.

Mais une difficulté très-grande apparaît ici : celle de déterminer le rapport dans ces séries concrètes. Tandis que lorsqu'on vous donne deux termes successifs quelconques d'une série numérique, en vous avertissant qu'ils appartiennent tous deux à une série déterminée, rien n'est plus simple que de trouver leur rapport; au contraire, dans une série concrète quelconque, la recherche du rapport de deux termes, même successifs, est assez difficile. Pour la série des cercles, par exemple, il nous faudra mesurer avec un compas les rayons des deux cercles successifs, et, cherchant leur commune mesure, trouver expérimentalement leur rapport; chose qui peut paraître facile, mais qui est en réalité très-délicate et très-sujette à erreur. — Et encore ne fais-je ici qu'effleurer cette difficulté de la détermination du rapport différentiel dans les séries concrètes, qui est bien plus compliquée dès que les termes empruntés à une série, celle des cercles par exemple, et livrés à l'observation, ne sont nulle part consécutifs, car alors il devient positivement impossible de déterminer ce rapport autrement que dans des limites *maxima* et *minima*[1]. Mais nous sentons qu'ici l'aridité de ces explications fatiguerait le lecteur

---

[1] Voici ce qu'il faut entendre par limites *maxima* et *minima :*

Supposons qu'on nous montre quatre cercles dont les diamètres soient 0,002.. 0,010,. 0,012.. 0,030, et qu'après nous avoir averti que dans la série complète à laquelle ils appartiennent les rayons croissent uniformément, on nous demande de trouver quelle est la différence de longueur du rayon qui forme le caractère différentiel dans cette série.

Du premier au second cercle la différence du rayon est 0,004; du deuxième au troisième, 0,001 ; du troisième au quatrième, 0,009.

La plus petite différence étant 0,001, nous répondons que : *un millimètre est la limite* maxima *de la différence des rayons dans cette série.* C'est-à-dire qu'il est possible qu'en réalité dans la série complète à laquelle sont empruntés les quatre cercles qu'on nous montre, les termes successifs diffèrent moins de grandeur que les cercles *trois* et *quatre* soumis à notre observation ; mais à coup sûr la différence sérielle ne peut être plus grande qu'un millimètre, puisque *un millimètre* est la différence entre les rayons des cercles *trois* et *quatre*.

Si l'on nous demande ensuite quelle est l'étendue de cette série de cercles, nous partirons de notre évaluation *maxima* de la différence des rayons ; et, nous fondant sur ce que le terme le plus élevé soumis à notre observation a pour rayon 0,015, nous répondrons que la *limite* minima *du nombre des termes de la série est quinze cercles.* Il est possible que la série soit plus étendue; mais à coup sûr elle n'a pas moins de quinze termes.

Ces évaluations des limites *maxima* et *minima* des quantités *variables ou imparfaitement connues* ont dans la science une importance extrême. Fort souvent la connaissance des limites *maxima* et *minima* conduit, rationnellement et pratiquement, à des résultats aussi certains, aussi précis même que la connaissance parfaite d'une grandeur fixe.

Voy. la note au n° [163ᵐ] et celle du n° [55].

sans beaucoup de fruit peut-être. N'allons donc pas plus loin sur ce sujet et concluons que :

Une série de rapports (telles sont en définitive les séries numériques) *ne nous indique par elle-même rien de certain sur la nature des objets entre lesquels sont établis ces rapports, lors même que nous connaissons ces rapports avec la plus entière certitude et que nous sommes assuré qu'ils sont établis et enchaînés réellement.*

Tandis que, *au contraire, rien n'étant plus facile que de trouver à quelle série appartiennent des formes concrètes, il est presque toujours très-difficile et souvent impossible de trouver le rapport précis selon lequel elles sont sériées.*

Dans ce court paragraphe se trouve reconnue, nous le montrerons ailleurs, l'origine des déceptions et des impuissances de la métaphysique, en même temps que se trouvent expliquées la certitude et les difficultés de la science.

La nature nous offre un grand nombre de *séries troublées*, complètes ou incomplètes ; mais, ainsi que nous venons de le voir, ce trouble, ce désordre des séries concrètes, n'apporte qu'une médiocre difficulté à leur étude. L'ordre de leurs différents termes se rétablit facilement sous nos mains ou dans notre esprit.

[163m] Il est indubitable que *dans l'univers toute série se développe à partir d'un terme extrêmement petit (relativement) par une suite de termes progressifs en*

général extrêmement peu différents les uns des autres, c'est-à-dire que le rapport différentiel entre deux termes successifs est en général extrêmement petit.

Lorsque le microscope permet d'apercevoir le rudiment très-petit d'un cristal et d'en suivre le développement, on s'assure que ce développement s'opère par l'addition de couches successives, extrêmement petites, qu'il n'est pas permis de considérer comme plus épaisses chacune que l'épaisseur d'un atome. Lorsqu'une tige végétale s'élève, elle n'atteint chaque élévation d'un millimètre que par une suite d'élévations successives très-petites. Et cette petitesse des intervalles, c'est-à-dire de la différence entre deux termes d'une série concrète, se retrouve partout et sans exception, au moins à son origine.

Lors donc que nous observons des termes quelconques d'une série concrète, s'ils ne sont pas extrêmement petits, nous sommes assuré qu'ils ne sont pas les premiers termes de cette série, et lorsque, comparant deux termes d'une série concrète, nous voyons que leur différence n'est pas très-petite, nous sommes assuré qu'ils ne sont pas successifs et qu'il y a entre eux d'autres termes à trouver, ou qu'il y a eu autrefois d'autres termes aujourd'hui perdus [1].

---

[1] Ainsi, par exemple, une circonférence d'un millimètre (0,001) de diamètre n'est pas à beaucoup près le premier terme de la série mathématique à laquelle elle appartient, car, à partir du point central des circonférences concentriques dont on imagine que le cercle est formé, jusqu'à la courbe que détermine un rayon d'un demi-millimètre (0,0005)

Les combinaisons chimiques prouvent cette vérité non moins que le développement des cristaux et des végétaux. Entre deux combinaisons successives d'un atome de A avec un atome de B, et d'un atome de A avec deux atomes de B, la différence est aussi petite que possible ; car il est impossible d'imaginer une différence moindre dans l'hypothèse où l'on raisonne, c'est-à-dire dans l'hypothèse de l'indivisibilité des atomes.

Ajoutons que cette vérité est également démontrée, de la manière la plus générale, par la théorie mathématique du développement des courbes.

[163*n*] Nous avons déjà vu qu'un même terme (objet, forme, nombre, etc.) peut occuper des rangs très-différents dans les différentes séries où il figure ; de là résulte une notion principale : *celle de l'individualité et de l'indépendance des séries les unes à l'égard des autres.*

il existe, dans cette donnée, un très-grand nombre de circonférences concentriques d'un rayon décroissant et inférieur à 0,0005.

De même, deux circonférences dont les rayons sont 0,00005 et 0,00006 (différence d'un cent millième de mètre) ne sont pas à beaucoup près deux termes successifs de la série des circonférences concentriques dont on imagine que le cercle est formé, car entre ces deux circonférences il en existe *virtuellement* un très-grand nombre d'autres dont les rayons sont supérieurs à 0,00005 et inférieurs à 0,00006.

Que si l'on demande quelle est la différence du rayon de ces circonférences concentriques, on répond, en mathématique, que cette différence ne peut être exprimée en chiffres, car elle est plus petite qu'aucune quantité quelconque, mais qu'elle est cependant plus grande que 0. Ce sont les limites *maxima* et *minima* de cette différence de rayon ; et ces sortes d'évaluations, très-employées en mathématiques, conduisent à des résultats parfaitement exacts.

D'où découle ce principe que, *en général, on ne peut raisonner d'une série à une autre.*

On peut arriver à cette notion par une autre voie, si, rappelant que dans une série quelconque tous les termes sont nécessairement différents, on remarque que deux séries quelconques étant des termes d'une série de séries sont nécessairement diffférentes.

Cependant, si nous considérons une série complexe, telle qu'une série de sphères dont le rayon croît selon un rapport quelconque, nous voyons que cette série complexe comprend trois séries composantes : série des rayons, série des surfaces, série des volumes ou solidités, c'est-à-dire des étendues comprises sous les surfaces ; et nous voyons que ces trois séries croissent ensemble selon des rapports, 1° réguliers dans chacune, 2° corrélatifs entre eux, d'une matière qui rappelle les propriétés des logarithmes.

De telle sorte qu'étant connu un terme quelconque d'une de ces trois séries composantes, on peut conclure en toute certitude de ce terme aux deux termes que l'on ne connaît pas et affirmer, par exemple, que le rayon d'une des sphères étant tel, sa surface est telle, et sa solidité telle.

Il existe donc des séries complexes, dont les logarithmes nous donnent facilement la notion, *dans lesquelles un rapport nécessaire existe entre l'accroissement et le décroissement des termes corrélatifs de toutes les séries simples que comprennent ces séries complexes.*

Il y a donc des cas où l'on peut raisonner d'une série à une autre : ces cas se rencontrent dans les séries complexes.

En résumé, il faut conclure : 1° qu'à cause de l'individualité, de l'indépendance des séries, la connaissance complète d'une série ne comporte nulle connaissance nécessaire sur une autre série ; 2° que dans certaines séries complexes les séries simples y comprises sont en tel rapport qu'on peut raisonner de l'une à l'autre ; mais ce raisonnement de l'une à l'autre n'est légitime qu'à la condition que l'on ait reconnu et démontré préalablement la nature, les rapports différentiels spéciaux et la corrélation des séries simples comprises dans la série complexe que l'on considère.

[163*o*] Si l'on ajoute l'unité, une par une, huit fois à elle-même, on obtient le nombre 9, l'un des termes de la série (A).

Si l'on ajoute deux fois à lui-même le terme 3, on obtient ce même nombre 9, l'un des termes de la série (D) des carrés.

Le cercle peut être produit par une série symétrique de cordes parallèles, ou par une série de circonférences concentriques (c'est l'analyse du procédé ordinaire par la corde attachée à un piquet).

Le cylindre peut être engendré par une série symétrique de rectangles, ou par une série concentrique de surfaces cylindriques, ou par une suite de cercles superposés.

Ainsi *il existe souvent plusieurs manières de produire un même objet, une même forme* [1].

Ainsi deux ou plusieurs objets produits par des opérations toutes différentes, et appartenant à des séries toutes différentes, peuvent être entièrement semblables et identiques, de telle manière que même l'observateur qui connaîtrait la manière dont chacun de ces objets semblables a été produit, après qu'il les aurait mêlés, serait dans l'impossibilité d'affirmer quelle est, entre les différentes manières de les produire, la manière dont l'un d'eux a été effectivement produit.

[163p] Nous avons souvent raisonné en considérant des séries numériques ; mais, en général, il est bon de ne raisonner que sur des séries concrètes. La considération trop confiante des séries numériques et des séries algébriques, à plus forte raison, peut conduire, comme toute autre base métaphysique, aux plus graves erreurs scientifiques.

Ainsi, quand on examine une série numérique quelconque de la forme (A) par exemple, on voit qu'entre deux de ses termes successifs on peut intercaler autant de moyens termes que l'on voudra, de manière à former une série de nombres fractionnaires compris, par exemple, entre 1 et 2, dont la différence sera aussi petite que l'on voudra ; et l'on pourrait croire alors qu'il en peut être de même dans la nature. Ce serait une énorme erreur.

[1] La cristallisation, la chimie, etc., en offrent d'innombrables exemples.

Voici, par exemple, la gamme musicale : *ut, ré, mi, fa, sol, la, si, ut.*

Soit, par exemple, l'*ut* le plus bas de la basse, qui est produit par 128 vibrations par seconde, et le *ré* du même instrument, qui est produit par 144 vibrations. Entre 128 et 144 la différence est de 16 vibrations. Eh bien, il ne faudrait pas croire qu'entre ces deux sons, *ut* et *ré* dont nous parlons, on pourrait produire un nombre infini de sons intermédiaires. Le nombre des sons intermédiaires qu'il est possible de produire est très-limité. Il est de 15, correspondant au nombre de vibrations dont on peut accroître l'*ut* sans arriver au *ré*, ou diminuer le *ré* sans retomber dans l'*ut*.

Ajoutons que la gamme simple, composée des sept notes *naturelles* ou des douze notes *chromatiques*, n'est point une série, parce que la différence des vibrations entre les sons qui les composent n'est point régulière ; mais une gamme composée de plusieurs octaves est une série, parce que l'ensemble des sept différences entre les notes *naturelles*, ou des douze différences entre les notes *chromatiques*, se reproduit périodiquement à chaque octave selon une formule régulière. Il s'ensuit que la gamme musicale simple, tant employée par Fourier dans ses raisonnements sur la série, était le plus détestable exemple qu'il pût prendre, puisque cette gamme simple n'est pas une série ; elle est seulement l'élément très-complexe de la série musicale qu'offre une suite de plusieurs gammes simples.

Mais, à partir d'un son quelconque, soit le son résultant de seize vibrations en une seconde, qui est le plus bas que nous puissions percevoir, chaque son montant, produit par l'addition d'une vibration, est un terme d'une série régulière 16, 17, 18, 19... vibrations.

Et, ainsi que nous l'avons dit plus haut, entre ces sons, ces termes distincts de la série naturelle des sons, il est impossible de produire ni de concevoir d'intermédiaire.

Le calcul, la métaphysique, spéculent essentiellement sur l'*indétermination*; c'est même ce qui constitue leur avantage dans l'ordre légitime de leurs applications. Mais l'univers est l'opposé de l'indétermination. Tout ce que nous y percevons y est spécialisé, déterminé, limité. Ce n'est qu'à cette condition qu'il est pour nous un objet de connaissance.

[163*q*] Concluons donc que la loi sérielle est universelle, et que tous les êtres, toutes les substances, tous les phénomènes, s'y rattachent de plusieurs manières, c'est-à-dire que chaque substance appartient à plusieurs séries *numériques ou concrètes* dont il s'agit de reconnaître la formule spéciale. Et, puisque chaque sujet d'observation appartient à la fois à plusieurs séries différentes ayant chacune leur formule spéciale, et dans lesquelles chaque être occupe presque toujours des rangs différents, la connaissance complète, c'est-à-dire vraie, d'un sujet, ne peut être acquise que par la découverte, le dégagement des formules spéciales de toutes les séries auxquelles cet

objet peut appartenir, et l'expression nette du rang spécial qu'il occupe dans chacune de ces séries. —

La série est une sorte d'organisme. Comme telle, elle est objet de recherche avant d'être sujet de raisonnements. Elle est donc matière essentiellement scientifique[1]. A ce titre seul, elle devait trouver place dans ce livre, indépendamment de l'immense secours pratique qu'elle nous apportera pour le développement de cette *Genèse selon la science.*

[163r] Limitation des termes, succession des termes, différence des termes, différence représentée pour tous les termes par une formule plus ou moins simple, sont des conditions de l'ordre tel que nous l'enseigne l'observation de l'univers, c'est-à dire de la série, c'est-à-dire du seul ordre que nous enseigne l'univers.

De sorte que par l'étude de la nature et des conditions de l'ordre de l'univers, nous arrivons à cette conclusion, que, hors de ces conditions réunies, il n'y a pas d'ordre.

---

[1] Proudhon dit avec raison : « Soit que l'on observe des réalités substantielles, soit que l'on cherche le système d'idées abstraites et subjectives, l'ordre ne s'aperçoit pas de plein saut. Il faut une attention soutenue et quelquefois un travail opiniâtre pour découvrir la série des idées et des choses. Mais, une fois trouvée, la série est visible aux plus faibles intelligences ; ce qu'elle exige d'attention pour être comprise est souvent en raison inverse de ce qu'elle a coûté d'efforts pour être perçue. »

J'ajoute que c'est là, en effet, son immense avantage, comme procédé d'enseignement.

[165*s] Quoique dans cette étude nous ayons dû nous borner aux notions nécessaires; omettant un grand nombre de formes des séries, et passant sous silence des résultats rationnels dont l'exposé se rattache à des questions qui sortent du cadre de cet ouvrage; cette recherche sur la nature de la série et ses caractères fait surgir dans l'esprit des questions innombrables. Leur examen exige de nouveaux éléments de connaissance, que le lecteur va bientôt acquérir.

Cependant des clartés singulières s'étendent désormais devant nous, et déjà nous pouvons plonger très-profondément nos regards dans ces grandes perspectives ouvertes et obscurcies à la fois par les classifications.

Les espèces végétales vivantes forment-elles, dans leur ensemble, une série ?

Il est sensible qu'à partir du bissus, par exemple, jusqu'à la plante dicotylée très-complète, on peut ranger une suite de plantes d'une perfection croissante. Mais une série véritable n'étant nullement vague, le caractère différentiel de ses termes successifs devant être susceptible d'une expression, d'une formule générale pour toute la série, si nous cherchons pour cette suite de plantes rangées ainsi un caractère différentiel précis, commun à toutes, il nous sera impossible de le trouver.

Après avoir reconnu que l'ensemble des espèces ne forme pas une série unique, si l'on essaye d'y trouver trois séries, selon la distinction : acotylédones, monoco-

tylédones, dicotylédones, on n'y parviendra pas davantage. Sans doute, l'impossibilité de sérier séparément
chacune de ces trois divisions sera moins flagrante et
moins immédiate que l'impossibilité de sérier le tout
ensemble ; mais à chaque instant, dans chaque division,
la formule différentielle que l'on aura cru découvrir sera
inapplicable.

Cherchant enfin si chacune des trois divisions peut
être subdivisée en séries distinctes, on trouvera que certaines familles présentent une série, ou plutôt un tronçon
de série plus ou moins incomplet, et que le reste des
plantes, en immense quantité, semble une mascarade
où pas un seul costume n'est caractérisé nettement.

Ainsi la totalité des végétaux vivants ne forme pas une
série unique continue, et il paraît y avoir un assez grand
nombre de séries végétales.

Jusqu'à quel point ces séries végétales sont-elles distinctes ?

Si, comparant deux de ces séries, on prend dans chacune les types les plus caractérisés, on les trouve extrêmement distinctes, et par plusieurs aspects. Mais on trouvera aussi, dans chacune, des espèces qui s'écartent plus
ou moins du type. Et presque toujours la mascarade des
espèces énigmatiques offrira une suite d'intermédiaires
plus ou moins nombreux, plus ou moins groupés, qui
formeront en quelque sorte un lien transversal entre les
espèces sériées qui s'écartent du type de leur série. Ce
qui revient à dire qu'une espèce, même très-caractéris-

tique, appartient à la fois à la série ascendante bien visible selon laquelle on la considère quand on dit qu'elle est de la série R ou de la série S, et à une autre série particulière transversale moins visible, que l'on néglige quand on dit qu'elle est de la série R ou de la série S, mais qui pourrait tout aussi bien être prise pour directrice.

Nous ne devons pas nous en étonner maintenant, puisque nous savons que tout objet appartient comme terme particulier à la fois à plusieurs séries diverses [163*g*]. Chaque végétal appartenant à la fois à toutes les séries diverses selon lesquelles on peut considérer ces êtres, et occupant souvent dans toutes ces séries des rangs très-différents [163*i*], nous comprenons très-bien pourquoi il est impossible de trouver des lignes de démarcation nettes entre les *familles végétales* des classificateurs.

Mais on demandera comment s'est produit ce singulier mélange de caractères, comment se sont formés ces ordres transversaux sériés entre les types distincts, pourquoi certains types végétaux se sont développés en série ascendante pendant que s'est produit le grand carnaval où figurent tant de plantes.

On demandera plus vivement encore comment telle série ascendante procède par différences très-petites d'une espèce à l'autre, si bien qu'un tronçon de série fort court comporte un grand nombre de termes, c'est-à-dire d'espèces, comme si entre les termes 3 et 5 de la série (A) [163*c*], on avait inséré plusieurs centaines de moyens termes fractionnaires ; comment, au contraire, dans d'autres séries ascendantes, on voit les espèces procédant par différences très-sensibles et inégales de l'une à l'autre, si bien qu'un tronçon de série fort étendu ne comporte qu'un petit nombre d'espèces, comme si dans la série (A) on n'avait plus que des termes éloignés, tels que 20,... 45,... 153,... 160, etc.

On demandera encore comment il se fait que presque aucune des séries un peu distinctes que nous reconnaissons n'est saisissable que par un premier terme déjà très-compliqué, et qu'il est impossible de considérer comme le développement d'un terme supérieur d'une autre série, inférieure.

Nous espérons résoudre ces questions d'une manière aussi claire qu'inattendue.

L'ANIMALITÉ

—

[164] La végétation nous a montré des êtres formés entièrement de cellules, qui accomplissent certaines fonctions à l'aide d'appareils spéciaux appelés organes ; notamment, ils empruntent à l'air et à la terre l'eau et les gaz qu'ils combinent en composés organiques, c'est-à-dire susceptibles d'entrer dans la composition de leurs organes et de les développer. Formés presque toujours de deux parties, l'une aérienne ou aquatique, l'autre souterraine, ces êtres sont ainsi attachés au sol; *ils ne changent point de placè.*

Nous allons voir des êtres bien plus compliqués, mieux organisés et doués de fonctions plus élevées ou plus complètes.

Je n'essayerai point de définir *l'animalité* ni *l'animal* [158]; je chercherai à les faire connaître, et, pour y par-

10.

venir, je présenterai l'animalité dans un ordre semblable
à celui que j'ai suivi pour la végétation. Les analogies et
les différences ressortiront ainsi d'elles-mêmes.

La plupart des animaux se distinguent facilement des
végétaux en ce *qu'ils se meuvent et changent de place*. Ils
ne sont pas *remués* comme les petites lentilles vertes que
le vent promène sur les eaux; *ils se remuent* eux-
mêmes, sous l'action d'une influence intérieure à eux-
mêmes, que l'on nomme en général *volonté*. Et, toutes
les fois que nous voyons un être se remuer, changer de
place dans des conditions qui rendent indubitable l'action de sa volonté, nous reconnaissons, sans hésiter, un
animal. En effet, ce caractère, la *locomotion* (changement de lieu) volontaire, paraît distinctif, quoiqu'il ne
ne soit pas général, car il existe des animaux qui ne
changent pas de lieu [165*b*]; mais on ne connaît pas de
plantes qui changent de lieu sous l'action d'une influence
intérieure à elles-mêmes, c'est-à-dire d'une volonté.

Presque partout où nous nous trouvons, si nous examinons avec soin ce qui nous entoure, et surtout à l'aide
de verres grossissants, nous reconnaissons un grand
nombre d'êtres très-différents, doués ainsi de locomotion, et qui, par leur aspect seul, depuis le ver jusqu'à
l'aigle, au lion, au cheval, nous donnent le sentiment de
degrés très-divers de perfection. Mais on voit encore que,
dans les individus d'une même espèce, le développement est varié, depuis le petit poussin sans plumes jusqu'au coq, depuis le petit chien qui vient de naître, et ne

marche pas, ni ne voit clair, jusqu'à la grande et forte lice qui l'allaite en grondant.

Examinons d'abord la constitution d'un animal d'une espèce très-parfaite et parvenu à son développement complet ; par exemple, un cheval de cinq ans, fig. 34.

On ne doit s'attendre à trouver dans cette description aucune rhétorique. Nous devons nous borner à ce qui importe le plus, et nous n'avons pas le temps de parer nos études. Si nous ramassions toutes les fleurs de notre sujet, si nous voulions recueillir les beautés et les singularités de tous les êtres que nous examinons, si j'entreprenais de dire tout ce que l'on sait sur eux et tout ce que m'a inspiré à moi-même une longue et silencieuse contemplation de la vie, je devrais faire quarante volumes au lieu de quatre.

Ai-je donc seulement devant moi les années qu'exige encore l'exécution de mon plan réduit à ses lignes sévères ?

[164a] Au premier coup d'œil, on reconnaît dans le cheval des parties très-différentes sous tous les rapports : la tête, le cou, le tronc, les membres, la queue ; chacune de ces parties est elle-même composée de plusieurs parties distinctes. La tête présente à son extrémité inférieure une large ouverture, les *narines* ou *naseaux* ; plus haut, les deux *orbites*, où sont logés les *yeux*, que les *paupières* couvrent et découvrent à volonté ; plus haut encore, et aussi de chaque côté, deux appendices en forme de cornets mobiles : ce sont les *oreilles*.

Le tronc nous présente deux parties distinctes : l'une antérieure, qui est la poitrine ou *thorax*, l'autre postérieure, qui est le ventre ou *abdomen*. Les deux membres antérieurs sont, comme les deux membres postérieurs, composés de plusieurs parties articulées et mobiles. La tête, le cou, la queue, sont également articulés et mobiles. Le tronc lui-même est doué d'une certaine mobilité et peut se courber jusqu'à un certain point sur lui-même en tous sens.

Fig. 31.

L'animal est entièrement recouvert d'une enveloppe épaisse, élastique, la *peau*. Cette enveloppe, composée de plusieurs tissus superposés, est couverte elle-même d'un *épiderme* et garnie d'une multitude de *poils* presque tous couchés d'avant en arrière les uns sur les autres. Sur le haut de la tête et du cou, et à la queue, ces poils sont beaucoup plus longs, plus forts ; ils flottent, et protégent l'animal contre la piqûre des insectes qu'ils chassent.

Extérieurement, la partie droite et la partie gauche de l'animal sont la répétition symétrique [24b] et exacte l'une de l'autre. Le corps entier semble donc composé de deux moitiés semblables, accolées latéralement l'une à l'autre depuis le bout du nez jusqu'à l'extrémité de la queue; et, chose très-remarquable, la ligne de jonction de ces deux moitiés est indiquée sur toute sa longueur par une direction différente des poils, et même, chez beaucoup d'animaux, par une légère différence dans la couleur et l'aspect de la peau, comme serait la trace d'une ancienne cicatrice. Cette ligne, qui semble séparer l'animal en deux moitiés, est appelée *ligne médiane*.

L'extérieur de l'animal nous révèle donc une organisation très-compliquée ; mais, à l'intérieur, cette complication se montre bien plus grande encore que ne le faisait prévoir l'examen extérieur.

Toutes les parties du corps sont disposées autour d'un appareil solide, composé d'un grand nombre d'os de formes très-variées : c'est la charpente, le *squelette* de l'animal. On l'appelle souvent *système osseux*. Le tissu de ces os est formé d'une substance organique quaternaire et de divers sels alcalins et calcaires, principalement de phosphate de chaux. Ce tissu, très-dense à l'extérieur des os, l'est beaucoup moins vers leur intérieur ; beaucoup de parties du squelette offrent même dans leur épaisseur des cellules vides, et les os cylindriques des membres sont généralement creux et remplis d'une substance grasse, nommée *moelle*, ce qui les rend à la fois plus solides et moins lourds [1].

Sur cette charpente est appliquée ce qu'on nomme vulgairement la *chair* de l'animal. Elle se compose principalement de *muscles*, sortes de cordages, de longueurs, de grosseurs et de formes variées, qui sont attachés aux os par leurs extrémités, et qui servent à mouvoir toutes les parties de l'animal. L'ensemble des muscles se nomme *appareil-musculaire*.

L'intérieur du corps offre trois cavités principales : la cavité buccale (de la bouche), la cavité thoracique, la cavité abdominale, dans lesquelles on trouve un grand nombre d'organes qui concourent à former l'*appareil digestif*, l'*appareil circulatoire* et l'*appareil respiratoire*.

L'appareil digestif se compose principalement : 1° des *dents*, petits os revêtus d'un émail très-dur, qui, enchâssées solidement dans les mâchoires, saisissent, divisent et broient les aliments ; 2° de la *langue*, sorte de pelle qui porte et remue les aliments sous les dents, les

---

[1] Des expériences directes ont démontré qu'à poids égaux, pour une longueur donnée, un tube est plus difficile à rompre qu'un cylindre de même substance.

Ainsi étant donnés : 1° un tube de fer (comme un tronçon de canon de fusil) et 2° un cylindre de fer plein de même longueur, de même qualité, *de même poids* et par conséquent *d'un diamètre beaucoup moindre ;*

Pour rompre le canon creux, il faudra un effort plus grand que pour rompre le cylindre plein.

rassemble et les pousse dans l'arrière-bouche. Là, un mécanisme compliqué les dirige dans 3° *l'œsophage*, conduit qui règne le long de la partie antérieure du cou et débouche dans 4° *l'estomac*, grande poche où les aliments subissent une trituration plus parfaite et une préparation chimique. De là, ils descendent dans 5° *l'intestin grêle*, conduit étroit et fort long, d'où ils passent à l'état de résidu dans 6° le *gros intestin*, et enfin 7° dans le *rectum*, qui débouche à une ouverture extérieure, *l'anus*.

Un grand nombre de *glandes* sont en communication avec l'appareil digestif. Ce sont des appareils distillatoires composés les uns de cellules ou vésicules agglomérées en forme de grappe, telles que les glandes salivaires ; les autres d'une multitude de canaux tubulaires très-fins, repliés et enlacés de diverses manières : tels sont le foie, les reins. Parmi les glandes, les unes, telles que les glandes salivaires, élaborent des sucs nécessaires à l'exercice des fonctions ; les autres, telles que les reins, séparent de la masse du sang des liquides qui doivent être expulsés par l'animal. Les produits des glandes sont désignés sous le nom générique de *sécrétions*.

L'appareil circulatoire se compose d'un organe central volumineux (fig. 35), le *cœur*, auquel se relient deux systèmes de canaux : 1° le système *artériel*, qui du cœur porte le sang à toutes les parties du corps, et 2° le système *veineux*, qui ramène au cœur le sang de toutes les parties du corps. D'autres canaux, appelés vaisseaux chylifères, forment une communication spéciale entre l'appareil digestif et l'appareil circulatoire. Ces chylifères font d'ailleurs partie d'un vaste système de *vaisseaux lymphatiques*, à l'égard desquels la science n'est pas encore complétée.

L'appareil respiratoire se compose principalement : 1° des *poumons*, vastes organes d'une structure élastique et spongieuse, qui occupent une grande partie de la cavité thoracique ; et 2° d'un canal nommé *trachée-artère*, qui aboutit dans l'arrière-bouche et communique avec les narines.

Ces appareils correspondent aux fonctions de nutrition, de circulation et de respiration que nous avons déjà trouvées chez les végétaux. Mais, ainsi que nous l'avons déjà dit, l'animal présente une fonction générale nouvelle et bien remarquable : le *mouvement volontaire*. Outre la locomotion, il peut accomplir un très-grand nombre de mouvements partiels variés. Tous ces mouvements se font par l'intermédiaire d'un appareil nommé *système nerveux*, qui ne paraît point avoir d'analogue chez les végétaux.

Si l'on examine la tête osseuse du cheval on voit qu'elle est attachée à une longue suite d'os, presque tous semblables les uns aux autres, qui se continuent depuis la tête jusqu'à l'extrémité de la queue. Ces os sont appelés *vertèbres*. Leur ensemble s'appelle *colonne vertébrale*. Toutes ces vertèbres sont perforées dans leur milieu ; de sorte que, par leur réunion bout à bout, elles constituent un canal qui règne dans toute la longueur de la colonne vertébrale.

Or les os dont se compose la tête forment à son sommet une boîte, le *crâne*, qui, au point d'attache avec les vertèbres du cou, communique par un trou[1] avec le canal vertébral.

Cette boîte contient l'*encéphale* ou cervelle, laquelle se continue avec un cordon de substance semblable à celle de la cervelle, qui occupe l'intérieur du conduit vertébral, et que l'on nomme *moelle épinière*.

De la base de l'encéphale et de toutes les parties de la moelle épinière partent les *nerfs*, longs filaments blanchâtres qui vont se divisant à l'infini en se prolongeant dans toutes les parties du corps.

Cet ensemble forme le système *cérébro-spinal*, partie principale de l'appareil nerveux. C'est au moyen de ce système que l'animal perçoit les impressions qui lui viennent des objets qui l'entourent, et qu'il imprime le mouvement aux organes qui dépendent de sa volonté.

En outre, un système de *ganglions*, sorte de renflements de substance nerveuse, disposés de chaque côté de la colonne vertébrale, et qui ne transmettent pas l'action de la volonté quoiqu'ils communiquent avec le système cérébro-spinal, président aux mouvements des organes intérieurs et complètent l'appareil nerveux.

Outre ces appareils, il en existe beaucoup d'autres

---

[1] Le *trou occipital*.

dans le corps d'un animal aussi complet que le cheval :
tels sont les reins, la vessie [1], etc., et enfin l'appareil de
la reproduction, dont nous ne parlerons point dans ce
livre. Nous nous bornerons à dire ici que le cheval porte
des mamelles, sorte de réservoirs tout remplis de glandes
qui, chez la femelle, sécrètent le *lait* destiné à nourrir le
jeune cheval dans les premiers temps de sa vie. Et ajoutons que tout ce que nous avons dit, et tout ce que nous
allons dire encore du cheval, sauf quelques modifications
et quelques exceptions, s'applique à tous les animaux
mammifères, c'est-à-dire qui portent ainsi des mamelles,
sans en excepter l'homme.

Nous allons maintenant reprendre chaque appareil
plus en détail et en examiner rapidement les fonctions.

[164*b*] L'animal répare et développe son organisme par
une fonction générale de nutrition analogue à celle que
nous avons reconnue chez le végétal. Mais, tandis que
chez les végétaux les plus élevés cette fonction ne présente, à très-peu près, que les mêmes caractères essentiels
qu'elle offre dans les végétaux les plus élémentaires,
la fonction de nutrition, ainsi que nous le verrons, devient rapidement plus complexe à mesure que l'on s'élève,
dans la série animale; de telle sorte que chez l'animal
supérieur la fonction de nutrition est énormément plus
complexe que chez les végétaux les plus élevés.

---

[1] Tous ces organes renfermés dans les grandes cavités du corps sont
souvent désignés sous le nom générique de *viscères;* ainsi le poumon,
le cœur. sont des viscères.

Chez ceux-ci, l'absorption des liquides et des gaz, faite par des appareils extérieurs (feuilles, radicelles), apparaît d'abord; ensuite, les substances absorbées sont, dans les organes, transformées chimiquement en produits spéciaux qui sont alors assimilés.

Chez l'animal supérieur, l'absorption directe n'est plus le premier acte de la nutrition. Ce ne sont plus des organes extérieurs qui accomplissent cet acte. Ce ne sont plus des substances inorganiques qui fournissent exclusivement les substances nutritives.

Tandis que le végétal tire sa nourriture de l'ensemble des substances inorganiques qui l'entourent[1], les aliments[2], pour l'animal supérieur, sont presque exclusivement[3] des substances organiques déjà préparées par l'organisme animal ou végétal, c'est-à-dire des substances

[1] Il est vrai qu'une certaine quantité de matières organiques en voie de décomposition est très-favorable à la végétation; mais il paraît certain que le végétal ne se nourrit de ces matières qu'à mesure qu'elles se décomposent, et en absorbant les produits de la décomposition à mesure qu'ils retombent à l'état inorganique.

[2] J'appelle *aliment*, par excellence, *toute substance nécessaire* au développement des organes et à l'entretien de la vie.

J'appelle *substance alimentaire* toute substance capable de contribuer au développement des organes et à l'entretien de la vie.

L'air atmosphérique, quelques autres gaz, l'eau et quelques sels, voilà les aliments nécessaires au végétal supérieur.

L'air atmosphérique, l'eau, une quantité plus ou moins considérable de substances organiques, et quelques sels, voilà les aliments nécessaires à l'animal supérieur.

[3] Je dis *presque exclusivement*, parce que l'eau et l'oxygène sont absorbés directement et sont des aliments, l'eau tout au moins, pour les animaux, au même titre que pour les végétaux. On ne pourrait leur re-

qui ont fait partie d'un animal ou d'un végétal. Introduites dans un appareil intérieur, l'appareil digestif, ces
substances y subissent une préparation mécanique et chimique qu'on nomme *digestion*.

La digestion extrait des aliments leurs parties nutritives et rejette, sous forme d'excréments ou *fèces*, les
parties surabondantes ou *inertes*, c'est-à-dire incapables
de servir à la nutrition[1]. Elle transforme les parties nutritives des aliments en liquides aptes à se mêler au sang
et à en maintenir la composition normale.

Cette extraction et cette transformation sont opérées
par la trituration des aliments et par le mélange de la
masse triturée avec certains liquides sécrétés par des
glandes nombreuses.

Broyés dans la bouche sous les dents, les aliments
sont d'abord imprégnés par la *salive* que fournissent des
glandes situées dans presque toutes les parties de la
bouche, sous la langue, sous les mâchoires, etc.

Composée d'eau et de quelques millièmes de divers sels
de soude, de potasse, de chaux et de magnésie, la salive
agit dans la digestion surtout par une substance organique
azotée à laquelle on a donné le nom significatif de *diastase salivaire* [158r]. On peut l'extraire de la salive et la

fuser la qualité générale d'aliment qu'après avoir établi que pas un
atome des éléments de l'eau ou de l'air absorbés ne s'engage ultérieure-
ment dans les tissus animaux. Tout conduit à penser le contraire, au
moins pour l'eau.

[1] Telles sont la cellulose végétale et les écailles, les poils des animaux,
qui sont insolubles dans les sucs digestifs.

conserver à l'état solide. Or un gramme de cette diastase salivaire solide, dissoute dans l'eau, peut transformer en sucre environ deux mille grammes de fécule.

La sécrétion de la salive est plus ou moins abondante selon les espèces. Chez le cheval, elle est d'environ trente-deux kilogrammes par vingt-quatre heures ; mais elle rentre dans le sang par la digestion.

Après avoir parcouru l'œsophage, la masse alimentaire, parvenue dans l'estomac, y est imprégnée d'un suc acide, très-abondant, sécrété par un grand nombre de petites cavités éparses dans la muqueuse [1], et appelé *suc gastrique*.

Ce suc gastrique, dont les éléments actifs sont l'*acide lactique* [2] et une autre substance organique nommée *pepsine*, dissout les substances albuminoïdes et les rend susceptibles d'être absorbées sans que leur composition chimique soit changée. De même que la diastase salivaire, il agit en dehors de l'estomac comme dans ce viscère ; et, si l'on place des aliments broyés avec du suc gastrique

---

[1] Les cavités du corps, et notamment le tube intestinal, sont tapissées de membranes appelées *muqueuses;* c'est une sorte de peau très-fine, très-sensible et sans épiderme. En général, les muqueuses sécrètent des liquides variés, plus ou moins visqueux, que l'on nomme *mucus*. Ainsi le nez est tapissé intérieurement par la *muqueuse nasale,* et c'est à cause du mucus sécrété par cette membrane que les petits garçons sont appelés *morveux,* et que les belles dames portent de superbes chiffons dont heureusement elles ne se servent guère. C'est bien le plus vilain prétexte d'élégance que je connaisse. La surface rose des lèvres est aussi une muqueuse ; mais celle-ci est charmante.

[2] Ainsi nommé parce qu'il est abondant dans le lait caillé.

dans un vase maintenu à la température animale [164*k*], on voit s'opérer une *digestion artificielle*, c'est-à-dire une dissolution des aliments.

Son action est d'ailleurs aidée par des contractions de l'estomac qui mélangent et triturent la masse alimentaire. Cette masse forme une sorte de bouillie qu'on nomme *chyme*.

Pendant la première période de la digestion, les contractions se font de manière à empêcher les aliments de sortir de l'estomac; mais ensuite elles se font de manière à expulser la masse alimentaire, qui pénètre alors peu à peu dans l'intestin grêle. C'est surtout dans cette partie du tube digestif que s'opère l'absorption des produits de la digestion.

Imprégnée alors de la *bile* sécrétée par le *foie*[1], dont la fonction est encore un grand sujet de recherches et de discussions ; imprégnée du *suc intestinal*, qui n'a pas encore été bien étudié[2], et du liquide pancréatique provenant d'une grosse glande nommée *pancréas*, la masse alimentaire subit une action nouvelle.

Les corps gras ne peuvent être dissous par l'eau, ni par la salive, ni par le suc gastrique ; mais l'albumine,

---

[1] La plupart des animaux ont au foie, comme le bœuf, par exemple, une *vésicule biliaire*, vulgairement nommée *fiel*, où la bile s'accumule pour être versée ensuite dans l'intestin; mais le cheval n'a pas de vésicule biliaire. Beaucoup d'autres animaux, le chevreuil, le cerf, le pigeon, etc., en manquent également.

[2] Ce suc paraît réunir les propriétés des diverses sécrétions intestinales.

mêlée à l'eau, a la propriété d'amener les corps gras à
l'état d'*émulsion*, c'est-à-dire de les diviser en particules
très-petites qui restent en suspension dans l'eau comme
une poussière impalpable dans l'air. Or le suc pancréatique est albumineux ; comme tel, il émulsionne les corps
gras ; en outre, il contient un produit quaternaire, la
pancréatine, dont la présence amène le dédoublement
de ces corps en deux substances dont l'une est sucrée
et soluble[1]. Il les rend donc susceptibles d'être absorbés par les vaisseaux chylifères sous forme d'un liquide
blanc, laiteux, qu'on nomme *chyle*, et qui, outre l'émulsion grasse, contient un mélange de tous les produits
albuminoïdes et amylacés de la digestion. Au microsco-
cope, on y observe des globules sphériques et de dimensions variables. Ces vaisseaux chylifères paraissent à
peu près seuls pouvoir absorber les corps gras émul-
sionnés ; c'est là leur fonction, et elle est aidée par des
contractions *vermiculaires*[2] de l'intestin grêle qui font
transsuder l'émulsion dans les chylifères.

Les contractions de l'intestin grêle ont en outre pour
effet d'acheminer la masse alimentaire vers le gros intestin. Des mouvements semblables du gros intestin, mais
moins énergiques, la font avancer vers le rectum, d'où
les matières fécales accumulées sont expulsées par l'anus

---

[1] Les propriétés du suc pancréatique se manifestent très-bien dans un
vase où on le mêle avec des corps gras et de l'eau. Le suc pancréatique
transforme aussi l'amidon en sucre.

[2] Contractions semblables à celles que font les *vers*.

à des intervalles de temps plus ou moins éloignés. Les mouvements d'introduction des aliments dans le tube intestinal et l'expulsion des résidus de la digestion sont plus ou moins soumis à la volonté ; mais les mouvements intestinaux sont involontaires, et l'animal n'en a presque point conscience.

On voit, par ce qui précède, que le problème chimique de la digestion est aujourd'hui résolu d'une manière à peu près complète. Il nous reste à parler de l'absorption et de son mécanisme.

Le système veineux, et le système lymphatique auquel appartiennent les vaisseaux chylifères, sont clos de toutes parts. Les membranes animales, examinées au microscope le plus puissant, ne laissent voir aucune ouverture, rien qu'une surface plus ou moins transparente, mais continue. C'est donc par endosmose à travers leurs tuniques ou membranes que se pratique l'absorption des sucs nourriciers. Nous avons fait remarquer [158*l*] que les phénomènes d'endosmose sont plus énergiques sous l'action de la chaleur ; et, outre la chaleur interne de l'animal, la pression des intestins favorise l'absorption.

L'eau des boissons est absorbée, sans préparation, dans toute l'étendue du tube digestif[1].

A mesure que les substances amylacées et albuminoïdes sont dissoutes, elles sont absorbées dans les veines

---

[1] L'eau qui mouille la peau et tous les tissus des animaux, pendant une pluie ou lorsqu'ils se baignent, est également introduite par endosmose, en certaines proportions, dans leur corps.

intestinales qui courent le long de ce tube; quand, par
l'action du suc pancréatique, les corps gras ont été émul-
sionnés, ils sont absorbés par les chylifères ; et tout ce
qui peut rester encore de liquides nutritifs dans la masse
digérée est absorbé par les parois du gros intestin et
même de rectum.

[164c] Nous avons dit que les chylifères faisaient partie
d'un système de vaisseaux appelés *lymphatiques*. La circulation s'y opère par la contraction de leurs parois; des
valvules, sortes de soupapes membraneuses placées à de
petites distances les unes des autres dans ces vaisseaux,
s'ouvrent par l'effet de la contraction et laissent passer le
liquide. Et, comme ces soupapes s'ouvrent toutes dans le
même sens, et s'opposent à ce que le liquide retourne
vers les organes où il a été absorbé, elles déterminent sa
marche vers de gros vaisseaux qui le reversent dans le
torrent de la circulation générale. La marche des liquides
est d'ailleurs aidée dans ces vaisseaux par les contractions musculaires et par plusieurs autres causes. Au total,
cette circulation est faible et lente. On a trouvé que chez
une vache la lymphe parcourait une distance de deux centimètres et demi par seconde.

La *lymphe* qui remplit plus ou moins les vaisseaux
lymphatiques, et même les chylifères lorsque la digestion
est achevée, est un liquide transparent-jaunâtre ou rosé.
Elle se compose d'une quantité minime de fibrine, d'albumine et de sels dissous dans une grande quantité d'eau
(environ 95 pour 100). Elle contient un petit nombre de

globules sphériques ; elle est le produit d'une absorption qui s'opère, par les vaisseaux lymphatiques, dans l'intérieur des organes et sur toute l'étendue des réseaux capillaires sanguins auxquels les réseaux lymphatiques sont superposés à la limite des organes.

[164d] *L'appareil circulatoire* distribue dans toutes les parties du corps le sang destiné à les nourrir, et ramène aux poumons le sang, qui, après avoir baigné toutes les parties du corps, doit subir l'action de l'air pour pouvoir continuer ses fonctions.

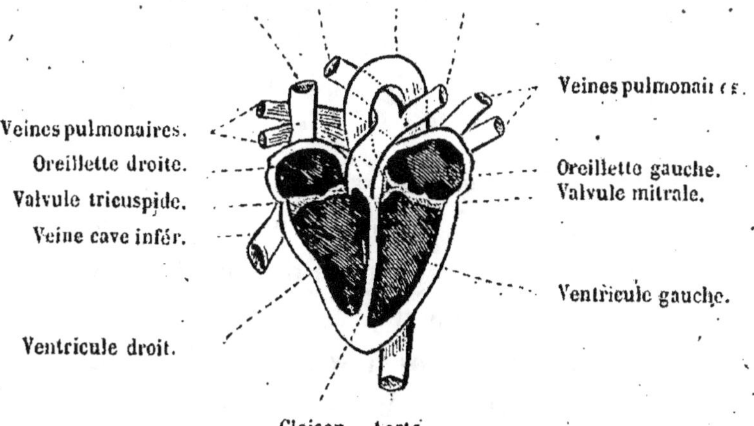

Fig. 35. *Coupe du cœur de l'homme.*

Le cœur, organe central de cet appareil, est une masse musculaire où se trouvent quatre cavités. Les deux cavités supérieures [fig. 35], avec leurs parois, sont appelées *oreillettes* ; les deux cavités inférieures, avec leurs parois, sont appelées *ventricules*. Chaque oreillette communique avec le ventricule placé au-dessous d'elle par une ouverture garnie d'une valvule, mais les oreillettes ni les ventricules ne communiquent point entre eux ; de sorte que le cœur se trouve partagé en deux moitiés accolées que l'on appelle *cœur gauche* et *cœur droit*. A l'aide d'une préparation habile, on peut désunir et séparer ces deux cœurs.

Les deux oreillettes se contractent ensemble au moment où les deux ventricules se dilatent, et les ventricules se contractent ensemble au moment où les oreillettes se dilatent. Les parois des ventricules étant plus épaisses que celles des oreillettes, leurs contractions sont plus énergiques ; et la paroi du cœur gauche étant plus étendue et plus épaisse que celle du cœur droit, les contractions du cœur gauche sont plus énergiques que celles du cœur droit.

Lorsque l'oreillette gauche se dilate, elle reçoit le sang *vermeil* qui vient du poumon par les *veines pulmonaires;* lorsque ensuite elle se contracte, sa pression fait ouvrir la valvule (mitrale) de communication avec le ventricule gauche. Le sang afflue dans ce ventricule. Le ventricule se contractant aussitôt, sa pression agit sur la valvule (mitrale) de manière à fermer la communication avec l'oreillette, et le sang ne pouvant remonter dans l'oreillette est poussé dans l'aorte, grosse artère principale d'où rayonnent les troncs artériels secondaires. Chacun de ces troncs se ramifie de plus en plus en s'éloignant du cœur dans les diverses parties du corps. Le sang vermeil parcourt tout *l'arbre artériel,* parvient au réseau

des *vaisseaux capillaires* qui s'anastomosent de tous
côtés avec les plus petites des *veines*, lesquelles se réunissent dans des troncs veineux de plus en plus gros en
se rapprochant du cœur, et aboutissent enfin dans la
veine cave supérieure et la *veine cave inférieure*, qui
débouchent dans l'oreillette droite. Au moment où cette
oreillette se dilate, elle reçoit le sang *brun*, que ramènent
les veines caves. Lorsque ensuite elle se contracte, sa
pression fait ouvrir la valvule tricuspide; le sang pénètre
dans le ventricule droit placé au-dessous. Ce ventricule
se contractant aussitôt, la valvule ferme la communication, et le sang, ne pouvant remonter dans l'oreillette,
est chassé dans l'*artère pulmonaire*, qui le distribue aux
vaisseaux capillaires du poumon, d'où bientôt il revient
par les veines pulmonaires à l'oreillette gauche du
cœur.

Il y a donc deux *cercles circulatoires* : l'un commence
au ventricule gauche, traverse les organes et finit à l'o-
reillette droite ; l'autre commence au ventricule droit,
traverse les poumons et finit à l'oreillette gauche. Le
premier, plus étendu que le second, a reçu le nom de
grande circulation; l'autre est appelé *petite circulation*
ou *circulation pulmonaire ;* et les animaux où ils existent sont dits *à double circulation.*

L'inégalité de la force des parties du cœur est en rapport avec leurs fonctions. La force nécessaire aux oreillettes pour introduire le sang dans les ventricules est
bien moindre que la force nécessaire aux ventricules pour

chasser le sang dans les deux cercles circulatoires ; et le ventricule gauche, qui préside à la grande circulation, a besoin de plus de force que le ventricule droit, agent de la petite circulation.

La contraction des ventricules est la cause principale de la circulation du sang; mais plusieurs causes secondaires y contribuent aussi. Nous en indiquerons seulement quelques-unes.

Les artères sont élastiques, et, de plus, *contractiles*, c'est-à-dire qu'elles se contractent d'elles-mêmes pour chasser le sang qui les gonfle. Dans les veines, la circulation est aidée surtout par les contractions musculaires; et, comme pour les parties inférieures du corps la pesanteur est un obstacle au retour du sang vers le cœur, des valvules placées de distance en distance dans les veines empêchent le sang de *retomber* à mesure que les diverses forces qui agissent sur lui l'ont fait remonter vers le cœur. Enfin, le *mécanisme* de la respiration vient en aide à la circulation artérielle et veineuse par une action trop compliquée pour être expliquée ici [1].

Les contractions périodiques des ventricules, projetant chacune une *ondée* de sang dans les artères, sont la cause du battement de ces vaisseaux que l'on nomme *pouls*. L'élasticité et la contractilité des artères et des capillaires, le frottement du sang contre leurs parois, annulant cet

---

[1] On en trouvera le détail dans l'excellent *Traité élémentaire de physiologie* de Béclard. Nous ne saurions trop recommander la lecture de cet ouvrage.

effet de l'intermittence d'action du cœur, le pouls ne se fait plus sentir dans les veines.

On a reconnu que chez les mammifères, quelle que soit leur taille, la vitesse du sang dans les artères près du cœur est d'environ trente-trois centimètres par seconde, et que la tension du sang artériel équivaut à une colonne de mercure de quinze centimètres de hauteur ou à une colonne d'eau de deux mètres, c'est-à-dire que cette pression est d'environ un cinquième d'atmosphère [110]. Cette vitesse et cette pression diminuent à mesure que le sang s'éloigne du cœur.

La tension du sang dans les veines est beaucoup moindre que dans les artères; elle n'équivaut qu'à une colonne de mercure d'un centimètre et demi ou deux centimètres de hauteur.

Le sang du cheval ne met que vingt-cinq ou trente secondes à parcourir le double cercle de la circulation, et cette vitesse paraît être la même chez tous les mammifères.

Les vaisseaux capillaires où aboutissent les artères et d'où partent les veines sont extrêmement nombreux et déliés dans tous les organes. Le diamètre des plus fins est d'environ la deux centième partie d'un millimètre.

« Lorsqu'une aiguille est enfoncée dans la peau, elle « est comme une poutre énorme qui traverserait une « fine étoffe de gaze, et elle déchire des centaines de ca- « pillaires. » (Béclard).

[164e] Nous terminerons sur ce sujet par une remarque capitale.

Les mouvements impulsifs du cœur sont dus à la contractilité de cet organe ; et, bien que l'*état physiologique*, c'est-à-dire l'état d'un être où la vie générale préside à l'accomplissement normal de l'ensemble des fonctions, soit celui où cette contractilité se manifeste avec toute sa puissance et sa régularité, la vie générale n'est pas indispensable à l'exercice de cette propriété et de la fonction impulsive du cœur.

Le cœur d'un animal, comme tout autre muscle, se contracte encore, surtout lorsqu'on le touche, pendant plus ou moins de temps, après que la vie a cessé. Mais, bien plus, si l'on tue un mammifère, et que, aussitôt après que la respiration et la circulation ont cessé, on établisse chez cet animal une respiration artificielle au moyen d'un soufflet, par exemple, les contractions du cœur recommenceront aussitôt ; la circulation pulmonaire se rétablira pour quelque temps, ainsi que la circulation générale. Le phénomène pourra durer plusieurs heures.

Si même on enlève à un jeune chien l'encéphale et la moelle allongée [1], il suffit d'entretenir chez l'animal une respiration artificielle pour voir persister les contractions du cœur pendant une heure et même plus.

---

[1] La moelle épinière proprement dite finit au trou occipital ; et son prolongement, à partir du trou occipital jusqu'au cerveau, s'appelle *moelle allongée.*

Ainsi, loin que les contractions du cœur des animaux prouvent incontestablement l'existence d'une force spéciale, appelée la *vie*, les faits que nous exposons ici prouvent que les contractions du cœur peuvent se produire autrement que par l'effet de cette force supposée.

Tous les gens du monde, tous les métaphysiciens et même encore la plupart des savants, considèrent là vie comme *une force générale et spéciale qui anime seule la machine organisée*, et qui agit comme le grand ressort d'une montre. On a même prétendu, dans ces derniers temps, assigner le point précis où cette force aurait son siége !...

Or nous voulons combattre cette erreur radicale sur l'idée que l'on doit concevoir de la vie.

Nous remarquons donc d'abord que, après que le cerveau est mort et même enlevé, après que le poumon est mort, après que l'animal est mutilé de telle manière qu'il est nécessairement mort, sous l'influence d'une action mécanique rétablissant une respiration artificielle, le cœur recommence à fonctionner comme pendant la vie, tandis que l'animal est mort et reste mort.

Et nous disons : Il est bien évident qu'ici ce n'est pas une prétendue force générale (la vie) qui fait battre le cœur, puisque c'est un soufflet.

Heurté tout à coup en son préjugé le plus solide, précipité dans des ténèbres où cent questions se lèvent comme des spectres, le lecteur daignera-t-il continuer de nous entendre ?

La première de ces questions est de savoir quelles sont les causes qui mettent en jeu la contractilité du cœur.

Ce sont, selon toute apparence :

1° Les mouvements des poumons et du thorax, qui agissent sur les fibres contractiles [164m] du cœur comme l'attouchement sur un cœur arraché de la poitrine d'un animal et sur les feuilles d'une sensitive [164b].

En effet, au moment où le cœur a cessé de battre, lorsqu'on commence l'action de la respiration artificielle, il n'y a plus de circulation, et la circulation n'aura lieu qu'après que le cœur se sera contracté. Or, puisque la circulation se rétablit, c'est donc parce que les mouvements imprimés au poumon et au thorax ont excité la contractilité des fibres du cœur.

2° L'action du sang sur le cœur est une seconde cause de contractions qui s'ajoute bientôt à la première.

3° L'action nerveuse, quelle que soit sa nature, est aussi une cause énergique des contractions du cœur, car certaines sensations, certains sentiments, les accélèrent, ou même les suspendent momentanément.

[164f] Lorsqu'un mammifère est privé d'air, toutes ses fonctions vitales ne tardent pas à s'interrompre ; il tombe inanimé : il est *asphyxié*, et cet état de mort apparente est bientôt suivi d'une mort certaine si l'air ne lui est pas rendu.

L'air est donc nécessaire aux animaux comme aux végétaux ; mais les résultats de la respiration diffèrent beaucoup chez ces deux classes d'êtres.

L'organe principal de la respiration chez les mammifères est le poumon, ou plutôt les poumons, car il en existe deux, situés l'un à gauche et l'autre à droite de la poitrine. D'une structure très-élastique et spongieuse, ils sont traversés en tous sens par des canaux destinés à recevoir l'air lorsque, dans l'inspiration, ils se dilatent. Ces canaux s'ouvrent tous dans la trachée-artère ; leurs innombrables ramifications s'appellent *bronches* ; leurs dernières divisions sont très-déliées et terminées par un cul-de-sac. Tous ces canaux sont tapissés par une membrane muqueuse d'une extrême finesse, au-dessous de laquelle rampe le réseau vasculaire sanguin.

Les narines, aussi bien que la bouche, communiquent avec la trachée-artère. Il en résulte que la respiration ne souffre pas d'interruption quand la bouche est fermée ou remplie par les aliments.

La cage thoracique qui contient les poumons fonctionne à la manière d'un soufflet : certains muscles agissent pour écarter ses parois : le poumon s'agrandit en même temps que la poitrine ; l'aspiration de l'air est produite. Bientôt, par suite de l'élasticité de la cage thoracique et de l'action de certains muscles, cette cage revient sur elle-même et l'expiration s'accomplit.

Dans l'acte de la respiration, composé d'une inspiration et d'une expiration, une partie de l'oxygène de l'air est absorbé et un volume presque égal d'acide carbonique est expulsé. Ainsi le résultat de la respiration animale est inverse du résultat de la respiration végétale [1580].

En outre, l'air sortant des poumons est imprégné d'une forte proportion de vapeur d'eau. Cette exhalation de vapeur d'eau constitue ce qu'on nomme la *transpiration pulmonaire.*

L'échange des gaz dans les poumons, à travers leurs membranes, est un phénomène qui se rapporte aux mêmes causes que l'endosmose des gaz à travers les membranes végétales, et qui s'accomplit de même en dehors de l'organisme.

En effet, du sang veineux contenu dans une vessie placée sous une cloche remplie d'oxygène exhale de l'acide carbonique, que l'on retrouve dans la cloche, et absorbe de l'oxygène.

Le sang du cheval et de tous les mammifères est un liquide rouge plus ou moins foncé. On y trouve environ 79 pour 100 d'eau. Les vingt et un autres centièmes contiennent de l'albumine, de la fibrine, une matière colorée en rouge par le fer, une autre matière colorante jaune, un grand nombre de sels (sel marin, hydrochlorates de potasse, d'ammoniaque ; sulfate de potasse, carbonates de soude, de chaux, de magnésie ; phosphates de soude, de chaux, de magnésie, etc.), de l'acide carbonique, de l'azote, de l'oxygène.

Le sang devant fournir leurs éléments à toutes les parties de ces organismes si compliqués, la complication de sa composition ne doit pas nous étonner.

Une partie de ces éléments chimiques du sang sont constitués en deux sortes de globules microscopiques.

1° Les globules rouges, composés d'une enveloppe contenant un liquide visqueux et la substance colorante rouge nommée *hématosine*. Cette enveloppe et ce liquide sont albuminoïdes, c'est-à-dire formés d'une substance analogue à l'albumine. Ces globules sont en forme de *disques aplatis*. Dans les diverses espèces de mammifères, leur diamètre varie entre la cent vingt-cinquième et la deux centième partie d'un millimètre.

2° Les globules blancs, beaucoup moins nombreux que les rouges (dans le rapport de 1 à 350 ou 400 chez l'homme), sont *sphériques* et incolores; ils ne semblent être autre chose que des globules du chyle et de la lymphe.

La quantité totale de ces deux sortes de globules est très-considérable; on estime qu'elle entre pour moitié dans la masse du sang.

Le sang qui revient au cœur par les veines de la grande circulation, et aussi celui qui remplit les artères pulmonaires, est *rouge-brun*; mais, dès qu'il a subi l'action de l'air dans les organes respiratoires, il devient *vermeil*, c'est-à-dire d'un beau rouge vif. Ce sang vermeil remplit les veines pulmonaires et les artères de la grande circulation.

Ce remarquable changement de coloration, instantané, est dû à l'absorption de l'oxygène; car du sang brun agité dans un vase à l'air libre absorbe également de l'oxygène et se transforme aussitôt en sang vermeil.

Il paraît probable que c'est sur les globules rouges

que se porte surtout l'oxygène absorbé ; mais la manière dont s'opère le changement de leur coloration par suite de l'absorption d'oxygène n'est pas connue encore.

Quoi qu'il en soit, l'oxygène se combine dans tout le parcours de la circulation avec une grande quantité de carbone et une petite quantité d'hydrogène, et c'est par suite de cette dernière combinaison que le volume d'acide carbonique expiré est un peu inférieur au volume d'oxygène absorbé.

La proportion d'oxygène absorbé dans un volume donné d'air n'est pas la même chez tous les mammifères. Elle est d'ordinaire plus grande chez les petites espèces, ainsi que l'exhalation carbonique, car il y a toujours une relation étroite entre ces deux quantités.

En outre des différences d'espèce, une foule de causes (l'âge, le sexe, la nature de l'alimentation, la température, etc.) font varier les quantités d'oxygène et d'acide carbonique échangés dans un temps donné.

Mais on ne sait pas bien comment l'acide carbonique se forme dans le sang, c'est-à-dire que l'on ne sait point par quelle action chimique spéciale l'oxygène de l'air s'unit au carbone contenu dans les éléments du sang.

Par cette action chimique, quelle qu'elle soit, une certaine quantité d'azote se trouve mise en liberté et dissoute dans le sang, d'où elle passe et se manifeste souvent dans les produits de l'expiration. Cette quantité est d'ailleurs toujours très-faible.

La peau est, comme les poumons, le siége de phéno-

mènes respiratoires, c'est-à-dire d'une absorption d'oxygène et d'une exhalation d'acide carbonique; mais ces
phénomènes y sont beaucoup moins énergiques que dans
le poumon, surtout chez les animaux revêtus, comme le
cheval, d'une peau épaisse couverte de poils nombreux.

Le sang veineux contient moins de globules que le
sang artériel.

On pense que les globules du sang, ceux du chyle et
de la lymphe, qui, par expérience, ont paru ne pouvoir
traverser les parois des vaisseaux, se forment à l'intérieur de ces vaisseaux aux dépens des liquides qu'ils contiennent, et que, une fois formés, ils ne peuvent plus
sortir de ces vaisseaux.

Mais alors comment leur nombre diminue-t-il dans le
sang veineux normal et dans toute la masse du sang de
beaucoup de malades? Que deviennent ces globules qui
disparaissent?

Nous ne connaissons point de solution certaine sur
cette difficulté importante. M. Béclard pense que les globules se développent aux dépens des matières albuminoïdes introduites dans le sang par la digestion, et qu'a-
près avoir *vécu* un certain temps ils se dissolvent; de
telle manière que la partie nutritive du sang aurait
d'abord passé par cet état vésiculaire avant d'être apte à
entrer dans la composition des organes.

Le nombre des respirations accomplies, en un temps
donné, par les mammifères, varie beaucoup selon les espèces, selon l'âge, le sexe, etc.; et le rapport de la res-

piration avec la circulation est manifeste; car d'ordinaire les nombres de respirations et de pulsations augmentent et diminuent ensemble. Mais, dans cette relation du poumon et du cœur, c'est le poumon qui prime le cœur, puisque le cœur s'arrête bientôt après que le poumon a cessé de fonctionner et que l'établissement de la respiration artificielle rétablit pour assez longtemps la fonction du cœur.

[164g] Cependant la possibilité d'interrompre à volonté la respiration pendant une minute et même plus sans que le cœur s'arrête, les contractions qui continuent pendant un certain temps après que la respiration a cessé, et les contractions qui se manifestent dans un cœur arraché de la poitrine d'un animal, prouvent que l'organe central de la circulation, absolument parlant, possède une vie propre, spéciale à lui-même.

Or un fait récent prouve que l'organe respiratoire a également une vie propre et spéciale à lui-même.

Pour le besoin d'une opération, un malade avait été soumis à l'inhalation [1] de l'amylène. Quelques minutes après que l'anesthésie [2] fut produite, et une demi-minute après que le pouls avait été trouvé bon, l'opération étant achevée, on ne trouva plus de pulsations à gauche; à droite, on ne percevait qu'une légère ondulation. Du reste, *la respiration était paisible.* Cependant, après

---

[1] *Inhalation,* absorption par respiration d'une vapeur.

[2] On appelle *anesthésie* (du grec *a* privatif, et *aisthesis* sensibilité) une diminution ou une abolition de la sensibilité, c'est-à-dire de la faculté de percevoir des sensations.

deux ou trois minutes, elle se ralentit et s'embarrassa ; les mouvements respiratoires devinrent rares et profonds. On employa vainement plusieurs procédés de respiration artificielle pour venir au secours de cette respiration lente et ranimer la circulation ; les bruits du cœur ne reparurent point, et, *dix minutes après que le pouls eut cessé d'être perçu, le malade*, ou plutôt le mort, *respirait encore.*

Ainsi le poumon et le mécanisme musculaire de la respiration avaient conservé leur vie propre longtemps après que la circulation avait cessé.

[164*h*] Dans certaines maladies, surtout en cas de pertes de sang excessives, on a tenté plusieurs fois la transfusion du sang, c'est-à-dire l'introduction du sang d'une personne saine, dans les veines d'une personne épuisée. Cette opération, qui assurément n'offre de dangers que parce que les conditions de sa réussite ne sont pas encore bien connues, a été récemment pratiquée avec succès. Par suite d'hémorrhagie, une jeune femme était exposée à une mort imminente. Le sang pris à un élève interne de l'hôpital où elle se trouvait lui ayant été infusé, elle se rétablit promptement.

Nous ne connaissons rien de plus émouvant qu'une telle opération.

Les conditions du succès de la transfusion du sang devraient être étudiées avec persistance, afin qu'on pût la pratiquer régulièrement à la suite des hémorrhagies redoutables auxquelles sont exposées les femmes.

[164*i*] Les nombreux organes que nous venons de passer en revue, ainsi que beaucoup d'autres moins importants dont nous ne parlerons point, concourent pour produire le phénomène général de la nutrition. Comment l'*assimilation*, c'est-à-dire l'introduction des sucs nutritifs du sang dans la substance des organes, se produit-elle? On ne possède guère sur ce point que des probabilités générales dont nous dirons seulement l'essentiel.

Les animaux supérieurs (mammifères, oiseaux) consomment de très-grandes quantités d'aliments. Pour le cheval, cette quantité peut atteindre jusqu'à trente et même quarante kilogrammes par jour, boisson comprise. Cependant, lorsque ces êtres sont parvenus à leur complet développement, leur poids reste stationnaire, parce que, à mesure que de nouvelle substance est introduite par assimilation dans leurs organes, une quantité correspondante cesse de faire partie de ces organes après y avoir séjourné plus ou moins de temps. Cette expulsion de substance constitue le phénomène général de l'*élimination*.

Le sang, qui conduit à toutes les parties du corps les sucs nutritifs, reçoit en même temps la plus grande partie des substances éliminées, et les conduit vers des organes dont la fonction est de les séparer de sa masse. Tels sont les reins : ils séparent de la masse du sang l'urine, qui ensuite s'accumule dans la vessie, d'où elle est expulsée à des intervalles de temps plus ou moins longs [1].

---

[1] Ce qu'on appelle vulgairement *rognons de mouton*, *rognons de veau*, etc., sont les reins du mouton, du veau, etc.

Les matières azotées de l'alimentation, après avoir été modifiées par la digestion, se reconstituent dans le sang à l'état d'albumine. Celle-ci contribue à la formation des globules du sang. Leur rôle n'est pas encore bien connu, mais il paraît probable que l'oxygène respiré se portant sur eux principalement, il en résulte la *fibrine*, qui est plus oxydée que l'albumine[1]. La fibrine tend à se solidifier ; beaucoup de causes déterminent facilement cette solidification. Il est probable que c'est d'elle que procèdent directement les divers tissus de l'organisme, puisqu'ils se distinguent d'elle par un état d'oxydation plus avancée. Quant aux muscles, ils sont composés de la fibrine elle-même. Enfin, après que l'exercice des fonctions musculaires a déterminé en elle des changements dont la description précise n'est pas encore possible, la fibrine, éliminée de la substance des muscles, rentre dans le sang sous diverses formes chimiques caractérisées par une plus ou moins grande quantité d'oxygène ajoutée à ses éléments. Tels sont, entre autres, l'acide urique et l'urée expulsés ensuite avec l'urine.

Quant aux substances amylacées absorbées à l'état de glucose, et aux substances grasses absorbées à l'état d'émulsion ou ensuite du dédoublement dont nous avons parlé [164*b*], elles circulent dans le sang jusqu'à ce

---

[1] Les analyses citées, d'après Malaguti, au paragraphe 158*r*, présentent la *fibrine végétale* comme moins oxydée que l'*albumine végétale ;* mais, selon Béclard et tous les physiologistes, la fibrine animale est, au contraire, un peu plus oxydée que l'albumine.

qu'elles aient été entièrement comburées par l'oxygène
respiré. Le dernier terme de cette combustion est une
production d'eau et d'acide carbonique éliminés par les
poumons, les reins et la peau.

Dans l'organisme animal, les substances amylacées se
transforment facilement en graisse lorsqu'elles sont absorbées en quantités plus grandes qu'il n'est nécessaire.
Cette transformation n'est nullement obscure, puisque,
ainsi que nous l'avons vu [158r], les corps gras diffèrent
chimiquement de l'amidon par une moins grande proportion d'oxygène et que les organes vivants produisent
beaucoup de transformations analogues. Cette graisse,
accumulée dans toutes les parties du corps, sert de ré-
serve aux fonctions respiratoires; c'est-à-dire que, si
l'animal vient à manquer de nourriture, il emprunte
d'abord à cette graisse le carbone et l'hydrogène nécessaires à la combustion interne, et les muscles ne commencent à perdre rapidement de leur substance, pour ce
besoin, qu'après que la graisse a entièrement disparu.

D'un autre côté, dans une affection redoutable des
animaux, le *diabète sucré*, les substances grasses des aliments se transforment en sucre. Ce résultat morbide [1] et
l'action de la pancréatine [164b] aident à comprendre
comment les corps gras des graines oléagineuses, par
suite de transformations analogues, peuvent nourrir
l'embryon.

[1] *Morbide*, qui tient à l'état de maladie.

[164*j*] Les tissus animaux présentent trois groupes, dit Béclard : dans le premier groupe, qui comprend les épidermes recouvrant les surfaces externes, et les épithéliums recouvrant les surfaces internes (muqueuses), les tissus sont constitués par une innombrable quantité de cellules polygonales [158*p*] ; un second groupe, comprenant les cartilages et les os, est constitué par une substance quaternaire *amorphe* [136*c*], qui, par la cuisson dans l'eau chaude, donne la gélatine. Ces tissus sont parsemés de cellules ou corpuscules en plus ou moins grande abondance ; enfin, un troisième groupe comprend, entre autres, les muscles, composés de fibres pleines, et les nerfs, composés de tubes.

Le mode de formation du premier groupe de tissus, ainsi que des cheveux, des poils et des ongles, est très-bien expliqué ; mais celui des deux autres est encore incertain.

[164*k*] Les fonctions de nutrition, qui sont communes aux animaux et aux végétaux, ont reçu le nom de *fonctions végétatives*. Pourtant il est facile de voir qu'elles présentent chez les mammifères un caractère de supériorité extrême, tant par rapport aux organes que sous le rapport du développement des fonctions elles-mêmes.

Ces fonctions végétatives produisent, particulièrement chez les mammifères et les oiseaux, un résultat bien remarquable, la *chaleur animale*.

En général, la température de leurs organes intérieurs est de 36° à 40° pour les mammifères, et de 40° à 44°

pour les oiseaux. Cette chaleur interne ne varie presque
point, malgré les oscillations de la température ambiante. Par un temps froid, l'animal mange et respire
davantage; la transpiration diminue, et la production de
chaleur, par suite de la combustion intérieure, s'accroît
de manière à s'opposer au refroidissement. Par un temps
chaud, la transpiration augmente; l'évaporation des liquides à la surface de la peau se fait en partie aux dépens de la chaleur de l'animal et tend à la diminuer à
mesure que la chaleur de l'atmosphère s'élève. Il en résulte une permanence remarquable dans la chaleur interne de ces êtres, — excepté en cas de maladie, où
cette chaleur interne peut s'élever de 4° à 6° en plus.

On est arrivé, par des expériences variées, à reconnaître que la chaleur produite par les animaux à *sang
chaud* correspond, sensiblement, à celle que développerait
la combustion des quantités de carbone et d'hydrogène
qui se combinent dans leur sang avec l'oxygène de l'air.

Il n'est pas étonnant que cette élévation de température intérieure ne se rencontre point habituellement chez
les végétaux, puisque les phénomènes de combinaison
chimique, par suite de la respiration, ont chez eux non
pas seulement un tout autre caractère, mais une intensité incomparablement moins grande.

La résistance des organismes animaux à l'influence
des températures ambiantes est très-limitée. Placés dans
des étuves chauffées de 60° à 90°, leur température interne s'élève peu à peu de 4° à 5° au-dessus de l'état

12.

normal. Si l'on prolonge trop l'expérience, leur température s'accroît encore, et la mort survient quand l'accroissement est de 5° à 7°.

La température des animaux placés dans un mélange
réfrigérant [1] s'abaisse très-vite, et, quand ils ont perdu
14° à 15° de chaleur, ils meurent.

Dans une atmosphère gazeuse très-refroidie, ils résistent beaucoup plus longtemps, parce que les gaz ayant
un faible pouvoir conducteur [58], la déperdition de
chaleur interne y est moins rapide; mais la mort arrive
toujours dès qu'ils ont perdu environ le tiers de leur
température normale.

La résistance des animaux à l'élévation de la température est subordonnée à l'état de sécheresse de l'air. On a
vu l'homme, dans des étuves dont l'air était sec, résister
sept minutes à des températures de 95° et même de
109°. On a vu une jeune fille rester exposée pendant
dix minutes à une température de 140°. Mais, lorsque
l'air d'une étuve est saturé de vapeur d'eau, c'est-à-dire
extrêmement humide, l'homme peut à peine y supporter
quelques instants des températures très-inférieures à
celles que nous venons de dire, et sa température propre
monte rapidement jusqu'à ses limites extrêmes, parce
que, dans l'air saturé de vapeur, l'évaporation de la
sueur ne peut plus se faire et procurer de refroidisse-

---

[1] On appelle ainsi certains mélanges (par exemple, de glace et de sel
marin [56a]) au moyen desquels on produit des froids intenses. La théorie de ces mélanges passe pour très-simple aux yeux de tous les professeurs
de physique élémentaire. Voyez donc leurs traités.

ment. Même, un animal dont la température était de 40° ayant été introduit dans une boîte contenant de l'air saturé à 38°, lorsqu'il en fut retiré, après quarante minutes, sa température était montée à 42°,4 (quarante-deux degrés et quatre dixièmes de degré). Quoique la température ambiante fût inférieure à la sienne, la température de l'animal s'était élevée, parce que, tandis qu'il continuait à produire de la chaleur par la respiration, l'évaporation de la sueur ne se faisant point n'avait pu lui procurer le refroidissement nécessaire au maintien de l'équilibre. (Béclard.)

D'ailleurs, à l'aide des vêtements, du feu, de la nourriture et de l'exercice, l'homme résiste beaucoup mieux au froid qu'à la chaleur. Les navigateurs qui ont séjourné près des pôles ont vu le thermomètre descendre à — 48° — 49° et même — 56° au-dessous de 0°. Il y avait donc alors quatre-vingts à quatre-vingt-dix degrés de différence entre la température de leur corps et celle du milieu où ils vivaient.

[164*l*] Nous n'étudierons pas ici les facultés les plus importantes qui dépendent du système nerveux [1]; elles seront l'objet d'une analyse qui servira d'introduction au livre des *Commencements de l'humanité*.

Il n'entre pas davantage dans notre plan d'étudier maintenant en détail les fonctions de relation; mais il est indispensable de les reconnaître.

______

[1] La volonté, l'instinct, l'intelligence.

On appelle *fonctions de relation* celles qui mettent l'animal en rapport, en relation, avec le monde extérieur.

Tous les physiologistes, tous les naturalistes, les confondent, à tort assurément, avec les *fonctions de la vie animale*, c'est-à-dire avec les fonctions qui, selon eux, sont particulières à l'animal et le distinguent du végétal.

Le fait fondamental de la vie animale, c'est la *contractilité*, c'est-à-dire la propriété que possèdent certains organes de se contracter sous certaines influences.

Comment s'opère cette contraction dans l'intérieur des tissus? C'est encore obscur. Mais chacun peut voir que sous l'influence de la volonté les muscles se gonflent, se grossissent, se raccourcissent, ou se dégonflent et s'allongent, et font jouer les membres de l'animal à peu près comme les ficelles, que l'on tend ou que l'on détend, élèvent et abaissent les diverses parties d'une marionnette.

C'est de la contractilité que dépend la faculté de changer de lieu volontairement, qui est un caractère si nettement distinctif de l'animalité. La locomotion est bien une fonction de relation en même temps qu'un phénomène de la vie animale; mais d'autres phénomènes de contractilité ne sont point des phénomènes de relation. C'est pourquoi il ne nous paraît pas juste de considérer les deux expressions : *fonctions de la vie animale, fonctions de relation*, comme équivalentes.

En effet, la contractilité musculaire s'exerce : 1° *sous l'influence de la volonté*, et alors les phénomènes qui en résultent sont des phénomènes de relation : par exemple, le cheval contracte ses muscles pour courir vers la prairie, c'est-à-dire pour se mettre en relation avec elle ; 2° *sous une influence organique indépendante de la volonté de l'animal* : par exemple, les contractions du cœur, les contractions des intestins, que l'animal ne peut volontairement ni produire ni empêcher. Ces contractions ne peuvent, en aucune manière, être rangées dans l'ordre des fonctions de relation ; elles ne mettent point l'animal en communication avec le monde extérieur.

En définitive, dans l'organisme animal, tous les muscles sont susceptibles de contractions ; c'est leur fonction spéciale. Mais les contractions des muscles qui mettent l'animal en relation avec le monde extérieur sont soumises à sa volonté ; tandis que, en général, les contractions des muscles qui concourent à l'exercice des fonctions végétatives ne sont point soumises à sa volonté. La contractilité n'est donc point une fonction de relation exclusivement, mais une faculté qui, dans l'animalité, concourt à l'accomplissement de toutes les fonctions, soit végétatives, soit de relation. D'ailleurs, la contractilité, qui appartient à toute l'animalité, ne lui est pas exclusivement propre, puisque certains végétaux en sont doués [161*b*] ; mais, pour les végétaux, c'est l'exception.

Chez les mammifères et les oiseaux, les fibres des muscles *volontaires*, c'est-à-dire soumis à l'action de la volonté, n'ont pas la même structure que les fibres des muscles qui ne dépendent pas de la volonté ; et ces muscles volontaires reçoivent des nerfs du système nerveux cérébro-spinal, tandis que les muscles involontaires reçoivent des nerfs du système nerveux ganglionnaire.

Cependant le cœur, qui n'est pas soumis à l'action de la volonté, est composé de fibres semblables à celles des muscles volontaires, et certains muscles, qui se contractent habituellement sous une influence organique indépendante de la volonté, sont cependant soumis à son action. Tels sont les muscles de l'appareil respiratoire : ils se contractent à chaque instant pour exécuter leur fonction sans que la volonté s'en mêle ; mais l'animal peut à volonté suspendre et accélérer, restreindre et amplifier leurs contractions.

Tous les mouvements, volontaires ou non, que l'on peut observer dans l'organisme du cheval, se font donc par l'intermédiaire des muscles.

Les muscles destinés à produire les mouvements des membres sont attachés par leurs extrémités à des parties différentes du squelette.

Le squelette est composé d'un grand nombre de parties distinctes et jointes les unes aux autres par des ligaments, de sorte que chacune de ces parties est plus ou moins mobile. Ces points de jonction, où les os peuvent se mouvoir comme des charnières, sont appelés *articulations*. — Nous ne saurions entreprendre l'étude détaillée des os du cheval ; qu'il nous suffise de dire ici que les squelettes de tous les animaux *vertébrés* sont composés à très-peu près des mêmes parties plus ou moins modifiées [1].

Or voici comment s'opère, en général, le mouvement d'un membre quelconque (fig. 56). Soit *a b* l'os de la partie supérieure du bras hu-main, et *b c* l'os double de la partie inférieure : *b* est l'ar-ticulation du coude ; soit *d e* le muscle qui sert à plier la partie inférieure du bras vers la partie supérieure : on voit qu'au mo-

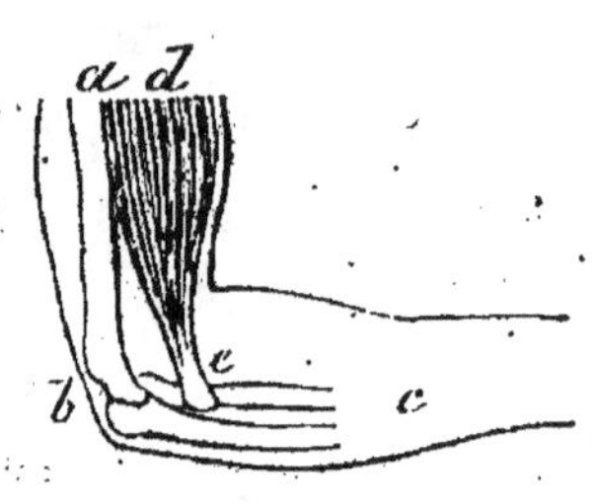

Fig. 56.

ment où la volonté agit sur ce muscle pour le contrac-ter, son raccourcissement force l'os *b c* à se plier vers l'os *a b*, en tournant sur l'articulation du coude.

[164m] Nous avons fait connaître l'indépendance de la vitalité du cœur [164e] et du poumon [164g]. Ici se place une vérité du même ordre et d'un caractère plus gé-néral.

La contractilité musculaire est indépendante, c'est-à-dire que cette contractilité existe dans la fibre muscu-laire par suite de sa constitution même, et non pas comme conséquence dépendante de la vie générale de l'animal, ni comme un effet nécessairement subordonné à une action nerveuse.

Sans doute, l'action nerveuse est l'agent, mystérieux

---

[1] Ce sujet sera traité dans un chapitre spécial, au volume suivant.

encore, qui met le plus souvent en jeu la contractilité musculaire; mais *la fibre musculaire séparée du corps d'un animal vivant, soustraite à l'influence de la vie générale de l'organisme, dépourvue de tout filament nerveux capable d'une action quelconque, conserve pendant quelque temps encore sa contractilité.*

Entrevue jadis par Haller, et sortie enfin tout éclatante des expériénces récentes et répétées de Reid, Flourens, C. Bernard, Brown-Sequard et Longet, cette vérité va changer les bases de la physiologie et chasser pour jamais de l'horizon philosophique tant de fantômes ét de nuages qui l'ont si longtemps obscurci.

[164*n*] Le fait fondamental des fonctions de relation est la *sensibilité*, c'est-à-dire la faculté générale par suite de laquelle les animaux reçoivent les impressions quelconques des choses.

La sensibilité est principalement localisée, concentrée, perfectionnée dans des appareils que l'on nomme *organes des sens*. Ces sens, ou modes de la sensibilité, sont au nombre de cinq : le toucher, le goût, l'odorat, l'ouïe ou audition, et la vue.

Le *tact*, c'est-à-dire le mode de sensibilité qui donne le sentiment d'un contact avec un corps étranger ou avec une partie du corps même de l'animal, s'exerce par toute l'étendue de la peau, soit extérieure, qui est la peau proprement dite, soit des membranes analogues à la peau, qui revêtent toute l'étendue intérieure des cavités du corps, telles que la bouche, les fosses nasales

[164*a*], etc.; et que l'on nomme muqueuses. La structure de la peau et des muqueuses est compliquée; un grand nombre de petites houppes nerveuses aboutissent à leurs parois, et c'est par elles que le sentiment d'un attouchement est transmis au cerveau de l'animal. Mais ces houppes nerveuses sont très-inégalement réparties sur l'étendue de la peau et des muqueuses. Dans certaines parties, elles sont beaucoup plus pressées; l'*épiderme* qui recouvre la peau est, dans certaines parties, beaucoup plus mince, et c'est là surtout que s'exerce la sensibilité tactile. Le toucher, considéré dans l'espèce humaine, où il est extrêmement délicat, donne la notion des grandeurs, de la dureté, du degré de poli, du degré de chaleur, etc. Dans les animaux, et notamment chez le cheval, il est beaucoup moins parfait, parce que, chez l'homme, la main, qui sert aux appréciations dont nous venons de parler, est composée de parties mobiles indépendantes à leurs extrémités et riches en houppes nerveuses que recouvre à peine l'épiderme; tandis que, chez le cheval, toutes ces mêmes parties sont étroitement liées les unes aux autres et enfermées par leurs extrémités dans un grand ongle, un *sabot* de corne qui rend le toucher très-obtus. Mais d'autres parties du corps, notamment les lèvres, sont pour le cheval des organes du toucher assez sensibles.

Le sens du *goût* s'exerce par le contact des objets avec les parties de la muqueuse intestinale qui tapissent la bouche et l'arrière-bouche, et surtout par la langue. Il donne à l'animal le sentiment des *saveurs*, et ce sont encore des houppes nerveuses qui reçoivent dans la bouche et transmettent au cerveau le sentiment des saveurs.

Les émanations, les *odeurs*, sont perçues par l'*odorat*. Le siége de ce sens est dans les conduits respiratoires, qui, par les narines, mettent en communication l'arrière-bouche avec l'air extérieur. Les particules extrêmement ténues des odeurs affectent les houppes nerveuses de la *membrane pituitaire*, qui tapisse les fosses nasales, et sont transmises au cerveau par les *nerfs olfactifs*.

L'*ouïe* fait connaître à l'animal les bruits, les sons, produits par les vibrations des corps [38]. L'appareil de l'ouïe est double, c'est-à-dire que deux organes semblables et symétriques aboutissent extérieurement aux deux oreilles de chaque côté de la tête. La complication de ces appareils est extrême; c'est tout un attirail de très-petits instruments fort délicats qui ont pour objet non-seulement de percevoir le son, mais de rendre l'ouïe plus distincte quand le son est faible, et d'en amortir la violence quand il est trop fort. En résumé, l'oreille extérieure fait l'office de cornet pour recueillir le son et en augmenter l'intensité; un tambour intérieur, garni de membranes, vibre à l'unisson des bruits et des sons perçus, et les deux nerfs acoustiques transmettent au cerveau la sensation.

La *vue* fait percevoir à l'animal les modifications de la lumière [62] qui éclaire les corps ou en émane, et lui donne ainsi le moyen de connaître plus ou moins exactement, à une distance très-grande, la forme des corps, leur situation, leur état de repos ou de mouvement, etc.

L'organe de la vue est l'œil, et, comme l'oreille, il est double, c'est-à-dire que de chaque côté de la tête un œil semblable à l'autre est placé symétriquement. Ces appareils sont encore plus ingénieux qu'ils ne sont compliqués : ce sont deux véritables cabinets de physique. Il serait beaucoup trop long de les décrire [1]. Ils sont contenus dans une chambre sphérique appelée *globe de l'œil*. Plusieurs muscles sont attachés à ces globes de manière à les mettre en mouvement à volonté dans les *orbites*; de sorte que l'animal peut, sans être toujours obligé de remuer la tête, diriger ses regards vers les objets qu'il s'agit de reconnaître. Les nerfs optiques reçoivent l'image, l'impression, et la transmettent au cerveau. Les deux paupières s'ouvrent et se ferment à volonté, par le moyen de muscles, pour soustraire cet organe précieux et délicat à l'action perturbatrice d'une lumière trop vive ou aux chocs, même aux vents et aux poussières qui pourraient l'offenser. Plusieurs glandes, entre autres la *glande lacrymale*, qui sécrète les larmes et empêche que l'œil se dessèche, concourent à l'accomplissement de la fonction.

En définitive, tous les sens, tous les modes de la sensibilité, sont des modifications du tact. Le goût n'est autre chose que le tact des saveurs; l'odorat est le tact

---

[1] Voyez les traités de physique élémentaire.

des odeurs ; l'ouïe est le tact des vibrations sonores ; la
vue est le tact des vibrations lumineuses. La vue surtout
est un véritable organe du toucher à distance. Ce toucher
est beaucoup moins sûr et moins exact que le toucher
par contact ; mais sous beaucoup de rapports il lui est
très-supérieur, et il donne à l'animal en chaque lieu,
d'un seul regard sur ce qui l'entoure, une connaissance
que dix ans d'efforts ne sauraient lui communiquer par
le toucher.

[164*o*] On a vu que les nerfs du système cérébro-spinal
[163*a*] interviennent dans tous les phénomènes de contractilité volontaire et de sensibilité. Il est nécessaire de
détailler un peu leur constitution et de faire concevoir la
manière dont ils interviennent.

Tout filament nerveux du système cérébro-spinal se
compose de deux faisceaux distincts, quoique unis l'un à
l'autre dans leur trajet à travers le corps. L'un des faisceaux est l'agent de la sensibilité ; c'est lui qui communique au cerveau les impressions venues du dehors.
L'autre faisceau est l'agent de la contractilité volontaire ;
c'est lui qui communique aux muscles l'impulsion du
cerveau. Chacun de ces faisceaux principaux se compose
de toutes les fibres nerveuses, soit de sensibilité, soit de
contractilité, qui se rendent à telles ou telles parties du
corps. Chacune de ces fibres est un fil conducteur qui
met en communication, soit de sensibilité, soit de contractilité, le cerveau et le point du corps où elle aboutit.
Ces fibres ne se confondent jamais, quoiqu'elles se réu-

nissent successivement pour former des faisceaux de plus
en plus gros. Les fibres de la sensibilité naissent tout du
long de la partie postérieure de la moelle épinière, c'est-
à-dire du côté du dos. Les fibres de la contractilité
naissent tout du long de la partie antérieure de la moelle
épinière, c'est-à-dire du côté de la poitrine et de l'abdomen. Sur cela, des expériences multipliées n'ont laissé
aucun doute. Si, dans le nerf principal d'où émanent
toutes les ramifications nerveuses d'un membre, on
tranche seulement le faisceau qui est l'agent de la sensibilité, en laissant l'autre faisceau intact, le membre cesse
de ressentir aucune sensation, soit de contact, soit de
plaisir, soit de douleur; mais il continue à se mouvoir
sous l'action de la volonté. Si, au contraire, on tranche
le faisceau qui est l'agent de la contractilité, en laissant
intact l'autre faisceau, le membre ne peut plus se mouvoir sous l'action de la volonté; mais il continue d'être
sensible aux contacts et aux impressions agréables ou
douloureuses.

Les faisceaux nerveux de la sensibilité sont donc des
agents de passivité générale. Les faisceaux nerveux de la
contractilité sont donc des agents d'activité générale. Par
les premiers, l'animal reçoit de tous ses organes des sensations, des renseignements de toute sorte; par les se-
conds, il donne à ses organes des impulsions dont le
motif remonte aux impressions qu'il a ainsi reçues.

Il résulte de ce grand fait organique que l'animal est
passif avant d'être actif. Les conséquences de ce fait fon-

damental sont innombrables et seront montrées ailleurs.

Comment les odeurs, les saveurs, etc., se transforment-elles en sensations ? Et qu'est-ce que la sensation ? Ces questions, qui se lient à beaucoup d'autres, seront étudiées aux *Commencements de l'humanité.*

[164*p*] On sait que les organes des végétaux sont composés de cellules surajoutées les unes aux autres, et qu'à son début l'embryon, d'où doit sortir le végétal complet, n'est qu'un simple utricule. Et si, parvenu à un grand développement, le végétal complet présente beaucoup d'organes dans lesquels cette origine cellulaire est masquée par les effets du développement, qui ont aplati, allongé ces assemblages de cellules, et les ont transformées en fibres, en lamelles, en membranes, etc., l'origine cellulaire de tous les tissus végétaux n'est cependant pas douteuse.

Or, le premier état auquel apparaît l'embryon du cheval, c'est également un utricule très-petit; et nous avons vu que, de même, arrivés à leur développement complet, beaucoup de tissus révèlent leur origine cellulaire.

« Si nous cherchons dans l'embryon (animal) à assister
« à l'évolution des fibres élémentaires, nous voyons de
« la manière la plus manifeste qu'elles passent, en se
« constituant, par une phase commune : la phase vésicu-
« laire... On peut dire qu'il n'y a réellement qu'un seul
« élément anatomique, la cellule. »   (BÉCLARD.)

Et pour que rien ne manque à l'analogie originaire entre les tissus animaux et les tissus végétaux, ajoutons

qu'on a observé des mouvements dans les liquides contenus par les cellules animales. Une différence générale
très-importante entre les deux sortes de cellules paraît
cependant résulter de l'ensemble des observations sur ce
point. Dans les végétaux, la circulation intra-cellulaire
est régulière ; elle consiste en un mouvement ascendant
du liquide d'un côté de la cellule et en un mouvement
descendant de l'autre côté [159c], tandis que, dans les
cellules animales, on n'a observé que des mouvements
irréguliers du liquide intérieur.

Nous terminons ici cet aperçu des principaux organes
et des principales fonctions d'un animal très-complet. Il
s'en faut de beaucoup que cet aperçu suffise à faire bien
connaître un tel organisme ; il en fera seulement concevoir l'immense complication.

Nous ne pourrions d'ailleurs ébaucher l'histoire du développement des fœtus animaux sans entrer dans des détails qui ne seraient pas convenablement placés ici.

[165] Nous allons maintenant comparer rapidement
une longue suite d'êtres, à partir des organismes les
plus inférieurs jusqu'à l'animal complet.

J'avertis encore une fois le lecteur : il s'en faut de
beaucoup que les espèces ni les genres dont nous allons

parler soient les seuls qui composent la population animale de notre globe ; loin de là, car non-seulement cette
population est encore bien moins complétement connue
que la population végétale, mais elle est incomparablement plus riche en espèces. On évalue à 560,000 le
nombre des insectes vivant sur la terre et se nourrissant,
pour la plupart, de végétaux. Rien que des scarabées,
on en connaît 30,000 ! Peut-être le nombre des espèces
animales de notre globe est-il mille fois plus grand que
le nombre des espèces végétales. [162e]

Avant l'invention des microscopes, les animaux assez
gros pour être vus par nos yeux étaient seuls connus.
Les perfectionnements successifs de cet instrument ont
fait découvrir la profondeur et l'étendue de la vie animale. Partout frémissante, elle s'est révélée sous des
formes où la petitesse se résume en nombres non moins
formidables que la masse des soleils. Si nos yeux acqué-
raient tout à coup la puissance d'un microscope, nous
serions épouvantés de ce qui se passe autour de nous
parmi ces corpuscules vivants d'une variété étrange, qui
s'agitent sans cesse, se cherchent, se combattent et se
dévorent.

Nous ne nous occuperons point beaucoup d'abord de
ces nations innombrables d'infiniment petits êtres, ni de
leurs œuvres, car ils font des œuvres énormes. Notre but
général se rapproche, il nous appelle ; nous y marche-
rons par les voies les plus rapides.

L'homme, qui se voit atome devant les soleils, se retrouve colosse devant ces petits êtres; d'un seul pas il franchit toute une patrie de leurs nations.

[165*a*] Dans l'eau contenant des débris de corps organisés végétaux ou animaux, on découvre, à l'aide du microscope, des êtres d'une petitesse extrême et de formes variées qu'on appelle *infusoires*. Les plus élémentaires, les *monades*, sont à peu près sphériques. D'autres sont allongés, de différentes formes; ils sont généralement de consistance molle; la plupart couverts de petits cils qui sont des organes de natation, ils se meuvent avec une grande rapidité. En général, ils paraissent renfermer plusieurs poches ou estomacs[1] qui semblent n'avoir pas d'ouverture extérieure, du moins dans la plupart des espèces. Beaucoup de naturalistes sont persuadés qu'ils se forment spontanément dans l'eau, pourvu que certaines conditions s'y trouvent réunies; mais, une fois formés, plusieurs se reproduisent par la division spontanée de leur corps. Chaque fragment devient un animal semblable à l'infusoire d'où il provient.

Un de ces animaux microscopiques, l'*actinophrys*, étudié par Koelliker, quoique plus organisé que les monades, n'a cependant point d'estomac. Il est formé d'une substance gélatineuse très-contractile, sans tégument extérieur distinct. Sa surface est garnie de longs filaments au moyen desquels il saisit les jeunes animalcules plus

---

[1] C'est pourquoi on les appelle *polygastriques*.

petits que lui qui flottent à sa portée. Dès que l'un de ces filaments a touché une proie, il se contracte; tous les autres filaments se portent aussitôt vers la victime, l'enveloppent et la pressent sur le corps de l'actinophrys, qui, au point de contact, se creuse, se contracte et engloutit la proie : les bords de cette cavité accidentelle se rejoignent et se ferment sur elle, les parties solubles de l'animalcule englouti se dissolvent, et ses parties insolubles sont expulsées ensuite comme le tout était entré.

On désigne aussi sous le nom d'*infusoires*, de nombreuses espèces d'êtres encore plus petits que les précédents, mais revêtus de carapaces siliceuses ou ferrugineuses qui forment presque a elles seules les dépôts de la vase des mers et des marais; et il y a telle espèce de ces carapaces dont-il faut plus de deux millions pour former un millimètre cube.

Ce nom d'infusoires est même appliqué, d'une manière très-impropre, à d'autres êtres moins petits quoique presque tous microscopiques, et revêtus de coquilles calcaires de formes très-variées. Ces petits êtres marins sont mieux nommés *foraminifères*[1] à cause des perforations que leurs coquilles présentent pour le passage des filaments teutaculaires, au moyen desquels ils rampent. Nous en reparlerons au troisième volume; d'ailleurs sur tout ceci, malgré de brillantes découvertes, la science n'est qu'à peine ébauchée.

---

[1] Du latin *foramen* trou, et *ferre* porter.

[165*b*] Les *spongiaires*, dans les premiers temps de leur vie, ressemblent à des infusoires. Comme eux ils se meuvent à l'aide de cils natatoires. Mais bientôt ils se fixent aux rochers sous-marins et deviennent immobiles. La substance gélatineuse de leur corps se crible de trous et de canaux où l'eau passe ; ils se déforment, ils deviennent filamenteux en grandissant ; ils se remplissent de granulations et de minces pierrailles calcaires ou siliceuses. Parmi les espèces de ce genre se trouve l'*éponge*, connue de tout le monde.

A certaines époques, des spongiaires se développent dans l'éponge ; ils en sortent par les trous, et, après une courte existence animale, ils ne tardent pas à devenir immobiles et à se développer de l'étrange manière que nous venons de dire.

Cette destinée des spongiaires inspire une sorte de terreur. En eux, les choses marchent à rebours.

A peine l'être doué de mouvement a-t-il manifesté la supériorité de son type *animal*, qu'une catastrophe subite le frappe d'immobilité, et aussitôt ce corps est en proie à un travail de dégradation proportionnel à son développement. Il retombe bien au-dessous de la plante ; il ressemble à un paquet de filasse embrouillée, reste de la décomposition d'un végétal mort. Dans sa chute qui se continue, il descend encore plus bas ; il tend à devenir pierre, il s'incruste de chaux, de silice, pas même cristallisée. C'est effrayant.

[165*c*] Les *polypes* sont des animaux mous et cylin-

driques. Il n'ont qu'une ouverture qui sert à la fois à
l'introduction des aliments et à l'expulsion des résidus
de la digestion. Cette bouche-anus est entourée de *tenta-*
cules, c'est-à-dire d'appendices contractiles qui servent à
saisir les aliments. Elle est l'orifice d'une grande cavité
intérieure, l'estomac ; leur grandeur, la forme et la disposition de leurs tentacules varient selon les espèces. Le
polype représenté fig. 37 est celui du corail.

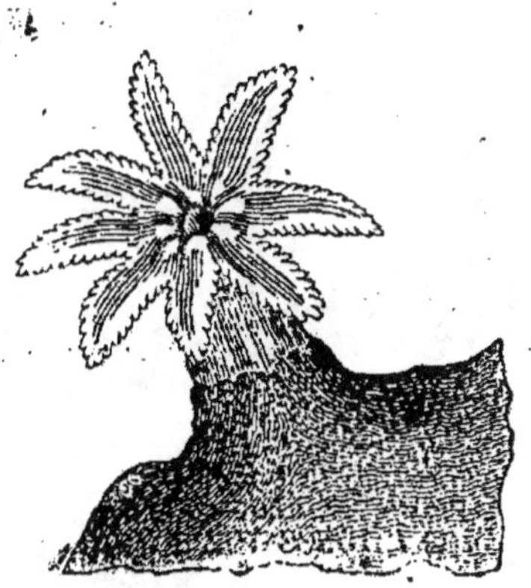

Fig. 37.

Ces animaux ne jouissent point de la locomotion, ils
se fixent aux rochers par leur extrémité inférieure ; leur
tégument extérieur se transforme en une enveloppe
cornée ou calcaire. Cette enveloppe durcie forme ce
qu'on nomme le *polypier*; tel est le polypier du corail
(fig. 38).

Les polypes se reproduisent la plupart non-seulement
par des œufs d'où sortent des larves analogues aux infusoires, mais par une sorte de bourgeonnement ; c'est-à-

dire que sur certains points de leur surface il se développe de nouveaux individus qui y restent unis comme
les ramifications d'une branche. C'est à cause de cette
disposition et de leur implantation fixe, qui rappellent
singulièrement les formes végétales, que ces êtres avaient
reçu des anciens le nom de *zoophytes* (animaux-
plantes).

Fig. 58.

Les polypiers des diverses espèces présentent des
formes très-variées : tubes, cellules, etc. Dans les mers
tempérées ou froides, ces polypiers sont cornés ou char-

nus. Ce n'est que dans les mers des zones les plus chaudes du globe que l'on rencontre des polypiers pierreux. Là, ils prennent un développement extraordinaire par la multiplication rapide des animaux qui les forment. Et quoiqu'ils aient seulement quelques centimètres de long, les générations de ces humbles ouvriers, en superposant leurs travaux, élèvent du fond des mers des remparts, des récifs énormes, des îles circulaires qui ont jusqu'à dix lieues de diamètre. O puissance des petits ! O grandeur colossale de l'œuvre imperceptible continuée chaque jour !

C'est dans l'intérieur de certains polypiers (fig. 58) qu'on trouve cette belle matière rouge employée en bijouterie sous le nom de *corail*.

Nos Françaises n'estiment guère ces parures ; elles ont grand tort. Il est peu de femmes, surtout parmi celles qui sont très-brunes et celles qui sont très-blanches, auxquelles le corail ne prête un superbe éclat. Cette matière est d'ailleurs très-abondante sur les côtes de l'Algérie, où elle fait vivre beaucoup de gens, et elle n'est point chère. Voilà bien des raisons pour engager les femmes françaises à rechercher les parures de corail.

Il existe dans les eaux douces quelques êtres analogues.

L'hydre ou *polype d'eau douce*, par exemple, est un animal presque microscopique, réduit à un petit tube gélatineux, muni d'un estomac, d'une bouche-anus et de tentacules filiformes.

Cette hydre étant coupée transversalement et longitu-
dinalement, hachée en morceaux, chacun de ces morceaux ne tarde pas à devenir une hydre complète [165*l*].

[165*d*] Les *méduses* (fig. 39) sont des masses circulaires gélatineuses bleuâtres, qui flottent dans la mer et qu'on voit souvent échouées sur les grèves quand le flot se retire. L'organi-

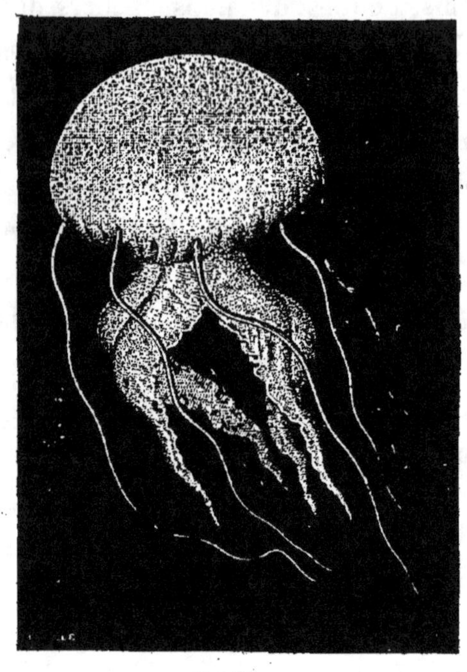

Fig. 39.

sation de ces êtres est encore réduite à un estomac, une bouche-anus et des tentacules. L'estomac, chez quelques-uns, n'a même point cette grande ouverture, il communique au dehors par de petits canaux qui aboutissent à des pores situés à l'extrémité des tentacules. Dans quelques espèces, un commencement de ramifications vasculaires concourt avec leur faculté ambulatoire pour leur faire assigner une certaine supériorité.

[165*e*] Chez les *astéries* ou *étoiles de mer* (fig. 40), ainsi nommées à cause de leur forme, l'estomac n'aboutit

encore qu'à une bouche-anus, et il n'y a plus de longs
tentacules autour de la bouche. Mais on trouve un appareil circulatoire plus développé que chez les précédents,
et leur peau[1] très-résistante est pourvue de petits appendices rétractiles au moyen desquels l'étoile de mer
rampe au fond de l'eau.

Fig. 40.

Une espèce d'étoile de mer (*luidia fragilissima*) est

---

[1] Cette peau, réduite à un tégument, est fort différente de celle des
mammifères.

étrangement délicate : si on la touche du bout du doigt,
elle se brise aussitôt en morceaux.

L'étoile de mer est une ennemie redoutable des huîtres. Il paraît qu'elle se place en embuscade près du
mollusque. Au moment où il entr'ouvre sa coquille, elle
y projette un liquide qui produit sur l'huître un effet

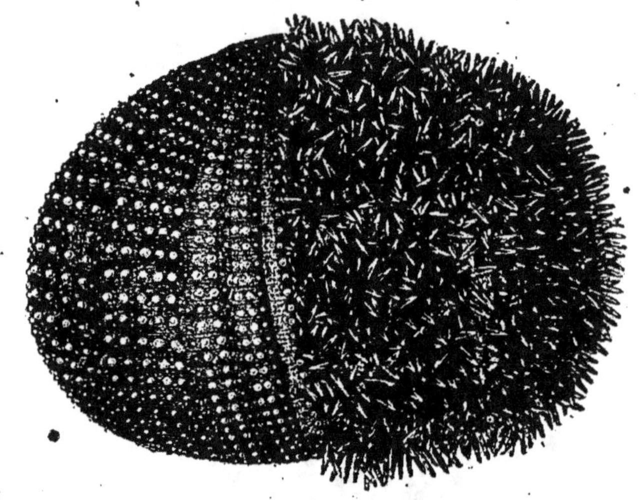

Fig. 41.

anesthétique [164*g*] ; ne pouvant plus refermer ses valves, le mollusque est aussitôt dévoré.

[165*f*] Les *oursins* (fig. 41), très-voisins des précédents par un caractère-type et par leurs appendices
de reptation [1], sont enveloppés de toutes parts d'une
sorte de carapace percée de trous par lesquels sortent et

---

[1] Du latin *reptare*, ramper. Dans la fig. 41, ces appendices ont été enlevés sur la moitié gauche afin qu'on pût voir le test et ses ouvertures.

rentrent ces appendices. Ils ressemblent assez à une grosse châtaigne garnie encore de son enveloppe épineuse. Ici, la cavité digestive à la forme d'un tube ouvert à ses deux extrémités. Il y a donc une bouche et un anus distincts. La structure intérieure est plus compliquée, l'appareil circulatoire plus développé. La bouche est située à la partie inférieure de l'animal, et l'autre ouverture se trouve souvent à la partie supérieure; mais dans certaines espèces, les deux ouvertures sont placées à la partie inférieure.

Si l'on compare ensemble le polype, la méduse, l'astérie et l'oursin, on leur voit un caractère-type commun à tous : ils sont *organisés par rayonnement autour d'un axe central*. Et en prenant pour point de départ une cellule élémentaire développée en tous sens par rayonnement, on peut en continuant par la pensée, ou même avec un crayon, ce développement rayonnant de diverses manières, construire chacun des êtres dont nous venons de parler.

Il nous paraît certain que l'astérie et l'oursin appartiennent à une même série; nous le montrerons au troisième volume; mais, au contraire, les méduses et les polypes sont des termes de séries différentes.

Ces développements de l'organisation par rayonnement, on le voit, n'arrivent pas à de brillants résultats. Le polype immobile, la méduse qui ballotte dans l'eau plutôt qu'elle ne nage, l'étoile de mer avec sa bouche-anus, conduisent comme terme le plus élevé de tous à l'oursin, dont la supériorité consiste presque toute à ne plus manger par l'anus et à porter une carapace sphéroïdale qui le fait ressembler au fruit du châtaigner.

Il est à remarquer que, parmi ces êtres, le plus compliqué rampe; celui qui est au-dessous ballotte, et le polype, moins compliqué encore, est fixé sur un corps étranger en conservant cependant la contractilité.

Or, la reptation de l'oursin est un mode inférieur de la marche.

Le ballottement de la méduse est un mode inférieur de la natation.

Il est à remarquer encore que, parmi ces organismes, celui qui ne peut poursuivre sa nourriture est doué de tentacules plus ou moins longs pour la saisir dans un certain espace autour de sa bouche. Parmi les méduses, qui par leur faculté ambulatoire peuvent se mettre plus facilement à portée de leur nourriture, les unes n'ont que de courts et gros tentacules; les autres possèdent en outre de longs tentacules filiformes; enfin, chez la plupart de ceux qui, comme l'étoile et l'oursin, peuvent se mouvoir vers la nourriture, il n'y a plus de tentacules préhensiles autour de la bouche. Il y a toujours des appendices, mais ils ont changé de fonction; au lieu de saisir la proie à distance et de l'apporter à une bouche immobile, ils transportent à distance, vers la proie, l'animal et sa bouche.

[165*g*] Un peu au-dessus de ces *rayonnés*, dans l'ordre de gradation organique, on trouve certains petits

animaux (plumatelles, ascidies, etc.), auxquels nous ne nous arrêterons guère. Leur canal digestif offre un ou plusieurs replis dans l'intérieur du corps; ils ont un foie; l'anus est placé près de la bouche, quoique distinct. Et tandis que chez les *rayonnés* il n'y a pas d'organe distinct pour la respiration qui s'effectue par toute la surface de l'être, ceux-ci (plumatelles, etc.) ont des organes respiratoires distincts. Ce ne sont point des poumons, car les poumons ne peuvent fonctionner que dans l'atmosphère, et les animaux dont nous parlons sont aquatiques : ce sont des *branchies.*

Les branchies présentent, chez les innombrables espèces aquatiques qui en sont pourvues, des variétés de disposition très-grandes; mais en général elles sont formées d'un réseau vasculaire, revêtu d'une membrane extrêmement mince, où le sang de l'animal circule et se modifie sous l'influence de l'oxygène contenu dans l'eau [158*p*], de la même manière qu'il se modifie dans les poumons sous l'influence de l'oxygène de l'air.

Quel est le point de départ de la série à laquelle appartiennent ces êtres (plumatelles, etc.)? Quel est son plus haut terme? Sont-ils des ambigus de séries voisines?... Dans l'état actuel de la science, on ne le saurait dire.

[165*h*] *Mollusques.* Voici un type très-distinct et auquel se rapportent un très-grand nombre d'êtres formant plusieurs séries.

Gastéropodes [1]. Ces animaux sont mous et gluants. L'un des termes de cette série est la *limace*, dont il existe beaucoup d'espèces.

Les mollusques gastéropodes ont une tête garnie d'une bouche et de tentacules charnus, organes du tact. Ils n'ont point d'organe auditif. Lorsqu'ils ont des yeux, ces organes, dont la situation varie sur la tête ou sur les tentacules, sont très-simples et tout différents de l'œil des mammifères; on ne sait point d'ailleurs comment la vision s'y effectue. La bouche est munie de lèvres contractiles, et quelquefois armée de dents cornées. Leur dos est garni d'une membrane épaisse que l'on nomme *manteau*. Leur ventre est porté sur une sorte de semelle charnue que l'on nomme *pied*, et qui règne sur toute la partie inférieure du corps. Cette semelle est contractile, et c'est par son moyen qu'ils s'avancent lentement à la surface du sol et des roches, ou des végétaux le long desquels ils rampent.

Ils ont un cœur rudimentaire, composé chez presque tous d'un ventricule et d'une oreillette. Leur système nerveux ne se compose que de quelques ganglions (164*a*).

Parmi ces animaux, les uns sont terrestres, les autres habitent l'eau douce, le plus grand nombre sont marins.

Ils ont des organes respiratoires; aquatiques chez la plupart : ce sont alors des branchies ; aériens chez quel-

---

[1] Du grec *gaster*, ventre, et *pous*, pied, animaux qui ont un pied au ventre.

ques-uns : ce sont alors des réseaux vasculaires dans lesquels l'air pénètre par des ouvertures placées au bord du
manteau; c'est pourquoi ces gastéropodes sont appelés
pulmonés.

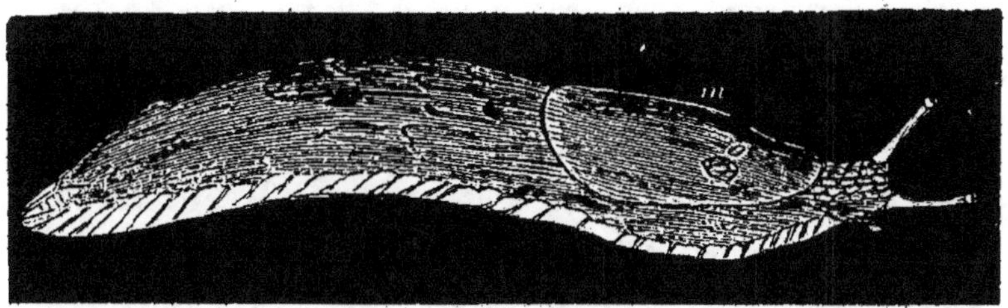

Fig. 42.

Les limaces ont le corps allongé; leur manteau *m*,
fig. 42, est un disque qui recouvre seulement une partie
du dos. L'orifice respiratoire *o* est au côté droit de ce
disque, et l'anus est percé au bord de l'orifice. Chez la
limace rouge, très-commune, fig. 42, le manteau contient seulement quelques grains calcaires.

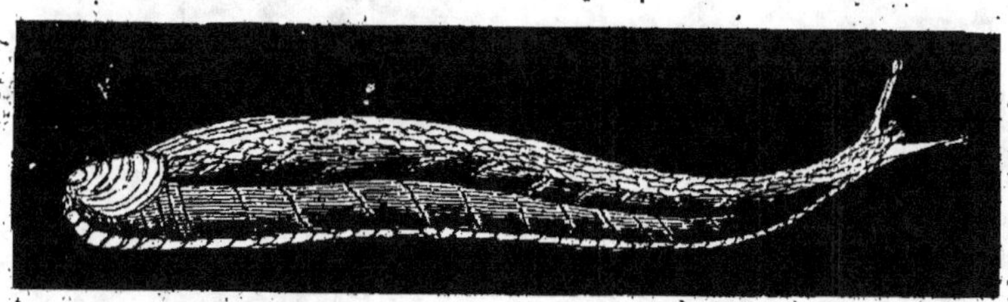

Fig. 43.

Mais chez d'autres espèces, comme la *testacelle*, fig. 43,
le manteau, fort petit, est placé à l'extrémité postérieure
et contient une petite coquille oblongue et plate qui ne

peut évidemment leur servir qu'à instruire les naturalistes.

Chez beaucoup de gastéropodes, à cause de l'inégal
développement des deux côtés de l'animal, le corps est
roulé en spirale; le manteau sécrète une matière cornée
et calcaire qui forme une coquille dans laquelle se retire
l'animal en cas de danger, et d'où il sort sa tête et son
pied lorsqu'il veut se mouvoir. Tel est le colimaçon,
fig. 44, véritable limace très-peu modifiée et revêtue
d'une coquille. L'intestin et les autres viscères sont logés
au sommet de la coquille et y restent toujours renfermés,
même quand l'animal sort sa tête et son pied. L'anus est
souvent tout près de la tête.

Fig. 44.

Beaucoup de coquillages sont des modifications de ce
type.

Il existe des espèces enroulées de droite à gauche, et d'autres enroulées de gauche à droite. Il y en a même qui ne sont point enroulées.

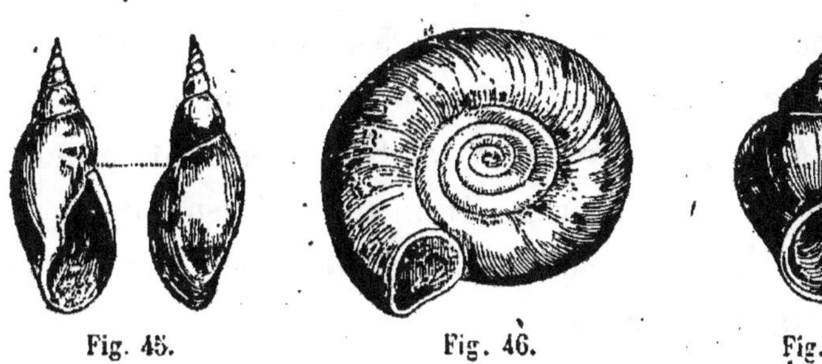

Fig. 45.   Fig. 46.   Fig. 47.

Un grand nombre possèdent un bouclier ou plaque ventrale « cornée ou calcaire, attenant au pied de l'animal, et souvent contournée en spirale; cette plaque, qui s'ajuste à l'orifice de la coquille, porte le nom d'opercule. »

Les *gastéropodes pulmonés* sont tous terrestres comme les limaces, fig. 42, 43, les hélix, fig. 44, ou fluviatiles comme les lymnées, fig. 45, les planorbes, fig. 46.

Parmi les *gastéropodes pectinibranches*, c'est-à-dire dont les branchies sont en forme de peigne, la plupart sont marins, mais il en existe, tels que les cyclostomes, qui sont terrestres et se tiennent dans les lieux humides.

D'autres, telles que les paludines, fig. 47, vivent dans l'eau et respirent l'air dissous. Parmi ces dernières les unes sont d'eau douce et les autres marines.

[165*i*] Une modification bien remarquable du type mollusque est celle où l'animal est *acéphale*, c'est-à-

dire n'a point de tête. Le corps est alors enveloppé entièrement par le manteau. La coquille n'est pas, comme dans les précédentes, en spirale et d'une seule pièce ; elle est composée de deux parties que l'on nomme *valves*, jointes par une charnière ; les deux valves peuvent se fermer hermétiquement au moyen de muscles puissants. Au bord du manteau les branchies sont formées de feuillets minces, régulièrement striés en long et en travers. C'est pourquoi ces mollusques sont souvent appelés *lamellibranches*.

Terminé à une bouche et à un anus distincts, l'intestin offre des circonvolutions et un foie, comme chez les gastéropodes. L'estomac est assez développé. Le cœur et le système nerveux sont composés à peu près comme chez les précédents.

La plupart de ces mollusques ne peuvent se déplacer que difficilement, soit à l'aide de leur pied, qui est beaucoup plus imparfait que celui des gastéropodes, soit plutôt en refermant brusquement leur coquille et en frappant ainsi l'eau, ce qui leur procure un mouvement de recul. Ils vivent presque immobiles au fond de l'eau ; beaucoup d'espèces même se fixent aux rochers, soit par une sécrétion calcaire, soit par un filament soyeux ou corné.

Parmi ces coquilles, il existe deux grandes divisions.

Les unes sont symétriques, leurs deux valves sont égales et de même forme [24b], telles sont les *unios* (lacustres), fig. 48, et les *astarte* (marines), fig. 49 ; les

autres ne sont point symétriques, leurs deux valves sont
inégales : telles sont les huîtres, fig. 50; telles étaient les
gryphées, fig. 51 [1].

 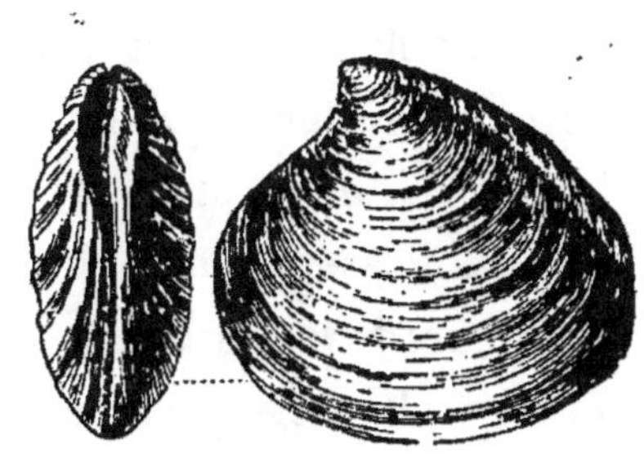

Fig. 48.   *a*   Fig. 49.

Les acéphales symétriques, comme le montre la
fig. 49*a*, se tiennent verticalement plus ou moins enfon-
cées dans le sable ou la vase, de sorte qu'elles ont une
valve droite et une valve gauche.

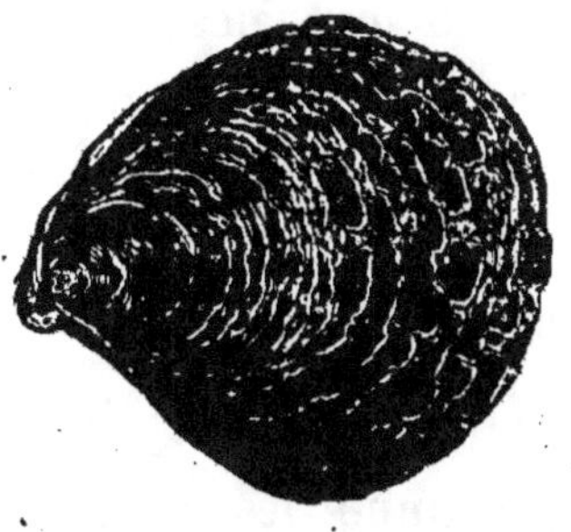 

Fig. 50.   Fig. 51.

Les acéphales non symétriques se tiennent horizontalement, comme l'indique la fig. 51, de sorte qu'elles

[1] Ces mollusques marins ne vivent plus aujourd'hui, mais on retrouve
leurs coquilles dans la terre.

n'ont pas une valve droite et une valve gauche, mais une valve supérieure et une valve inférieure.

C'est.dans les coquilles de plusieurs sortes d'acéphales que l'on trouve les *perles*.

Les plus belles viennent des mers de l'Inde et sont fournies par l'*arônde*, qui est une grande espèce voisine de l'huître. L'huître ordinaire de nos côtes en donne quelquefois d'assez grosses, et l'on en trouve aussi chez plusieurs bivalves d'eau doüce, entre autres dans les moules de la Vierte, en Belgique.

On a reconnu que cette production, de même nature que la matière nacrée dont est garni l'intérieur de ces coquillages, est due à la présence d'une très-petite larve d'insecte parasite qui, irritant les téguments du mollusque, lui fait sécréter [164a] cette matière nacrée dont il entoure le parasite.

Dans la coquille de beaucoup d'acéphales, l'une des valves, et toutes deux dans certains genres, montrent une disposition spirale près de la charnière. Il existe même peu d'espèces ou l'une des valves, au moins, ne laisse pas apercevoir quelque vestige de spire.

[165j] Les *brachiopodes* sont une autre classe de mollusques acéphales privés, comme les précédents, d'organes de vision et d'audition, mais plus imparfaits encore; car, libres ou fixés, ils n'ont aucun moyen de locomotion. Leur corps est d'ailleurs placé différemment dans la coquille et muni, chez presque tous, de bras enroulés garnis de cils destinés à retenir la nourri-

ture et à la rapprocher de la bouche. Tel était le spirifer, (fig. 52[1]). Ce genre de brachiopodes a cessé de vivre, mais il en existe d'autres qui habitent les grandes profondeurs des mers.

Leur nom générique est très-impropre, puisque, d'après son-étymologie, on pourrait croire que ces *bras-pieds* servent à la locomotion, tandis qu'il n'en est rien.

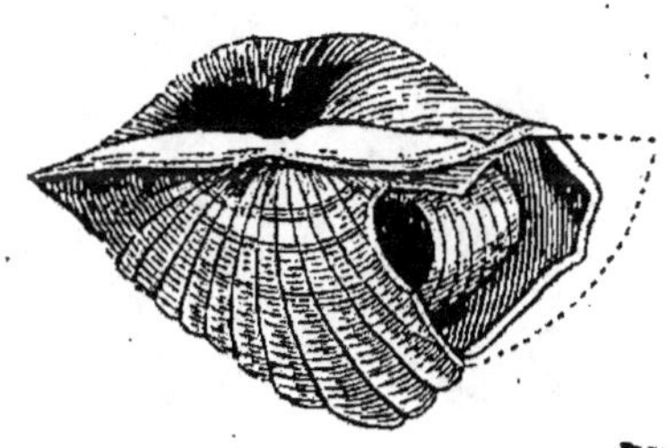

Fig. 52.

Nous nous bornerons à nommer les mollusques *ptéropodes*[2], qui ont de chaque côté du cou une nageoire en forme d'aile et offrent des différences de forme extrêmes. Ces animaux sont très-peu connus, et probablement mal classés. Il en est qui me paraissent être non pas des animaux adultes, mais de simples larves d'animaux que l'on ne sait pas jusqu'ici rapporter à leurs adultes.

[1] Dans cette figure la coquille a été échancrée pour laisser voir à l'intérieur le bras enroulé du mollusque.

[2] *Ptéron* aile, *pous* pied; pieds en forme d'ailes.

[165*k*] Nous arrivons au groupe des êtres les plus parfaits de cette classe et dont le *poulpe* (fig. 53) est le
type. La tête est placée entre le tronc et les bras ou tentacules, qui servent à la préhension plutôt qu'à la locomotion. De là vient leur nom générique : *céphalopodes* [1].

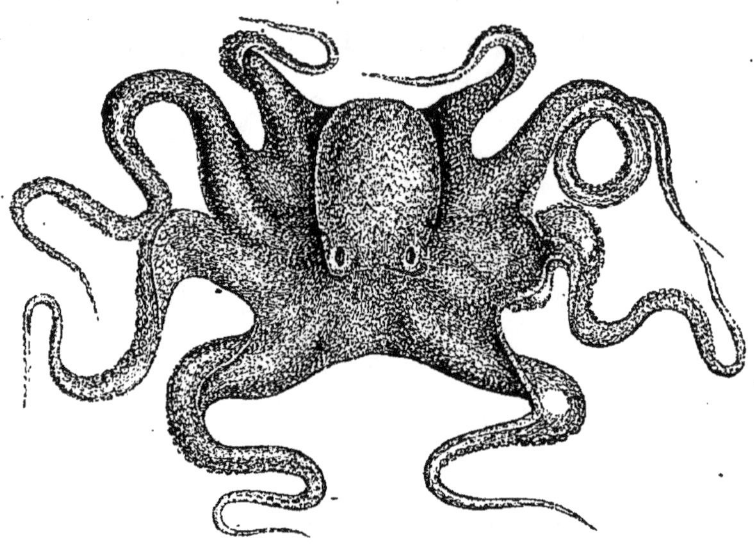

Fig. 53.

Cette tête est ronde et munie de gros yeux très-analogues à ceux des mammifères. Elle est armée de deux
mandibules tranchantes qui ressemblent à un bec de
perroquet.

Tous aquatiques, ils respirent par des branchies, et
leur corps est enveloppé par le manteau, qui a la forme

[1] Pieds à la tête.

d'un sac sphéroïdal plus ou moins allongé, selon les espèces, comme on peut le voir en comparant le *calmaret*,
fig. 54, et la poulpe, fig. 55.

L'appareil digestif est très-compliqué : ils ont des
glandes salivaires, plusieurs estomacs, un foie volumineux. Beaucoup de ces animaux sont munis d'une poche
où s'amasse une sécrétion noire que l'on nomme *encre*.
Lorsqu'ils sont poursuivis par les poissons qui les dévorent, ils lancent cette encre, troublent ainsi l'eau et
s'échappent [1].

Un cartilage intérieur soutient leur tête, et chez quelques espèces une sorte d'os intérieur soutient l'abdomen. Le système nerveux est beaucoup plus développé
que dans les groupes qui précèdent. Tous ces animaux
sont marins et très-voraces.

Leurs bras sont garnis de suçoirs ou ventouses, au
moyen desquels ils s'attachent fortement à leurs proies.
Plusieurs ont un appareil auditif réduit à un sac membraneux muni d'un nerf.

Leur mode de locomotion est fort extraordinaire. Ils
sont munis de *tubes locomoteurs* qui s'ouvrent entre leurs
bras et par lesquels ils peuvent absorber beaucoup d'eau.
Lorsqu'ils veulent se donner une grande vitesse, ils rejet-
tent cette eau avec force, et se procurent ainsi un mouvement de recul d'une extrême rapidité : c'est ainsi que
très-souvent on les voit s'élancer dans l'air au-dessus de

---

[1] La *sépia*, employée en peinture, est l'*encre* d'une espèce de ce genre,
appelée *seiche* en français, et *sépia* en italien.

l'océan. Mais ils ne peuvent calculer leur élan et ils viennent parfois se briser ou s'échouer sur les rochers et jusque sur les navires.

Ces séries où figure la limace et qui sont caractérisées
par un manteau, s'arrêtent donc au *poulpe*. Dans cette
voie encore, le développement organique ne s'est pas
élevé bien haut.

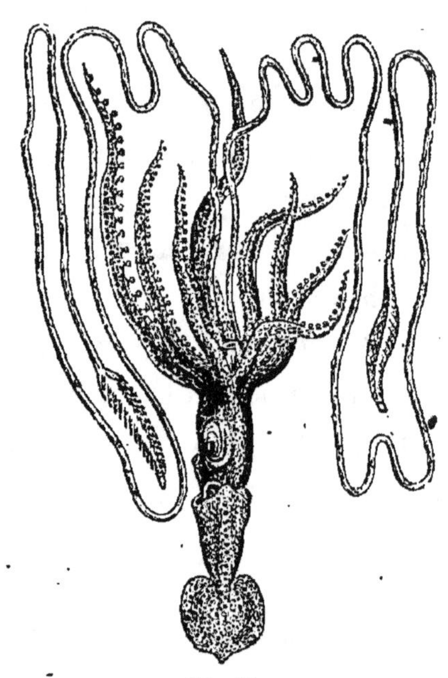

Fig. 54.

Cependant, nous voyons apparaître chez ces êtres des
organes de relation assez perfectionnés, tentacules, yeux,
en nombre pair de chaque côté de la tête, et une ligne
médiane, souvent contournée, il est vrai.

Nous voyons que ceux des êtres de ces séries, dont les parties solides sont placées à l'extérieur, forment la grande majorité. Et le petit nombre de ceux qui ont quelques rudiments de parties solides à l'intérieur, poulpe, seiche, sont les plus parfaits de tous.

Il est remarquable que les acéphales, plus organisés que la limace, sous ce rapport qu'ils ont des parties solides extérieures : leur coquille, composée de deux valves mobiles l'une sur l'autre, et par conséquent plus organisée que la coquille spirale des univalves, présentent cette grande infériorité de n'avoir point de tête et d'être en cela inférieurs à la limace. Le développement qui n'a pas porté sur la tête absente a porté sur les parties solides extérieures.

Certains céphalopodes, tels que l'*argonaute* et le *nautile*, habitent des coquilles univalves. Mais ce qui les concerne sera mieux placé au troisième volume.

Les mollusques naissent d'œufs et ne se multiplient pas par bourgeon comme les zoophytes.

Enfin, leur sang est incolore ou légèrement bleuâtre.

[165*l*] *Animaux annelés.* — Nous arrivons à un être infime, dont le nom est dans toutes les langues un terme de mépris : le ver. Or, le ver semble être un des termes inférieurs de toutes les séries animales que nous reconnaîtrons désormais.

On donne le nom générique de *ver* à tout animal allongé, mou, et divisé par des replis circulaires du tégument extérieur en un nombre variable d'anneaux plus ou moins distincts. Beaucoup n'ont point de tête; tels sont les *lombrics* ou *vers de terre* (fig. 55), mais la plupart, comme la néréide, fig. 56, en ont une.

Un grand nombre de vers, comme les lombrics, portent au bord de chaque anneau des soies courtes et roides qui leur servent d'organes de locomotion.

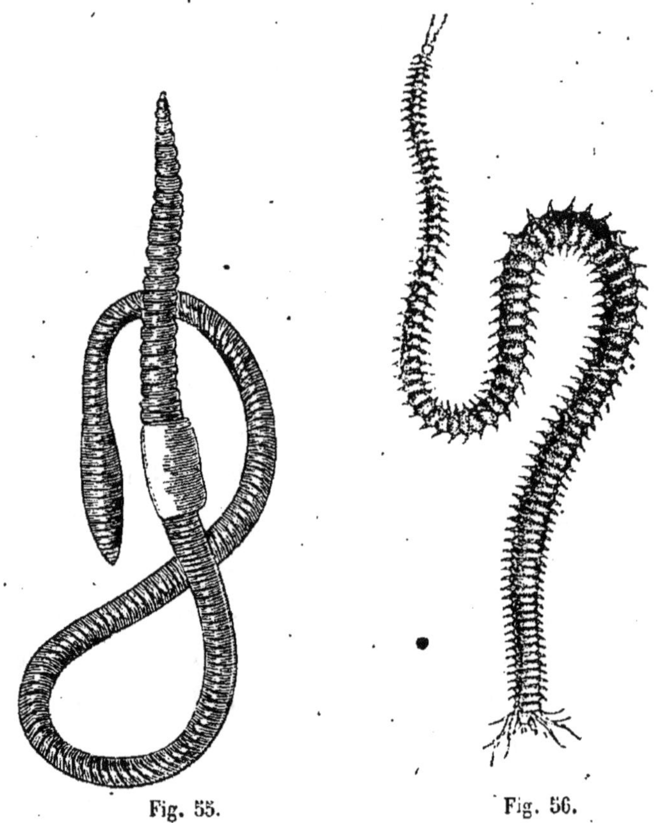

Fig. 55. Fig. 56.

Chez d'autres, l'organisme est plus perfectionné; les soies de locomotion sont localisées de chaque côté du corps, à chaque anneau, sur des tubercules charnus, et forment ainsi des pieds. Telle est la *néréide* (fig. 56).

Souvent il existe deux de ces organes de chaque côté de chaque anneau, de sorte que chaque anneau en porte quatre : deux supérieurs, deux inférieurs.

Chez d'autres, tels que les sangsues, il n'y a pas de soies, mais il existe aux extrémités du corps des ventouses par lesquelles l'animal s'attache aux objets et peut se mouvoir.

Leur système nerveux est peu développé ; ce n'est qu'une chaîne, simple ou double, de petits ganglions qui s'étend d'un bout à l'autre de leur corps.

Chez les espèces qui ont une tête, on voit cette tête garnies de petites soies ou *antennes* qui paraissent être les organes du tact ; la plupart sont munies de petites taches que l'on croit être des yeux.

La bouche est placée à la face inférieure de la tête, ou à l'extrémité antérieure du corps lorsqu'il n'y a point de tête. Elle est, dans beaucoup d'espèces, armée d'une trompe ou de mâchoires cornées.

L'intestin est droit ; l'anus est placé à l'extrémité postérieure du corps.

Le sang est ordinairement rouge ; quelquefois il est vert, ou incolore.

Le système circulatoire varie, mais il est compliqué ; dans l'ensemble des vaisseaux, les uns sont contractiles et tiennent lieu de cœur, les autres jouent le rôle d'artères et de veines.

La respiration est quelquefois aérienne, mais d'ordi-

naire elle est aquatique et s'effectue par des branchies
dont la disposition varie béaucoup selon les espèces. On
les voit en petites honppes de chaque côté
de l'arénicole (fig. 57).

La plupart de ces animaux sont marins : tels l'*arénicole*, etc.; quelques-uns
vivent dans l'eau douce : telles les *sangsues*; d'autres sont terrestres : les *lombrics*.

Ces derniers offrent celte remarquable
particularité, que si l'on coupe transversalement leur corps en deux ou plusieurs
tronçons, les extrémités de ces tronçons ne
tardent pas à se cicatriser, et chacun d'eux
devient bientôt un lombric complet; mais
si on coupe le ver longitudinalement, les
diverses parties ainsi séparées meurent
aussitôt [165c].

[165m] *Animaux articulés*. —Les millepieds ou mille-pattes (*myriapodes*) (fig. 58)
sont des animaux très-intéressants, parce
qu'ils sont des intermédiaires entre les
vers et les insectes.

Leur corps, très-allongé, est divisé nettement en un grand nombre d'anneaux
qui ont une certaine solidité. Ces anneaux
solides sont joints les uns aux autres de manière à former
des articulations mobiles.

Fig. 57.

Chaque anneau porte au moins une paire de pattes articulées qui se terminent par un crochet, et ces pattes sont au nombre de vingt-quatre paires au moins.

Ainsi les nombreuses soies de locomotion des vers sont ici devenues des organes bien définis, où le nombre a diminué, mais où l'organisation s'est perfectionnée; de sorte que ces organes de locomotion, bien moins nombreux que les soies des vers, sont, en revanche, beaucoup mieux aptes à remplir leur fonction.

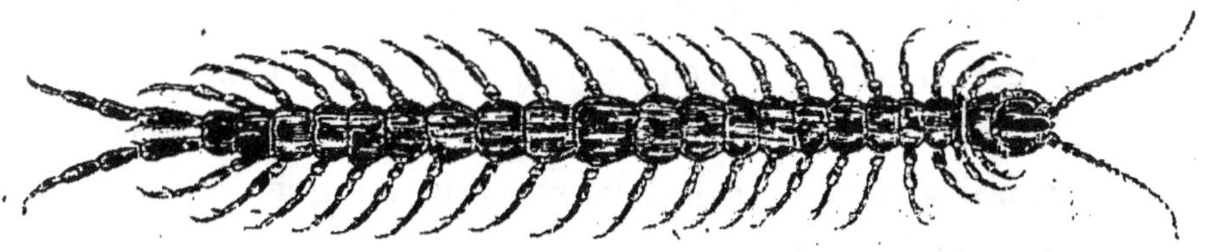

Fig. 58.

De même la peau du ver, en se durcissant, est ici devenue l'anneau articulé et forme un squelette extérieur plus organisé que les carapaces et les coquilles de rayonnés et de mollusques.

Les millepieds ont une tête garnie de deux petites antennes et de deux yeux. Ici encore, le nombre des organes a diminué : il n'y a plus un grand nombre de soies servant d'antennes, comme chez certains vers, les plus complets; mais il y a deux vraies antennes articulées.

Leur corps est composé d'un nombre d'anneaux variable qui, même chez plusieurs, tels que les *iules*, augmente à chaque mue, et il ne présente pas de démarcation entre le thorax et l'abdomen qui sont ainsi confondus.

Il existe de chaque côté de leur corps de petites ouvertures, appelées *stigmates*, par lesquelles l'air pénètre dans leurs organes respiratoires.

Ces organes respiratoires sont des *trachées*, c'est-à-dire des tubes extrêmement ramifiés dans l'intérieur du corps et d'une structure compliquée. La partie essentielle dans cette structure est un filament cartilagineux enroulé en spirale, comme un élastique de bretelle.

C'est dans cet appareil de tubes ramifiés, où l'air circule, que s'accomplit la respiration des *scolopendres*, (fig. 58), des *iules* et de tous ces animaux que l'on appelle vulgairement mille-pattes.

Ces animaux ne sont pas tout à fait, à leur naissance, ce qu'ils seront plus tard ; ils éprouvent dans leur jeune âge des *métamorphoses*, c'est-à-dire des changements, des perfectionnements de structure. Ces changements consistent en une formation de nouveaux anneaux et en une augmentation correspondante du nombre des pattes.

Plusieurs espèces s'enroulent sur eux-mêmes comme le hérisson et le porc-épic.

[165n] Les *insectes* sont des animaux articulés, c'est-à-dire composés, comme les mille-pattes, d'anneaux formés par le tégument extérieur plus ou moins durci.

Leur corps est composé d'une tête, d'un thorax et d'un abdomen distincts ; ils ont trois paires de pattes ;

ils respirent par des trachées ; presque tous sont pourvus d'ailes, et presque tous subissent des métamorphoses dans le jeune âge.

Ces métamorphoses nous enseignent chaque jour tout un chapitre de la genèse universelle. Elles nous montrent le passage du ver à l'animal complet.

En effet, presque tous ces animaux commencent par être des sortes de vers, soit qu'ils naissent d'un œuf, ce qui est le cas général, soit qu'ils sortent de l'insecte parfait à cet état vermiforme.

Ces sortes de vers sont nommés larves, pour les distinguer des animaux annelés qui demeurent toujours à l'état de ver.

Depuis la larve sans aucun appendice, telle que celle de l'abeille, jusqu'aux larves garnies de soies, comme certains vers annelés, ou munies de pédoncules soyeux, comme certains autres, on trouve parmi les larves des insectes la plupart des formes que l'on peut observer chez les véritables vers. Quant à celles que l'on dit être munies de pieds, comme les chenilles, il faut bien remarquer que ces pieds sont seulement des pédoncules sans aucune ressemblance avec les pattes du papillon qui doit en provenir.

Après un certain temps de cette existence inférieure (temps qui varie beaucoup selon les espèces), les larves subissent des métamorphoses, des perfectionnements de structure, qui les élèvent beaucoup dans la série organique.

En général, les insectes passent par trois états : état vermiforme ou de *larve*; état de *nymphe*; état d'*insecte parfait*.

Le corps de ceux qui doivent subir de grands changements est allongé, mou, divisé en anneaux mobiles, dont le nombre normal est de treize, avec ou sans pattes, avec des yeux et des mandibules ou mâchoires. Mais presque toujours ces pattes, ces yeux et ces mâchoires n'ont aucune ressemblance avec ce qui existera par la suite chez l'insecte parfait. Telle est la chenille, fig. 59.

Fig. 59. *Chenille du papillon machaon.*

Donc, après un certain temps de cette existence, pendant lequel elle subit plusieurs *mues*, c'est-à-dire plusieurs changements de peau, la larve se transforme en *nymphe*.

Pendant cette période, elle demeure immobile et ne prend aucune nourriture. Les unes restent alors enfermées dans la peau dont elles viennent de se dépouiller, les autres, et telles sont les nymphes des papillons ou *chrysalides*, fig. 60, sont recouvertes d'une pellicule dont elles sont emmaillottées. Avant de passer à l'état de nymphe, beaucoup de larves se préparent une demeure : c'est un cocon de soie, ou un trou dans la terre, dans la pierre ou

dans le bois; d'autres se suspendent par des fils, ou replient par des fils autour d'elles une feuille d'un végétal;

Fig. 60.
Chrysalide
de machaon.

d'autres comme la nymphe de la mouche des cadavres (*asticot*) restent enfon-
cées dans les matières qu'elles ont habitées à l'état de larve.

,Pendant cette période d'immobilité,
l'animal subit un travail intérieur; l'organisme est refondu, profondément modifié. Des organes anciens s'atrophient;
des organes nouveaux se forment; d'autres se perfectionnent. Enfin, quand le
développement est achevé, il brise ses
enveloppes et sort. Ses ailes, d'abord humides, ne tardent pas à devenir solides. Alors il prend son vol; il est
insecte parfait.

Certains insectes ne subissent que des demi-métamor-
phoses. Chez ceux-ci, la larve ne se distingue guère de
l'insecte parfait que par l'absence des ailes; telles sont
les *sauterelles* et les *éphémères*.

D'autres insectes, quoique passant par les trois états,
n'arrivent jamais à posséder des ailes : telle est la
puce.

D'autres espèces enfin, en petit nombre relativement,
ne subissent pas de métamorphoses et naissent avec tous
les organes dont ils doivent être pourvus : tels sont les
poux.

Le corps de l'insecte parfait se compose d'un certain

nombre d'anneaux placés bout à bout. Les membres sont
de même que le corps composés de tubes ou de lames
solides placés bout à bout, et renfermant dans leur intérieur les muscles et les ligaments qui servent à les faire
mouvoir. Ici, le squelette extérieur est devenu très-
complet.

La tête, formée d'un seul tronçon ou anneau, porte
les yeux, les antennes et la bouche avec ses appendices :
trompes, scies ou mâchoires, variables selon les espèces.
La conformation des antennes varie beaucoup. On pré-
sume que ce sont des organes d'audition en même temps
que de tact.

La partie moyenne du corps ou thorax, toujours formée de trois anneaux ordinairement soudés ensemble,
porte les pattes et les ailes. La conformation des unes et
des autres varie extrêmement. Mais tandis que les pattes
sont toujours au nombre de trois paires, chaque anneau
portant une paire de pattes, les ailes sont au nombre
tantôt de deux paires (papillons (fig. 61), scarabées
(fig. 64), abeilles, bourdons (fig. 62), etc.); tantôt d'une
seule paire (mouche, taon (fig. 63), etc.). Des trois anneaux qui forment le thorax, le premier ne porte jamais
d'ailes; le second et le troisième peuvent porter chacun
une seule paire d'ailes. Mais il arrive souvent que l'un ou
l'autre de ces deux derniers anneaux ne porte point d'ailes.

Chez beaucoup d'insectes, les pattes ne peuvent être
mouillées par l'eau; lorsqu'elles s'appuient à la surface du liquide, elles y causent des dépressions qui pla-

cent l'insecte dans les mêmes conditions d'équilibre qu'une aiguille à coudre enduite de graisse (35).

Fig. 61. *Papillon machaon.*

Les ailes des insectes sont en général composées de deux membranes juxtaposées et soutenues par des nervures ramifiées assez solides.

Fig. 62.

Souvent les quatre ailes membraneuses sont transparentes, comme chez les bourdons, les abeilles ; souvent

aussi elles sont garnies de petites écailles colorées, comme
chez les papillons. Chez d'autres insectes (*coléoptères*),
les deux ailes supérieures sont épaisses, dures, opaques,
et forment des boucliers nommés *élytres*. A l'état de
repos, les élytres recouvrent les deux ailes inférieures,
qui sont toujours membraneuses. Tels sont les *scarabées*
(fig. 64), *hannetons, cerfs-volants,* etc., etc.

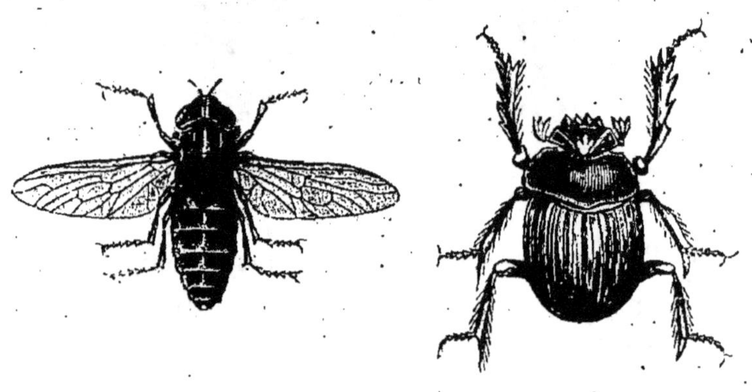

Fig. 63.   Fig. 64.

Lorsque ce sont les ailes inférieures qui manquent,
elles sont souvent remplacées par deux petits filets
terminés en massue et que l'on nomme *balanciers*.
Ces balanciers sont très-visibles sur la *mouche* des maisons.

L'abdomen des insectes est composé d'anneaux plus
ou moins solides, unis par des portions molles de la
peau, de manière à être mobiles les uns sur les autres, et
dont le nombre varie selon les espèces. Chez l'insecte
parfait, il s'en trouve souvent jusqu'à neuf. Ces anneaux

ne portent jamais ni pattes ni ailes, mais fréquemment des soies.

Les anneaux qui terminent l'abdomen et le corps portent presque toujours des appendices destinés à divers usages : stylets, crochets, pinces, dards, etc.

Les insectes ont des sens très-développés ; ils jouissent de l'ouïe, de l'odorat, du goût et de la vue, sans qu'on connaisse bien chez eux la conformation des organes de ces sens.

Leurs yeux sont très-différents de ceux des mammifères ; ils sont formés par des milliers de petits yeux serrés les uns contre les autres. C'est pourquoi on leur a donné le nom d'*yeux à facettes* ou d'*yeux composés*. Presque tous les insectes sont pourvus de deux de ces yeux composés. On ne sait pas comment fonctionnent ces organes.

Leur système nerveux se compose principalement d'une double série de ganglions réunis entre eux par des cordons longitudinaux.

Le canal digestif est en général assez compliqué. Il n'existe point de foie, mais des tubes biliaires. Ces vaisseaux tiennent aussi lieu de reins, car il s'y forme de l'acide urique [164 *i*].

La nourriture des insectes est variable. Les uns vivent du suc des plantes ou des animaux ; les autres sont carnivores, etc.

Leur sang est aqueux et incolore ; il n'est pas contenu dans des vaisseaux, il est répandu dans les interstices des organes. Il n'y a point de cœur ni de circulation régulière; mais il y a cependant des organes intérieurs contractiles et des courants rapides, mais partiels.

La respiration des insectes est très-active, eu égard à leur volume ils consomment beaucoup d'air; elle se fait par des trachées, ainsi que nous l'avons déjà dit, et on croit que l'air s'y renouvelle par les mouvements de contraction et de dilatation de l'abdomen.

En général, les insectes produisent peu de chaleur; cependant, en certains cas, ils en développent une quantité notable. C'est ce qui a lieu, par exemple, lorsque les abeilles s'apprêtent à *essaimer*, c'est-à-dire lorsqu'un *essaim* va quitter la ruche.

Fig. 65. Fig. 66.

Plusieurs insectes sont lumineux la nuit : tel est le *lampyre* ou ver luisant de France, dont la femelle (fig. 65), qui ne vole point, est seule lumineuse; tandis que le mâle (fig. 66), qui est ailé, n'est point lumineux. Chez une autre espèce très-répandue dans les Ardennes, tous les individus ailés sont lumineux.

On ignore la cause de cette phosphorescence des insectes, dont l'intensité varie souvent en une minute et paraît soumise jusqu'à un certain point à l'action de leur volonté. Cependant elle persiste assez longtemps après que l'animal est mort. Nous l'avons plusieurs fois vérifié en coupant avec des ciseaux l'extrémité de l'abdomen qui porte cette lueur chez la luciole ardennaise [1].

Plusieurs insectes, entre autres le sphinx atropos (*tête de mort*), ont les yeux lumineux dans l'obscurité, comme les chats. Ce sphinx atropos est en outre remarquable par ses petits cris qui rappellent ceux des chauves-souris.

Constatons : 1° que dans cette classe où les parties solides sont extérieures, la ligne médiane [164a] est déci-

---

[1] Le bois mort et les poissons à un certain état de putréfaction deviennent souvent lumineux. Mais j'ai eu occasion de voir que des végétaux vivants peuvent aussi devenir phosphorescents.

C'était en 1856, par une nuit de la fin de juillet, très-chaude et sombre. Le ciel était couvert de nuages orageux. Vers minuit, je montais une petite côte de l'Ardenne, qui conduit à la fange située entre Houffalize et Wibrin. (On appelle *fanges* ou *fagnes*, en Ardenne, les terres incultes, couvertes de genêts et de bruyères).

Arrivé sur le plateau, mon étonnement fut extrême en voyant de toutes parts la fange phosphorescente. De toutes les vieilles tiges des genêts et des bruyères, et de la plupart des rameaux, émanait une lumière bleuâtre. Une voiture pleine de genêts, le long du sentier, était aussi phosphorescente dans plusieurs de ses parties, ainsi que les fagots qu'elle contenait. Ces lueurs avaient quelque chose de morne et de sinistre. Il semblait que cette lumière n'éclairait pas, ne rayonnait pas. Cependant, en approchant une lettre d'un gros fragment de genêt, je pus en distinguer l'adresse. Au milieu de tous ces balais enchantés, je m'attendais presque à voir apparaître des sorcières.

J'emportai avec moi plusieurs tiges, et, arrivé à l'auberge avant le jour, je les vis continuer à répandre cette même lueur immobile dans ma chambre, jusqu'au moment où je m'endormis.

Le lendemain, j'allai au soir dans la lande, et je ne vis rien de semblable. Les tiges que j'avais apportées n'éclairaient plus.

dément droite[1]; 2° que les insectes offrent des séries complètes de développement organique, depuis l'état vésiculaire ou d'œuf jusqu'à l'animal très-organisé, ayant tête, thorax et abdomen, avec des ailes, des pattes, des antennes, etc., muni de sens très-parfaits, et d'intelligence, et d'instincts très-merveilleux. Nous y reviendrons ailleurs.

[165 *o*] La série parmi les insectes, comme dans toutes les classes d'êtres; mais mieux et plus clairement qu'ailleurs, se présente sous deux aspects : 1° Si l'on compare tous les insectes ensemble, n'importe sous quel rapport, on en voit de beaucoup plus composés que les autres : ainsi, la puce sans ailes, le taon avec deux ailes sans balanciers, la mouche commune avec deux ailes supérieures et deux balanciers qui remplacent les ailes inférieures, le papillon avec quatre ailes membraneuses, le scarabée avec deux ailes inférieures membraneuses et deux élytres supérieures protectrices, forment une série d'êtres de plus en plus organisés sous le rapport des ailes; 2° si l'on considère une espèce quelconque, l'abeille, par exemple, on voit toute une série organique se développer dans le même être, qui est d'abord œuf, puis larve, puis nymphe, puis insecte parfait.

Mais en les comparant aux vers proprement dits, ces êtres, dont l'organisme est si compliqué, présentent ce-

---

[1] Dans toutes les séries animales que nous verrons désormais, la ligne médiane, quoique souvent repliée, est toujours contenue dans le même plan.

pendant une infériorité. Tandis que le ver est doué d'un système vasculaire circulatoire très-remarquable, l'insecte n'a, pour ainsi dire, point de vaisseaux circulatoires. Il semble que l'être-*ver* n'a gagné ce qui constitue l'insecte qu'en perdant tout un appareil organique de la plus haute importance. Reste à savoir si, en général, la larve est mieux douée que l'insecte parfait sous le rapport vasculaire; mais, selon Carus, « le système nerveux des larves, « d'insectes ressemble beaucoup plus à celui des anné- « lides que le système nerveux des insectes parfaits. »

[165*p*].Les *arachnides* sont des animaux articulés très-intéressants, parce qu'ils forment une série, non plus *ascendante* comme les insectes, mais *latérale*, si je puis ainsi dire, en ce sens que sous beaucoup de rapports ils sont intermédiaires entre les insectes et les crustacés.

Les arachnides (fig. 67, 68), comme les myriapodes [165*m*], ont le corps composé de deux parties seulement; mais tandis que chez les myriapodes la tête est distincte et le thorax confondu avec l'abdomen, chez les arachnides c'est l'abdomen qui est distinct et le thorax confondu avec la tête. Aussi appelle-t-on cette partie de leur corps *céphalo-thorax*.

Ces animaux ont quatre paires de pattes fort semblables à celles des insectes, et attachées au céphalo thorax; ils n'ont point d'antennes et point d'ailes. — Voilà les caractères généraux, communs à tous.

Mais il y a trois divisions principales de ces êtres :

1° Les *faucheurs*, par exemple : chez ceux-ci, l'abdomen

est une masse globulaire molle sans divisions annulaires.
La respiration se fait par des trachées semblables à celles
des insectes, et, comme chez les insectes, l'appareil de la
circulation est très-imparfait; enfin ils n'ont que deux
ou quatre yeux ;

Fig. 67.

2º Les *araignées* proprement dites (l'araignée domestique, par exemple (fig. 67) : chez celles-ci encore,
l'abdomen est une masse globulaire molle sans divisions
annulaires. La respiration est également aérienne ; mais
elle se fait dans des poches abdominales remplies d'une

multitude de lamelles membraneuses. C'est une sorte de branchies, quoiqu'on les appelle *sacs pulmonaires*. Chez ces animaux, l'appareil circulatoire est fort développé; ils ont une sorte de cœur. Enfin, ils ont ordinairement huit yeux simples et placés comme dans les faucheurs, sur le devant du céphalo thorax ;

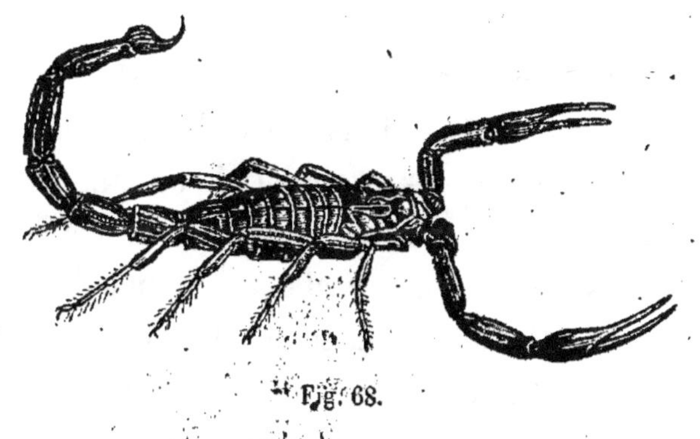

Fig. 68.

3° Les *scorpions* (fig. 68). Ici l'abdomen est allongé et composé de plusieurs anneaux solides comme chez les crustacés. La respiration et la circulation se font comme chez les araignées; mais il y a un foie comme chez la plupart des crustacés, tandis que chez les autres arachnides il y a seulement des tubes biliaires analogues à ceux des insectes. Et les crochets mandibulaires simples des araignées, avec leurs organes de préhension appelés *palpes*, sont ici réunis, complétés et devenus des bras articulés et terminés par des pinces semblables à celles des crustacés.

De plus, dans cette série essentiellement ambiguë, on

trouve des espèces qui possèdent à la fois des trachées et des sacs pulmonaires.

Enfin, dernière analogie générale avec les crustacés, lorsqu'une patte d'une arachnide se casse, la patte se reproduit, se développe et redevient semblable à celle qui avait été cassée.

On conçoit que le système nerveux doit varier dans toutes ces espèces.

Les arachnides sont tous carnivores et, la plupart, insectivores (mangeurs d'insectes). Leur canal digestif est, en conséquence, assez simple. Leur sang est blanc. Ils sont munis d'un petit appareil venimeux aboutissant près de l'extrémité des crochets des mandibules, et destiné à paralyser promptement la défense de leurs victimes souvent plus grosses qu'eux. Chez le scorpion, cet appareil est situé à l'extrémité de l'abdomen qui se termine par un dard crochu.

Les arachnides, comme les insectes, ont les sexes distincts et pondent des œufs. Tous subissent plusieurs mues avant d'être *adultes*, c'est-à-dire parvenus à leur développement complet. Quelques espèces subissent une certaine métamorphose, car, n'ayant d'abord que trois paires de pattes, ils en acquièrent une quatrième.

L'appareil qui sécrète la soie dont un grand nombre de ces animaux construisent leurs *toiles*, est situé dans la partie postérieure de l'abdomen. La matière sécrétée est visqueuse comme celle dont le ver à soie file son cocon et, de même, elle sèche promptement à l'air.

On a calculé qu'en réunissant 10,000 fils de certaines araignées, on n'arriverait pas à former un faisceau de la grosseur d'un cheveu. Cependant, certaines espèces des pays chauds sont très-grandes et construisent des toiles assez fortes pour arrêter des oiseaux.

Nous parlerons ailleurs de leurs instincts remarquables.

[165q] Les *crustacés* sont des animaux articulés, composés d'anneaux plus ou moins distincts, doués d'un appareil circulatoire, et qui forment une série ascendante très-étendue, c'est-à-dire où les gradations organiques sont très-nombreuses. Ces gradations peuvent y être observées sous divers aspects, par exemple, relativement à la forme du corps ou à la nature des organes respiratoires.

Il n'est pas douteux que cette série a pour terme inférieur l'animal vermiforme; et même le passage du ver au crustacé est tellement gradué, que certains naturalistes rangent parmi les vers des animaux que la plupart des savants s'accordent à considérer comme crustacés.

Un crustacé connu de tout le monde, le *cloporte* (fig. 69), présente une forme extérieure assez voisine, au premier abord, de la forme d'un myriapode, le *iule*, qui est évidemment très-voisin du ver.

Chez le cloporte, on voit une tête distincte garnie d'yeux et d'antennes, suivie d'un long et large thorax composé de sept anneaux assez semblables et portant chacun une paire de pattes. L'abdomen, beaucoup plus petit que le thorax, se compose aussi de sept anneaux qui ne portent point de pattes.

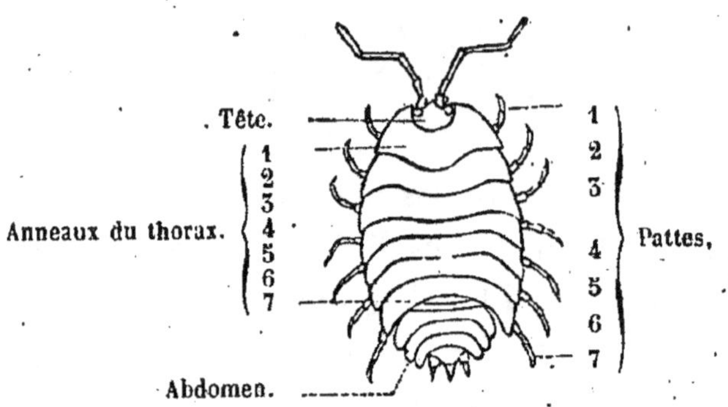

Fig. 69.

Cette structure : thorax en sept anneaux et un seul anneau pour la tête, est très-générale chez les crustacés, quoiqu'elle soit souvent déguisée. Ainsi chez les crabes, (fig. 70) le thorax et la tête paraissent unis sous un vaste bouclier que l'on nomme carapace. Cependant, il est démontré qu'au fond la structure est la même que chez le cloporte, et que ce bouclier est produit par le développement extrême de l'un des anneaux qui a recouvert tous les autres.

Chez les écrevisses, les homards, les langoustes (fig. 71), les crevettes, etc., l'abdomen est fort développé. Chez les crabes (fig. 70), il n'a que de très-petites dimensions et il est replié sous le thorax. En général, l'abdomen est beaucoup plus développé chez les crustacés nageurs,

écrevisses, homards, etc, que chez les crustacés mar-
cheurs, cloportes, crabes, etc.

Il résulte d'observations faites au laboratoire de pisci-
culture de M. Guillou, maître pilote à Concarneau, que
les langoustes, les homards et probablement beaucoup
d'autres crustacés, tous peut-être, passent par un état de
larves diaphanes d'une configuration singulière, avant de
parvenir à l'état parfait.

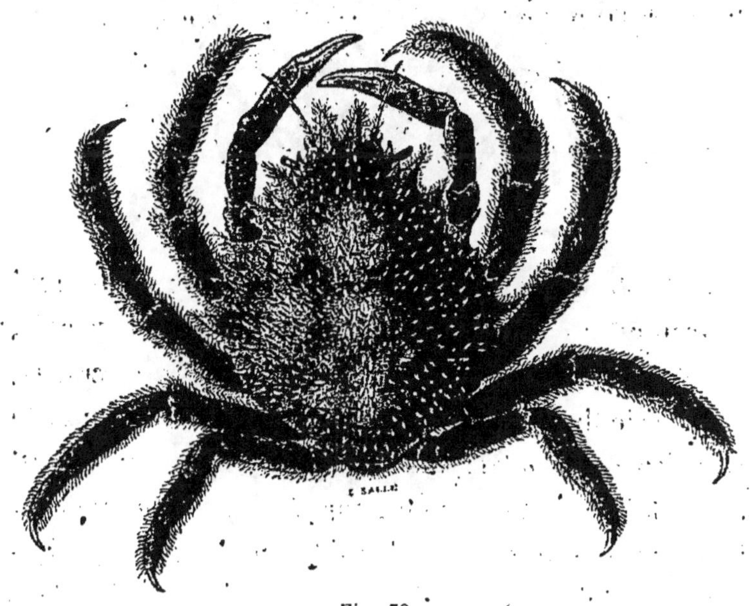

Fig. 70.

[165r] Les pattes, au nombre de sept paires chez les
cloportes, les crevettes des ruisseaux, etc., ne sont
qu'au nombre de cinq paires chez les écrevisses, homards, crabes, etc., mais les deux paires de membres
antérieurs, qui étaient des pattes chez le cloporte, etc.,

sont devenues chez l'écrevisse, etc., des espèces de mâchoires.

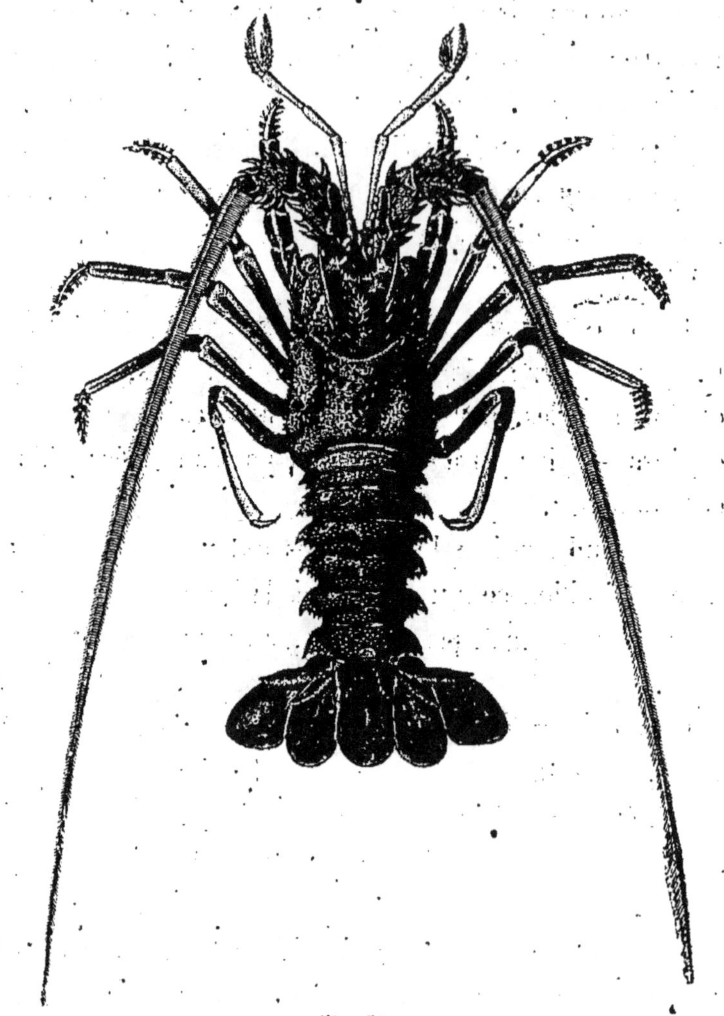

Fig. 71.

Ces appendices thoraciques du type crustacé montrent
d'ailleurs dans les diverses espèces une série complète de

transformations. Chez les unes, ils ne sont propres qu'à
la natation ; chez d'autres, à la marche seulement ;
chez d'autres, ils sont propres à la marche et à fouiller
la terre ; chez d'autres, à la marche et à pincer ou à
saisir les objets. Il existe même aux îles Moluques une
espèce de crustacé, la *limule*, chez laquelle six paires
de pattes, qui entourent la bouche, servent à la fois de
mâchoires par leurs bases et de pattes par leurs extrémités.

Les crustacés ont, d'ordinaire, deux paires d'antennes.
Les yeux, assez analogues à ceux des insectes, sont quelquefois simples, mais en général composés ; et dans les
espèces les plus parfaites, ils sont portés sur des pédoncules mobiles.

Un grand nombre de crustacés ont un appareil d'audition très-bien connu et situé à la base des antennes.
Mais on ne connaît pas leurs organes de l'odorat et du
goût.

Chez quelques crustacés, la bile est sécrétée par des
vaisseaux biliaires (analogie avec les insectes) ; mais,
en général, il existe un foie volumineux divisé en plusieurs lobes et composé de petits tubes terminés en cul-
de-sac.

Le canal digestif est d'ordinaire assez compliqué. Le
sang est incolore, ou teint en bleu ou en lilas. Le cœur
n'est composé que d'une cavité, et, chose remarquable,
l'appareil artériel y est assez complet ; mais les veines
sont très-incomplètes et ne sont guère autre chose,

comme chez les insectes, que les interstices des organes
intérieurs.

[165*s*] Les crustacés sont presque tous aquatiques, et,
pour le plus grand nombre des espèces, la respiration est
branchiale. Néanmoins, c'est sous le rapport des organes
respiratoires que ces animaux offrent les gradations les
plus nombreuses.

Chez quelques espèces, les branchies manquent et la
respiration se fait par la peau des pattes.

La crevette des ruisseaux respire par des vésicules
membraneuses situées à la base des pattes.

Les cloportes respirent par de fausses pattes ou appendices foliacés cachés sous l'abdomen.

Les squilles ont des branchies flottantes à l'extérieur
de ces mêmes appendices abdominaux.

Les écrevisses, les crabes, les homards, les langoustes,
et généralement les espèces les plus parfaites, ont des
branchies de structures très-diverses et situées sous la
carapace thoracique.

Enfin, chez une espèce, le crabe de terre, qui ne vit
qu'à l'air et s'asphyxie dans l'eau, on trouve cependant
des branchies ; mais un appareil spécial y entretient l'humidité et protége ces organes contre le desséchement,
qui les rendrait impropres à leur fonction.

[165*t*] Les crustacés n'ont point de squelette intérieur,
mais leurs téguments extérieurs sont en général très-
solides et leur forment un squelette extérieur. Ceux des
espèces les plus parfaites, crabes, écrevisses, etc., ren-

ferment une forte proportion de carbonate de chaux, qui leur donne une grande dureté. A certaines époques, cette enveloppe se détache, et bientôt le tégument nouveau, d'abord très-mou, s'incruste de carbonate et parvient à la consistance qu'il doit avoir.

La coquille calcaire des mollusques ne tombe à aucune époque de la vie, parce que l'animal, à mesure qu'il se développe, allonge le tour de spire et sa grandeur, si c'est un univalve, ou bien augmente par leurs bords l'étendue des deux valves, si c'est un bivalve. Mais le crustacé, enveloppé dans sa carapace, ne peut se développer et augmenter de volume qu'en sortant de cette carapace pour s'en former une plus grande à mesure qu'il grandit.

Ajoutons que les crustacés ont les sexes distincts et sont tous ovipares ;

Et que certains crustacés contenus dans une sorte de coquille à deux valves paraissent comme des ambigus du crustacé et du mollusque.

[165*u*] Il existe d'ailleurs des animaux, l'*anatife*, la *balane* ou *gland de mer*, qui partagent beaucoup plus les caractères des mollusques et des crustacés.

Dans leur jeune âge, ces êtres, qui sont tous marins, nagent librement et ressemblent à certains crustacés inférieurs. Mais bientôt ils se fixent pour toujours aux rochers, ou à tout autre corps plongé sous l'eau de mer, et changent de forme. Leur corps, articulé, adhère par le dos, et est alors renfermé dans une sorte de coquille formée de plusieurs pièces. Ils n'ont point d'yeux, et portent douze paires de bras ou appendices qu'ils font sortir et rentrer par l'ouverture de leur enveloppe. Quant à leur organisme intérieur, il se rapproche de celui des crustacés.

Ainsi, de même qu'on a vu des êtres [165*g*], plumatelles, etc., intermédiaires entre les zoophytes et les mollusques, voici des êtres intermédiaires entre les mollusques et les crustacés.

Et, de même que nous avons vu les jeunes spongiaires se dégrader et devenir un être informe et immobile, voici des animaux très-supérieurs aux spongiaires, de jeunes êtres très-semblables aux crustacés, qui, en grandissant, se dégradent comme les spongiaires et deviennent immobiles et très-inférieurs à ce qu'ils étaient à l'origine.

Analogie effrayante de la vie d'un grand nombre d'hommes.

[166] Dans toutes les séries animales qui précèdent, on a vu le développement de l'organisme, après s'être perfectionné dans un certain nombre de formes, s'arrêter à un terme peu élevé. L'*oursin* dans les séries des rayonnés, le *poulpe* dans celles des mollusques, le papillon ou le *scarabée* dans celles des insectes, le *crabe* dans celles des crustacés, sont chacun le dernier et suprême résultat du développement de la série à laquelle ils appartiennent, et ces suprêmes résultats de chacune de ces séries sont, en définitive, des organismes extrême-

ment inférieurs au mammifère que nous avons examiné d'abord.

Nous allons maintenant voir une suite d'êtres *verté-brés* où l'organisme se développera sous nos yeux dans une même voie presque sans interruption, avec une merveilleuse variété et une puissance d'ascension extrême, depuis l'animal vermiforme jusqu'au mammifère, jusqu'à l'homme [1].

Fig. 72.

[166a] Les *poissons*. — Le premier animal que l'on trouve au-dessus du ver dans cette série, c'est la *lamproie* (fig. 72). Il en existe beaucoup de variétés : quelques-unes atteignent de grandes dimensions; mais il en est qui ne dépassent point les proportions d'un lombric [165l] et ont extérieurement, au premier regard, l'apparence d'un ver dont la bouche n'est qu'une ventouse, comme chez la sangsue. Mais cette ventouse est plus compliquée que celle de la sangsue, et tout l'organisme diffère de celui des vers. Les lamproies ont notamment des branchies réduites, il est vrai, à des sortes de

---

[1] L'un des plus beaux sujets d'étude que puissent se proposer aujourd'hui les naturalistes serait de rechercher par quelles causes nécessaires le développement organique s'est arrêté à des termes si inférieurs dans les autres séries, pendant qu'il est parvenu à de si magnifiques résultats dans les séries que nous allons parcourir.

petits sacs; en outre, elles offrent quelques traces de squelette intérieur dont toutes les parties cependant sont membraneuses. Dans certaines espèces, cette charpente est un peu plus solide; elle atteint la consistance d'un cartilage tendre. Mais cette charpente intérieure, réduite à un rudiment longitudinal qui rappelle le rachis [164o] des animaux supérieurs, ne saurait être appelée *colonne vertébrale*, car on n'y distingue point de vertèbres. Les lamproies sont rangées par tous les naturalistes dans l'immense classe des poissons, et leur organisme est, au total, beaucoup moins perfectionné que celui des autres animaux de cette classe.

Comme les insectes, les arachnides, beaucoup de crustacés et presque tous les batraciens, elles passent d'abord par un état de larve avant de parvenir à leur état parfait.

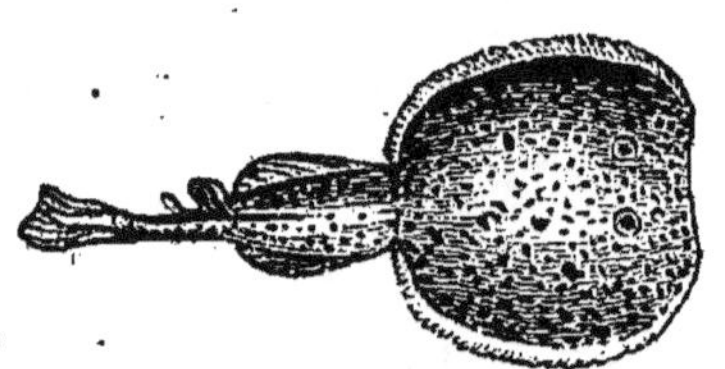

Fig. 73.

[166b] Au-dessus d'elles, dans la série considérée surtout au point de vue de la charpente intérieure, on trouve les poissons dits *cartilagineux*, les raies (fig. 73), les requins, etc., dont le squelette reste toujours à l'état cartilagineux plus ou moins dur.

Et au-dessus de ceux-ci se trouvent les autres espèces

dont le squelette peut être considéré comme osseux, quoique la composition chimique de ces os des poissons soit fort différente de la composition des os des mammifères et qu'ils ne présentent jamais de canal médullaire.

En général, ce squelette se compose d'une tête osseuse et d'une colonne vertébrale ou rachis, avec des côtes et avec des membres plus ou moins rudimentaires.

Chez les animaux supérieurs, dans le tout jeune âge, les os qui forment la tête ne sont point soudés entre eux. Chez les poissons, les os qui forment la tête ne se soudent jamais et restent toujours, sous ce rapport, à l'état où sont les os de la tête du très-jeune mammifère.

La boîte crânienne est petite et la cervelle ne la remplit même pas. Cette tête osseuse est d'ailleurs fort compliquée et porte des pièces nombreuses qui servent soit à l'insertion des branchies, soit au jeu de la fonction respiratoire.

La colonne vertébrale ne présente ni cou, ni sacrum, ni hanches ; c'est une longue suite, ordinairement droite, de vertèbres qui vont en diminuant de grosseur. Ces vertèbres ont une forme différente de celles des mammifères, et sont cependant de même disposées de manière que, par leur réunion, elles forment le canal où est logée la moelle épinière.

Certains poissons n'ont point de côtes ; d'autres en ont qui entourent l'abdomen.

Pour beaucoup d'espèces, chaque côte porte une ou deux arêtes qui pénètrent dans les chairs et les soutiennent, et même des arètes semblables partent aussi des vertèbres de certaines espèces.

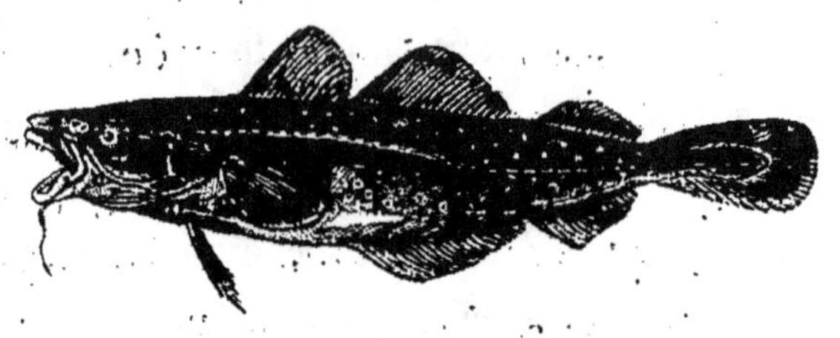

Fig. 74.

Les autres parties du squelette forment la charpente des nageoires. En général (fig. 74), il se trouve des nageoires sur la ligne médiane, au dos, et à la partie inférieure du corps; il s'en trouve à la queue; enfin il s'en trouve de chaque côté du corps. Les unes, près de la tête (nageoires pectorales), sont les analogues des bras des mammifères; les autres, plus bas et plus rapprochées, attachées au ventre, à une distance de la gorge variable selon les espèces (nageoires ventrales), sont les analogues des jambes des mammifères.

Le squelette des membres antérieurs est réduit à quelques rudiments des os des bras et des mains, et à des rayons épineux qui sont les analogues des doigts.

Le squelette des membres postérieurs est encore moins compliqué. Leur analogie avec les membres postérieurs des mammifères est moins développée, et, dans certains poissons, tels que les anguilles (fig. 75), ces analogues des membres postérieurs manquent complétement.

Le squelette des poissons cartilagineux est différent non-seulement par la consistance, mais par la forme des pièces qui le composent, et il offre une grande analogie avec le squelette des têtards [166*e*]. Ce squelette est beaucoup moins compliqué que celui des poissons osseux. La colonne rachidienne est, dans certaines espèces, réduite à un seul tube sans vertèbres distinctes. Le crâne ne se compose que d'une seule pièce sans sutures.

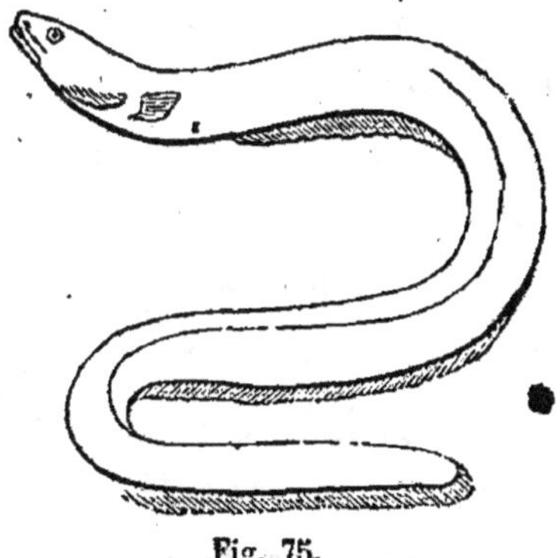

Fig. 75.

[166*c*] Les nageoires pectorales de plusieurs espèces prennent un grand développement, ce qui leur permet de s'en servir comme d'une paire d'ailes pour se soutenir quelques instants dans l'air. C'est pourquoi on les nomme *poissons volants*. Quelques espèces peuvent ramper ou sauter sur terre. Au Texas, il existe un poisson qui, lorsque les flaques d'eau qu'il habite viennent à se dessécher en été, prend son parti bien gentiment et s'en va, sautillant et rampant, trouver d'autres eaux à de

très-grandes distances. Il existe même des poissons qui grimpent sur les arbres.

La forme extérieure des poissons varie. Les uns sont aplatis, d'autres cylindriques ou coniques, etc. Ils n'ont point de cou; leur queue est d'ordinaire très-grosse, et, à son origine, extérieurement, elle ne se distingue presque pas du corps.

Leur peau est nue chez les uns, recouverte d'écailles chez les autres, et de couleurs très-variables, souvent éclatantes. Ce sont des replis de cette peau qui, étendus sur les rayons cartilagineux ou osseux dont nous avons parlé, forment les nageoires.

En arrière des mâchoires, de chaque côté de la tête, on remarque un couvercle mobile, nommé *opercule*. Au-dessous de ces opercules sont placés plusieurs *arcs* qui portent les branchies ou organes de la respiration [1]; mais, dans les espèces inférieures, telles que les lamproies et les poissons cartilagineux, les raies entre autres, ces opercules manquent et sont remplacés par des trous plus ou moins nombreux et disposés diversement selon les espèces. Cette différence extérieure correspond, en outre, à d'autres différences dans la disposition des branchies.

Le sang des poissons est rouge. Les globules de ce sang sont elliptiques et beaucoup plus grands que ceux des mammifères. Le cœur, placé sous la gorge, ne se

---

[1] Ce que les ménagères et les pêcheurs appellent les *ouïes* des poissons, n'est autre chose que leurs branchies ou organes respiratoires.

compose que d'un ventricule et d'une oreillette. Ainsi, tandis que, chez le mammifère [164a], le sang veineux, lancé d'abord par un premier ventricule (droit) vers le poumon et devenu artériel, reçoit l'impulsion d'un deuxième ventricule (gauche) pour parvenir dans toutes les parties de l'organisme, chez le poisson, le sang devenu artériel ne poursuit sa course que par l'impulsion de l'unique ventricule qui l'a envoyé vers les branchies. En un mot, leur cœur correspond à la moitié droite du cœur des mammifères ; la moitié gauche manque. Leur circulation est donc lente.

La respiration des poissons est peu active, puisque la petite quantité d'oxygène contenu dans l'eau leur suffit, et leur sang est froid, c'est-à-dire que la température de leurs organes est à très-peu près la même que celle du milieu qu'ils habitent.

Pour respirer, le poisson ouvre la bouche ; l'eau y pénètre. Il referme alors la bouche en ouvrant ses opercules, et l'eau, passant de chaque côté entre les arcs branchiaux, sort par les ouvertures des ouïes, après avoir oxygéné le sang, à travers la mince membrane des ouïes.

Retirés de l'eau, les poissons s'asphyxient en général promptement, parce que les branchies s'affaissent, se dessèchent et, ne laissant plus passer le sang, deviennent impropres à remplir leur fonction. Mais, chez les poissons rampeurs et grimpeurs dont nous avons parlé, de même que chez le crabe de terre, un appareil spécial

entretient l'humidité des branchies et permet à ces animaux de vivre hors des eaux.

Les sens des poissons sont fort obtus. Le toucher n'a
guère d'autre organe que les lèvres. Leur langue, à peu
près immobile, presque cornée et ne recevant que peu
de nerfs, doit être un faible organe du goût. Les organes de l'odorat et de l'ouïe sont plus perfectionnés, mais
très-inférieurs à ceux des mammifères. Ils n'ont pas de
paupières mobiles, ni d'appareil lacrymal, et la peau,
transparente en ce point, recouvre les yeux.

Chez les poissons plats, les yeux ne sont pas placés de
chaque côté de la ligne médiane, ils se trouvent tous
deux du même côté. Cette anomalie qui correspond dans
leur structure à d'autres anomalies semblables, ne paraît
se retrouver nulle part ailleurs dans les nombreuses séries des animaux vertébrés.

La plupart des poissons nagent très-rapidement. Un
grand nombre d'entre eux possèdent une vessie intérieure, remplie d'air, qu'ils contractent à volonté, de
manière à augmenter ou à diminuer le poids spécifique
de leur corps [30] pour descendre ou monter dans la
masse des eaux. Mais cette vessie natatoire n'existe pas
chez les poissons cartilagineux.

Presque tous les poissons dévorent tout ce qui vit, et
se dévorent les uns les autres autant qu'ils peuvent. Ils
ont presque tous des dents aiguës, et chez beaucoup
d'espèces il en existe dans tout l'intérieur de la bouche.
Ils n'ont point de glandes salivaires. L'intestin varie de

forme et de dimensions relatives. L'anus est dans certaines espèces situé sous la gorge ; d'ordinaire il est placé
vers la queue. Le foie est grand. Les reins, extrêmement
développés, se prolongent dans tout l'abdomen de chaque côté de la colonne vertébrale. Ils sont presque tous
ovipares. La femelle de beaucoup d'espèces, en une seule
ponte, peut produire des centaines de mille œufs. On
croit d'ailleurs être assuré que certains poissons subissent dans le jeune âge des *métamorphoses* analogues à
celles que nous ont montrées les insectes, et que nous
allons retrouver chez les reptiles.

Plusieurs poissons portent un appareil électrique au
moyen duquel ils foudroient à distance leurs ennemis ou
leurs proies. Le plus puissant de tous ces artilleurs, le
gymnote (fig. 75), sorte d'anguille de deux mètres de
long, peut ainsi renverser un cheval. Mais la structure de
l'appareil électrique diffère dans chaque espèce. Ainsi,
celui de la *torpille*[1] (fig. 73) de nos mers n'est pas le
même que celui du gymnote de l'Amérique méridionale,
et l'appareil électrique des *silures* du Nil est différent
des autres.

[166*d*] Parmi les poissons, nous trouvons encore un
exemple de dégradation organique, analogue à ceux que
nous ont montré les spongiaires [165*b*] et certains crustacés [165*u*].

On a récemment reconnu[2] que le *sagitta*, habitant

---

[1] La torpille est une sorte de raie.
[2] Cette découverte est due à M. Meissner, professeur à Bâle.

des mers du Nord, possède, dans la première partie de sa vie, une grosse corde dorsale qui doit suffire à le faire considérer alors comme un terme inférieur des séries de vertébrés, mais que, dans l'état adulte, il perd cette corde dorsale qui s'atrophie et disparaît complétement.

Ainsi, les progrès de la science font voir que la *métamorphose rétrograde* est un phénomène beaucoup plus fréquent qu'on ne l'avait cru, et dont toutes les séries sans doute, étant bien étudiées, fourniraient de nombreux exemples.

[166e] *Les reptiles*. — Dans la classe des poissons, le type général est assez peu modifié. Les différences, soit ascendantes, depuis les poissons inférieurs jusqu'aux poissons les plus complets, soit latérales, entre les formes principales de ces êtres, sont assez peu étendues. Au contraire, le type reptile a été extrêmement remanié et modifié très-diversement. Une collection de reptiles est, comme une collection de machines anciennes, une collection de tentatives de modifications diverses de l'être vertébré pour atteindre la construction d'un chef-d'œuvre ultérieur, et dans chacune desquelles on peut suivre des tendances, des efforts abandonnés tour à tour.

Nous parlerons d'abord des *batraciens*, grenouilles, crapauds, salamandres, etc., qui, de même que les insectes, mais à une immense hauteur au-dessus d'eux, exécutent incessamment sous nos yeux plusieurs actes du grand drame de la transformation et du développement animal.

Au sortir de l'œuf, le *tétard*, qui doit devenir une grenouille, est un poisson inférieur tant par sa forme que
par son organisme. Le tétard ne peut vivre que dans
l'eau. Il a d'abord une grosse tête sans yeux, un gros
ventre, une longue queue aplatie et point de membres.
Il n'a qu'un petit trou en guise de bouche et un tuber-
cule placé de chaque côté de la tête en guise de branchies.

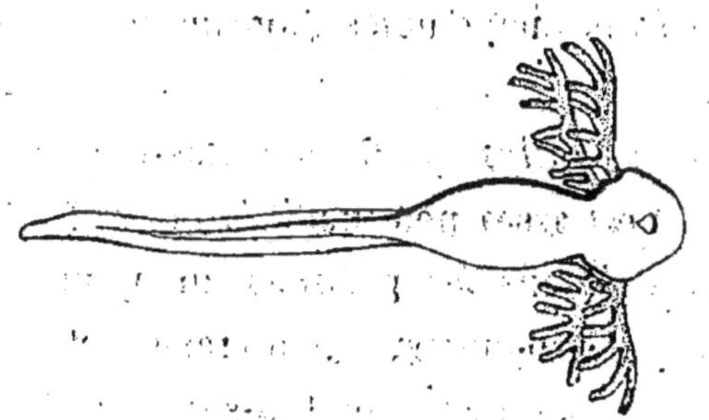

Fig. 76.

Bientôt ces tubercules s'allongent et se divisent en la-
nières. Les yeux se dessinent sous la peau, et une fente,
sous le cou, forme une espèce d'opercule. Plus tard
(fig. 76), les branchies se ramifient; il se forme à la
bouche un bec corné à l'aide duquel l'animal se nourrit
des végétaux. Peu après (fig. 77), les branchies extérieures disparaissent; la respiration s'opère par des
houppes vasculaires intérieures placées sous la gorge et
auxquelles l'eau parvient, comme chez les poissons, par
la bouche. L'eau est évacuée par une ou deux fentes
dont la position varie suivant les espèces.

Plus tard, les pattes postérieures se montrent et se développent (fig. 78). Ensuite apparaissent les pattes

Fig. 77.   Fig. 78.

antérieures (fig. 79). Le bec corné tombe ; les mâchoires se forment ; la queue s'atrophie peu à peu (fig. 80) ; des

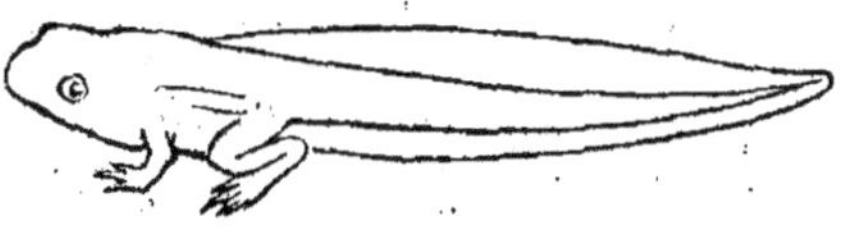

Fig. 79.

poumons se développent, et les branchies s'atrophient à mesure que ces poumons deviennent plus aptes à la respiration. Les arceaux qui portaient les branchies disparaissent, ainsi que les fentes qui servaient à la sortie de l'eau de respiration. La queue disparaît aussi, et le têtard est devenu grenouille (fig. 81).

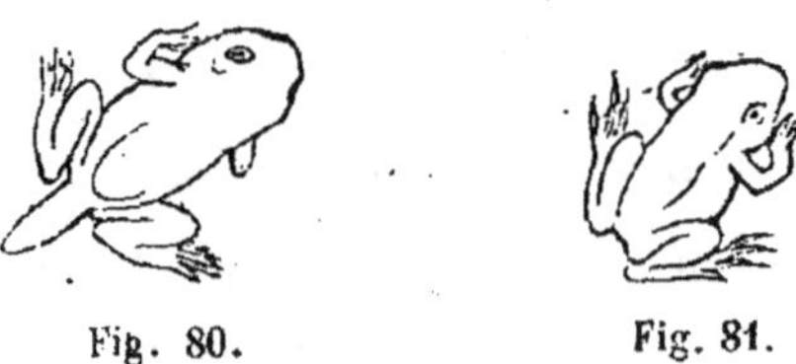

Fig. 80.   Fig. 81.

Chez certains batraciens, la transformation demeure incomplète ; ainsi les salamandres (fig. 82) conservent

leur queue de têtard, et d'autres espèces, tout en acqué-
rant des poumons, conservent leurs branchies.

Fig. 82.

On comprend que, pendant ces transformations, les
divers appareils, digestif, circulatoire, etc., doivent subir des modifications correspondantes. Mais, parvenus à
leur état parfait, les batraciens nous présentent dans
leur système circulatoire une modification particulière.
Une partie du sang veineux s'y mêle avec le sang artériel, et c'est ce mélange qui est envoyé à tout l'organisme. Cette respiration imparfaite et ce mode de circulation sont caractéristiques de toute la classe des reptiles;
mais le phénomène se produit différemment selon les
espèces, ainsi que nous le verrons plus loin.

On a cru longtemps et quelques personnes croient encore qu'il y a des *pluies de crapauds*, de même qu'il y a
des pluies de pierres [25m].

Nous avons été plusieurs fois témoin d'un fait qui explique cette croyance sans la justifier.

Sur un chemin du grand-duché de Luxembourg, dans
une étendue de plus d'un kilomètre, nous avons vu deux
fois, en juillet et août 1855, et une fois en août 1857, le

soir, à la suite d'une petite pluie chaude, une quantité
tellement innombrable de crapauds, qu'il était impossible
de poser le pied à terre sans en écraser plusieurs. Ces crapauds n'avaient pas plus d'un centimètre et demi ou deux
centimètres de longueur. Les gens du pays s'accordent à
dire qu'en cet endroit le fait se présente presque chaque
année.

Mais ce chemin est proche d'une rivière (l'*Our*) et de
prairies arrosées ; même, sur une longueur d'environ
cent mètres, il n'est qu'à cinquante pas d'un étang.

Or, dans les trois occasions où nous avons pu voir
ces multitudes de crapauds, il venaient tous manifeste-
ment du côté où se trou-
vent l'étang, la rivière et
les prairies.

.D'ailleurs, lorsque le
temps est humide en été,
on trouve toujours le
soir, sur cette route,
quelques-uns de ces pe-
tits batraciens.

. [166*f*] La forme ex-
térieure des reptiles va-
rie, depuis le serpent
(fig. 83), qui rappelle
le ver, jusqu'au croco-

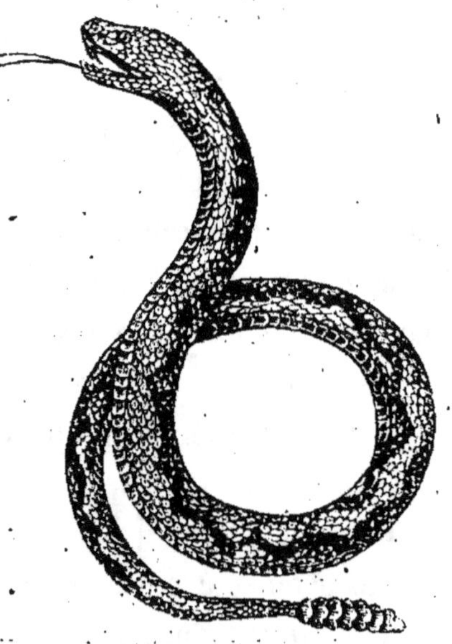

Fig. 83. *Serpent à sonnettes.*

dile (fig. 85), qui rappelle le mammifère. Ainsi, beaucoup de reptiles n'ont point de membres, et quelques-

uns n'en ont que de rudimentaires (fig. 84). Chez ceux qui en ont, les membres sont, en général, trop courts et trop imparfaitement disposés pour empêcher leur corps de ramper à terre, et c'est de là que vient leur nom générique : reptiles [1].

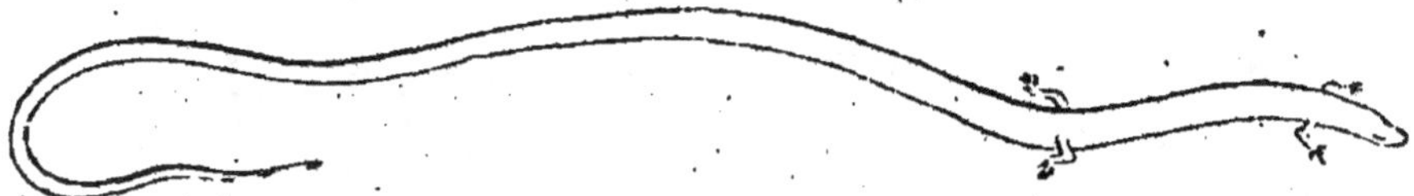

Fig. 84. *Chalcide.*

Fig 85. *Crocodile.*

Le squelette varie comme la forme extérieure, et quand on compare les squelettes d'un grand nombre d'animaux de cette classe, on voit que, excepté la tête et la colonne vertébrale, toutes les autres parties peuvent manquer dans l'une ou l'autre espèce.

Chez les serpents (*ophidiens*), les membres manquent, et les côtes sont extrêmement nombreuses; on en trouve chez la couleuvre jusqu'à trois cents paires. Ces côtes sont mobiles, et, à travers la peau, elles aident l'animal à se mouvoir sur le sol; ce qui rappelle la manière dont se meuvent certains vers.

[1] Du latin *reptare*, ramper.

Chez la grenouille, les côtes manquent complétement. Le sternum très-développé les remplace pour soutenir la poitrine[1].

Chez les tortues (*chéloniens*) (fig. 86), les côtes et le sternum sont modifiés étrangement. Ces reptiles sont recouverts d'un vaste bouclier supérieur nommé *carapace*, et munis d'un autre bouclier inférieur nommé *plastron*. Leur corps est contenu dans la cavité formée par ces deux boucliers, et leur tête, leurs membres, leur queue, passent au dehors par des ouvertures, en avant

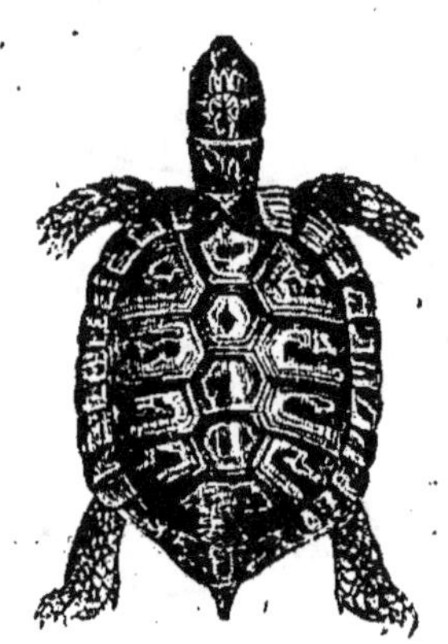

Fig. 86.

et en arrière. Or, la carapace, en dessous, montre les vertèbres engagées dans sa masse, et fait voir clairement que cette carapace est formée par l'élargissement et l'union des vertèbres et des côtes. Le plastron, lui-même, n'est autre chose que le sternum extrêmement élargi et modifié.

Pourtant il existe des tortues sans carapace et recouvertes seulement d'une peau plus ou moins coriace, et qui chez une espèce (*sphargis coriacea*) atteint la consistance du cuir.

Chez les *sauriens* (crocodiles fig. 85, lézards fig. 87), on trouve un sternum, un sacrum, des membres anté-

[1] Voyez le troisième volume.

rieurs et postérieurs, ce qui rapproche extrêmement leur
squelette de celui du mammifère ; mais les côtes sont plus
nombreuses que chez le mammifère, et il s'en trouve à l'abdomen aussi bien qu'au thorax. « Même leurs vertèbres
« du cou, dit Cuvier, portent des espèces de fausses côtes
« qui, se touchant par leurs extrémités, empêchent l'ani-
« mal de tourner entièrement la tête de côté. » Leur
tronc est sous ce rapport un tronçon de serpent auquel
sont ajoutés les membres ; c'est-à-dire que le saurien représente, dans la série des vertébrés, l'organisme du serpent s'élevant jusqu'à toucher la limite où va commencer le mammifère. Mais leurs os sont pleins comme ceux
des poissons.

Fig. 87. *Lézard marin.* — a *Dent de ce reptile.*

La plus grande variété de formes et de structure se
retrouve également dans les membres des reptiles. Chez
les tortues de terre, les doigts sont réunis dans presque
toute leur longueur. Chez les tortues de mer, ils sont entièrement réunis et aplatis de manière à former une

rame à l'extrémité de chaque membre. Chez les petites grenouilles nommées *rainettes*, les doigts sont terminés par des pelotes visqueuses qui les aident à monter le long des arbres. La peau des doigts du gecko (lézard du midi de la France) est repliée de manière à produire l'effet d'une ventouse, de sorte que l'animal peut adhérer et grimper partout. Chez le caméléon, les doigts sont opposables[1] ; ce qui lui permet de saisir les branches. Sa queue, en outre, est *prenante*, c'est-à-dire qu'elle peut s'enrouler autour des objets comme un serpent.

Certains reptiles sont *palmés*, c'est-à-dire qu'il existe entre leurs doigts des membranes qui facilitent la nage : tels sont les doigts des pattes postérieures des grenouilles. Chez le crocodile, les doigts, garnis d'ongles, sont séparés. Chez le dragon, petit reptile de l'Inde, voisin des lézards, il existe de chaque côté du corps un grand repli de la peau soutenu par les six premières fausses côtes étendues horizontalement ; ces appendices soutiennent l'animal en l'air lorsqu'il s'élance d'une branche à l'autre.

Le cerveau des reptiles est très-peu développé. Leur toucher est très-imparfait, car ils n'ont point d'organe spécial pour ce sens, et leurs téguments extérieurs sont, en général, rudes ou couverts d'écailles. Ces animaux

---

[1] On dit que les doigts sont *opposables* lorsque les uns peuvent se plier vers les autres, en sens contraire des autres. Ainsi, dans la main de l'homme, le pouce est opposable aux autres doigts, et, dans le pied de l'homme, le pouce n'est pas opposable. Ainsi encore, chez beaucoup d'oiseaux, les doigts des pieds sont opposables.

subissent des *mues* complètes ou incomplètes. Ainsi, les serpents changent de peau plusieurs fois par an, et chez les reptiles sans écailles l'épiderme tombe et se renouvelle souvent.

Les serpents, comme les poissons, n'ont point du tout de paupières. La peau, transparente en ce point, passe au-devant de l'œil. La salamandre a deux paupières en bourrelet, trop incomplètes pour recouvrir l'œil; mais chez tous les reptiles supérieurs, sauriens, etc., il s'y ajoute une troisième paupière que l'on retrouve chez les oiseaux.

L'oreille externe manque d'ordinaire complétement; l'oreille interne est plus perfectionnée que celle des poissons, et elle se perfectionne davantage à mesure que l'on s'élève dans la série.

Les organes du goût et de l'odorat sont peu développés; cependant la langue est, en général, mieux organisée que celle des poissons.

Presque tous les reptiles sont armés d'un grand nombre de dents et carnivores. Leur bouche est d'ordinaire assez grande; celle des serpents peut s'ouvrir démesurément à cause de la structure particulière de leurs mâchoires. En outre, beaucoup de serpents sont munis d'un appareil venimeux destiné à paralyser et à tuer rapidement leur proie, souvent plus grosse qu'eux. Cet appareil se compose de dents aiguës, placées de chaque côté de la mâchoire supérieure, et creusées d'un canal ou d'une gouttière. Ces dents, visibles dans la fig. 83,

introduisent dans la plaie le venin sécrété par une glande
située à la base de chaque dent et qui se trouve pressée
pendant que le reptile mord. Dans beaucoup d'espèces,
ces dents ou crochets venimeux sont mobiles, et lorsque
l'animal les perd en mordant, ils se reproduisent.

D'autres reptiles, tels que le crapaud, n'ont point de
dents ; chez les tortues, elles sont remplacées par un bec
corné et tranchant analogue au bec des oiseaux. Aucun
reptile n'a des lèvres charnues et mobiles. Les intestins
sont courts. L'appareil circulatoire varie.

[166*g*] Chez les tortues, le cœur (fig. 88) se compose
de deux oreillettes s'ouvrant dans un seul ventricule où
se mêlent le sang veineux et le sang artériel. Ces trois
cavités, attachées l'une à l'autre, sont entièrement distinctes.

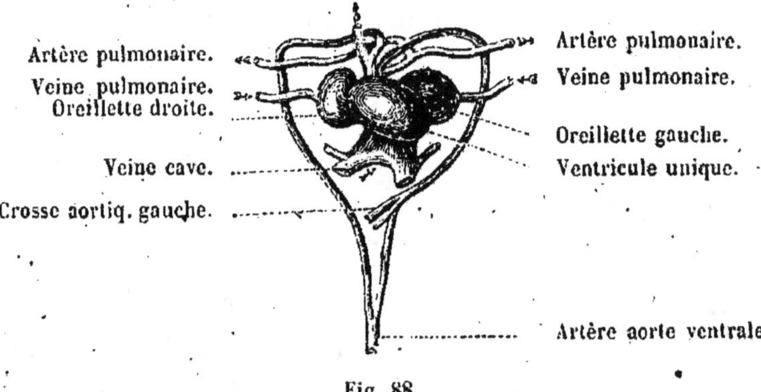

Fig. 88.

Chez les crocodiles, le cœur (fig. 89), est formé,
comme chez les mammifères, de quatre cavités, deux
oreillettes et deux ventricules. Mais, chose remarquable,

ces cavités ne forment pas extérieurement un seul corps
ovalaire comme le cœur du mammifère (fig. 35). De

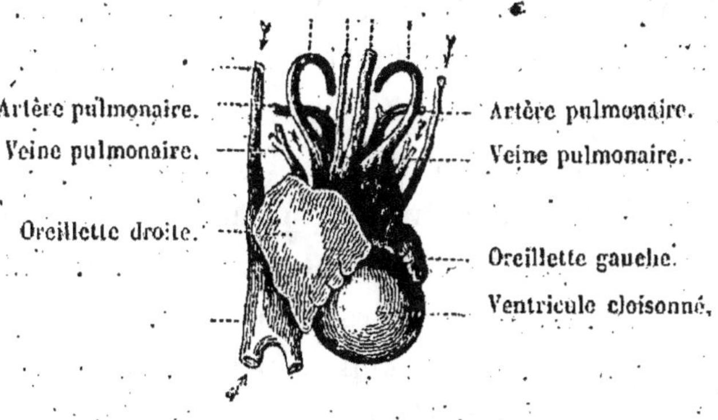

Fig. 89.

même que chez la tortue, les deux oreillettes sont extérieurement distinctes de la cavité ventriculaire à laquelle elles sont unies, et cette cavité, divisée intérieurement par une cloison, forme les deux ventricules.
Ainsi, une cloison qui sépare en deux l'unique ventricule de la tortue, voilà le progrès organique que nous
montre le cœur du crocodile. Mais le perfectionnement
du cœur n'est pas achevé. Le cœur du crocodile ne forme
pas, comme chez le mammifère, un seul corps. Les
oreillettes ne sont point encore soudées avec les autres
parties de l'organe. L'organe entier montre que l'*ajoutement* de nouvelles parties au cœur du poisson est récent.

Le cœur du crocodile étant formé de quatre cavités,
le sang artériel né s'y mêle pas au sang veineux. Mais les
deux sangs se mêlent à une petite distance du cœur, et

la moitié postérieure du corps ne reçoit qu'un mélange
de sang artériel et de sang veineux, tandis que la tête et
la moitié antérieure du corps reçoivent du sang artériel
pur. La circulation du crocodile est donc encore, sous ce
rapport, un acheminement vers la circulation du mammifère.

Les vaisseaux lymphatiques [164c] des batraciens et
des lézards présentent une particularité qui, sans doute,
se retrouve chez les autres reptiles : ils sont munis d'un
certain nombre de vésicules pulsatives, sortes de *cœurs
lymphatiques*, dont les contractions accélèrent le cours
de la lymphe et suppléent à l'insuffisance des valvules,
qui ne sont que rudimentaires.

La respiration des reptiles est peu active. Ils consomment peu d'oxygène. Chez beaucoup de ces animaux, la
peau exerce les fonctions respiratoires et agit sur l'oxygène dissous dans l'eau, aussi bien que sur l'oxygène de
l'air.

Indépendamment de ces faits si remarquables : 1° que
certains reptiles ont d'abord des branchies, puis des
poumons et plus de branchies ; 2° que d'autres, à l'état
parfait, conservent toujours poumons et branchies, un
fait général montre bien la gradation organique dont les
reptiles donnent la démonstration évidente : les cellules
de leurs poumons sont très-grandes, de sorte que la
surface totale destinée à exercer la fonction respiratoire
est moindre chez eux, à volume de poumon égal, que
chez le mammifère, où les cellules pulmonaires sont

17.

beaucoup plus petites et plus nombreuses [1]. La structure du thorax des reptiles est d'ailleurs plus ou moins défavorable au jeu de la fonction respiratoire. Enfin, dernier fait qui montre encore la gradation organique et qui se rencontre chez les reptiles inférieurs, les serpents, l'un des poumons est très-long et développé, pendant que l'autre reste rudimentaire.

Le sang des reptiles est froid, c'est-à-dire qu'ils ne développent que très-peu de chaleur et que leurs organes, comme ceux des poissons et de tous les êtres inférieurs, sont à peu près à la température du milieu qu'ils habitent. Beaucoup de ces animaux s'engourdissent même, en hiver, dans les climats tempérés ou froids. Mais la chaleur de l'été ou des zones torrides, active singulièrement toutes leurs fonctions.

Les reptiles se reproduisent par des œufs, et chez plu-

---

[1] Une moindre surface résultant de plus grandes cavités... cela peut étonner beaucoup de lecteurs.

En voici la démonstration :

Soit un centimètre cube de poumon dans lequel se trouve une cavité cylindrique d'un centimètre de diamètre et longue d'un centimètre. La circonférence étant environ triple du diamètre [24h], la surface intérieure de cette cavité sera de trois centimètres carrés environ.

Soit maintenant un centimètre cube de poumon dans lequel se trouvent seize cavités cylindriques de deux millimètres de diamètre et longues d'un centimètre. La surface intérieure de chacune de ces cavités sera d'environ soixante millimètres carrés. Les seize cavités donneront donc ensemble 60 multiplié par 16, c'est-à-dire 960 millimètres carrés. et comme il y a 100 millimètres carrés dans un centimètre carré, divisant 960 par 100, on aura plus de 9 centimètres carrés pour les surfaces réunies de toutes ces petites cavités.

C'est ainsi que de grandes cavités donnent moins de surface pulmonaire que n'en donnent beaucoup de petites cavités.

sieurs espèces, notamment chez la vipère, les œufs éclosent dans le sein de la mère. Les œufs de presque tous les reptiles éclosent sans autre secours que la chaleur du climat; mais un serpent de l'Inde, le *Python*, sorte de boa, couve ses œufs, et pendant tout le temps de l'*incubation* la chaleur de son corps s'élève jusqu'à 40°.

D'ailleurs, ce serpent n'est pas le seul qui couve ses œufs.

En 1857, dans le duché de Luxembourg, au milieu de l'été, en démolissant un petit mur adossé à des roches schisteuses, on trouva dans une cavité quatre couleuvres d'un mètre et demi de long, enroulées et immobiles sur des œufs, au nombre d'environ deux cent cinquante. Les ouvriers tuèrent les couleuvres, et dispersèrent les œufs après les avoir écrasés.

Il eût été intéressant de savoir si la température de ces reptiles était plus élevée qu'à l'ordinaire. Averti trop tard, nous ne pûmes rien examiner; mais le fait est certain.

La vitalité des reptiles est bien moins active que celle de la plupart des autres vertébrés; ce qui est très-conséquent avec leur respiration imparfaite et le mélange de sang veineux et artériel qui stimule médiocrement leurs organes. En revanche, chez eux, la persistance de la vitalité est extraordinaire. On cite de ces animaux, tortues ou autres, qui ont vécu longtemps encore après avoir été privés de tel organe dont la perte entraînerait la mort plus ou moins immédiate d'un mammifère, ou même d'un poisson. Et la queue d'un lézard, longtemps après avoir été coupée, s'agite encore lorsqu'on la pique.

[166*] *Les oiseaux.* — Dans cette classe d'animaux, les variations de la forme extérieure sont beaucoup moindres, d'une espèce à l'autre, que dans toutes les classes précédentes. Le tronc de tous les oiseaux est à très-peu près semblable ; il n'y a de différences bien marquées que dans les appendices.

Les plumes dont ces animaux sont presque tous entièrement couverts et qu'eux seuls possèdent parmi les êtres vivants, sont évidemment les analogues des poils des mammifères, — ce que confirme d'ailleurs l'analyse chimique. — Cependant la structure des plumes est beaucoup plus compliquée.

Le squelette des oiseaux est composé à très-peu près des mêmes parties que le squelette des mammifères ; mais les proportions relatives sont fort différentes. Leur tête est petite comme celle des reptiles, eu égard au volume du corps. Leurs mâchoires, très-allongées et terminées par un bec ordinairement corné, ne sont pas articulées directement comme celles des mammifères, mais d'une manière qui rappelle bien davantage le mode d'union des mâchoires des serpents. Le cou est long ; le nombre de ses vertèbres varie de douze à vingt, et même plus. La tête est articulée avec le cou de manière à permettre des mouvements de torsion plus complets que chez le mammifère : l'oiseau peut retourner la tête en arrière. Au contraire, les vertèbres du dos (dorsales) et des reins (lombaires et sacrées) sont soudées et immobiles [1]; ce qui donne à cette partie du squelette la solidité nécessaire pour servir de point d'appui aux ailes. Les vertèbres de la queue sont petites et mobiles. Les côtes sont munies d'une barre transversale au moyen de laquelle chacune s'appuie sur la suivante. Le sternum (chez les oiseaux, on l'appelle *bréchet*) est extrêmement développé et porte, en avant, une haute crête saillante qui étend et consolide la base d'attache des muscles destinés à mouvoir les ailes et donne à leurs contractions beaucoup plus d'efficacité.

Les os des bras et des mains, qui forment la charpente des ailes, sont plus ou moins modifiés ; presque tous les doigts manquent, ceux qui subsistent sont presque méconnaissables. Le pouce est rudimentaire ; le médium réduit à deux phalanges est très-long ; un petit stylet représente en outre un autre doigt rudimentaire.

Les os des membres postérieurs sont les parties du squelette des oiseaux qui présentent le plus de variations selon les espèces. Tous sont bipèdes, car les membres antérieurs ne servent jamais qu'au vol. Les rares espèces qui ne volent point et courent plus vite qu'un cheval, l'autruche, le casoar, ont les cuisses et les jambes longues et le pied petit.

D'autres espèces qui volent et courent également bien, telles que le *messager*, mangeur de serpents, ont aussi les jambes fortes et longues. Les oiseaux de proie (*rapaces*) ont

---

[1] Excepté chez les autruches et les casoars qui ne volent point.

les membres postérieurs très-forts, les doigts puissants, les ongles durs et crochus. Chez ceux qui marchent au bord des eaux, tels que les *hérons*, les pattes sont longues et grêles. Chez ceux qui, vivant sur les eaux, nagent plus qu'il ne marchent, tels que les *canards*, les jambes et les pattes sont courtes, les doigts de pied sont palmés. Les doigts sont, en général, au nombre de quatre, jamais plus. Dans beaucoup d'espèces, il n'en existe que trois, et même les *autruches* n'en ont que deux. La direction des doigts varie aussi : par exemple, chez le canard, tous les quatre sont en avant ; chez la poule, trois seulement sont en avant et un en arrière ; chez les pics, deux sont en avant, les deux autres en arrière.

Il n'entre point dans nos vues d'expliquer en détail le mécanisme du vol. Nous nous bornerons à dire que l'oiseau, en frappant de ses ailes l'air qui résiste au déplacment et lui fournit des points d'appui, tend à s'élever et à se porter en avant. Ces mouvements répétés produisent le vol.

Indépendamment de toutes les particularités qui, dans l'organisation de l'oiseau, favorisent ce mode de locomotion, la structure des os tend encore à le faciliter. Les os des oiseaux, à volume égal, ont des parois plus minces que ceux des autres animaux ; leurs cavités sont d'ordinaire plus grandes, et ces cavités sont remplies d'air. Chez les oiseaux qui ne volent point, diverses modifications correspondent à cette différence fondamentale dans leur mode de locomotion ; sauf les os de leurs membres postérieurs, leur squelette n'est pas creux et plein d'air comme dans les espèces qui volent ; le sternum est privé de crête, etc.

La structure du bec des oiseaux varie également selon leurs habitudes. Ceux qui vivent de chair ont le bec court, fort, crochu et tranchant, comme les *aigles*, les *faucons*, ou long, aigu et large, comme les *hérons*, grand avaleurs de poissons. Chez ceux qui vivent d'insectes, il est long et mince (*hochequeue*) ou largement ouvert (*hirondelle*). La structure du bec des *granivores* est intermédiaire entre le bec des *rapaces* et celui des *insectivores*. Celui des *palmipèdes* (oiseaux aux pieds palmés), tels que les *canards* et les *cygnes*, n'est pas corné, mais large et armé de dentelures de chaque côté.

Chez certains oiseaux, tels que la *bécasse*, la *bécassine*, le *courlis*, qui mangent des vers, le bec est long, mince, et la partie supérieure est douée d'une certaine mobilité à l'extrémité ; de sorte que l'oiseau peut enfoncer cette espèce de sonde dans la terre détrempée et y saisir les vers.

[166*i*] L'encéphale, plus développé que chez les reptiles, l'est beaucoup moins que chez les mammifères. Le tact est très-imparfait, car il n'est bien servi chez les oiseaux par aucun organe. L'appareil de l'odorat est plus perfectionné, mais très-inférieur à celui des mammifères. Le goût est presque nul, car leur langue est cartilagineuse ; excepté chez les perroquets qui sont en effet plus délicats et gourmets.

Les pics ont la langue constituée de manière à pouvoir être dardée rapidement et fort loin hors du bec, comme font certains reptiles (les caméléons), pour saisir les insectes.

L'appareil de l'ouïe, bien plus perfectionnée extérieurement et intérieurement que chez les reptiles, est fort inférieur à celui des mammifères, et l'oreille n'a jamais de pavillon.

Mais l'appareil de la vue est très-parfait, et c'est chez les oiseaux de proie qu'il atteint la plus grande puissance que l'on ait observée parmi tous les êtres vivants. Les yeux des oiseaux sont grands; ils sont munis de trois paupières, comme ceux des reptiles supérieurs : deux sont situées horizontalement, comme chez les mammifères; la troisième, intérieure, est verticale. En outre, ils possèdent une certaine membrane, nommée *peigne*, qui paraît destinée à faciliter les fonctions de l'organe de la vue. Ils ont des glandes lacrymales.

Comme dans toutes les classes d'animaux, la disposition du tube intestinal varie entre les espèces selon leur nourriture habituelle. L'œsophage communique avec une poche, nommée *jabot*, placée à la base du cou, et qui manque chez l'autruche et les *piscivores* (mangeurs de poissons). Au-dessous du jabot apparaît un second renflement peu étendu où est sécrété le suc gastrique. Ce renflement est suivi du *gésier*, puissant organe musculaire qui, par ses contractions, *mâche* et triture les aliments. Chez les espèces qui se nourrissent de substances

.animales, il est moins développé. Mais dans les *grani-vores*, dont les aliments sont d'une digestion plus difficile, le gésier est doué d'une force extraordinaire.

L'intestin grêle et le gros intestin, qui viennent ensuite, ont ensemble une longueur relativement moindre que chez les mammifères. Le foie est grand, les reins très-développés. Mais, de même que chez les reptiles, il n'y a point de vessie ; l'urine aboutit dans le gros intestin.

Le sang des oiseaux est plus riche en globules que celui des reptiles, et même que celui des mammifères. Ces globules sont elliptiques comme ceux des reptiles. Sauf de légères modifications, l'appareil de la circulation est le même que chez le mammifère.

Mais l'appareil de la respiration réunit les conditions du mammifère à d'autres conditions supplémentaires qui rappellent ce qui se passe chez l'insecte.

Il existe dans tout le corps des oiseaux des lacunes, des vides, entre tous les organes et dans la masse des tissus. Ces lacunes sont d'autant plus grandes que les oiseaux sont meilleurs voiliers. Les poumons sont en communication avec ces vides qui se trouvent ainsi constamment remplis d'air. La respiration se fait donc non-seulement, comme chez les mammifères, dans les poumons sur le sang qui y afflue, mais, en outre, comme chez les insectes, elle s'opère dans ces vides, sur le sang qui parcourt les tissus. Dans ces conditions, la respiration des oiseaux est très-active et ils consomment plus

d'oxygène qne les mammifères. Aussi sont-ils plus facilement asphyxiés.

On conçoit également qu'ils doivent développer une
plus grande chaleur. La température de leur corps s'élève
en effet à 41°, et même 44°, et l'épais vêtement de plumes
dont ils sont couverts les protége contre le refroidissement.

Tous les oiseaux sont ovipares comme les reptiles.
Une certaine chaleur étant nécessaire pour les faire
éclore, ces animaux doivent couvér leurs œufs. Cependant un oiseau de nos climats, le coucou, ne couve point
lui-même ces œufs; il les dépose dans des nids de fau-
vettes ou d'autres insectivores, qui les font éclore et les
élèvent.

Le nombre des espèces d'oiseaux aujourd'hui connues
est d'environ 5,000.

Nous reviendrons ailleurs longuement sur les instincts
et les mœurs de ces animaux.

L'oiseau est voisin du reptile. La petitesse de sa
tête, l'organisation de ses yeux, la disposition de ses
mâchoires, son cou long et tortueux, sa reproduction
ovipare, ses pattes écailleuses, dont la forme rappelle
celles des sauriens pour les oiseaux non palmés, et celles
des batraciens pour les oiseaux palmés, enfin le pic avec
sa langue de caméléon [166i], semblent indiquer que
l'oiseau est le résultat d'un développement particulier du
reptile, développement qui n'a pas été proportionnel à
lui-même dans toutes les parties du type, le cou, la tête

et les pattes restant très-voisins du reptile, ainsi que le système reproducteur, tandis que les systèmes circulatoire et respiratoire se sont perfectionnés presque isolément, et que les membres antérieurs ont été très-modifiés.

Surtout, le regard de beaucoup d'oiseaux, par sa fixité, l'ouverture ronde des paupières, la couleur de la pupille, et un je ne sais quoi physionomique, rappelle extrêmement le regard des serpents.

[166j] *Mammifères.* — Les oiseaux viennent de nous montrer un vaste groupe plutôt qu'une série; mais les mammifères vont nous offrir un ensemble de séries graduées, plus ou moins incomplètes, depuis les *pisciformes* (1) jusqu'aux quadrupèdes terrestres plus ou moins analogues au cheval, et jusqu'aux singes plus parfaits encore, — séries que nous verrons ailleurs aboutir enfin à l'homme, terme historique suprême et dernier des modifications ascendantes du type vertébré.

De même que les oiseaux possèdent des plumes, les mammifères possèdent, presque tous, des poils. Ces appendices, très-différents d'aspect, de couleur, de longueur et de finesse selon les espèces, tels que le crin du cheval, la laine du mouton, les soies du sanglier, la fourrure du renard, le poil du chien, etc., ne sont que des modifications différentes d'un même produit de la peau. Presque tous les animaux garnis de poils sont sujets à *muer,* c'est-à-dire subissent une chute pério-

<hr>

1 En forme de poissons.

dique de leurs poils, comme les oiseaux subissent une chute périodique de leurs plumes.

Les mâchoires de tous les mammifères sont articulées directement l'une à l'autre, et tous ont sept vertèbres au cou, sauf deux espèces: le lamentin, qui en a six, et l'aï, qui en a neuf.

[166*jj*] Les moins complets des mammifères sont les *cétacés*. On comprend sous ce nom générique les baleines, les marsouins, les dugongs, etc., qui tous habitent les mers.

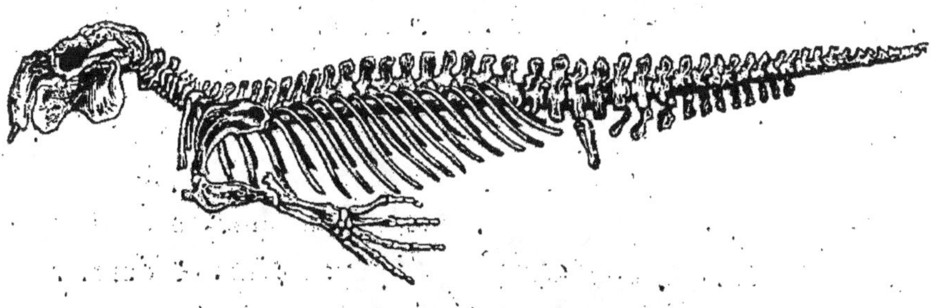

Fig. 90. *Squelette de Dugong.*

Extérieurement, ces animaux, qui atteignent de très-grandes proportions, — la baleine a souvent trente mètres de long, — ressemblent à un poisson. La peau est nue, dépourvue de poils et d'écailles.

Le squelette (fig. 90) nous montre une tête osseuse, une colonne vertébrale terminée par une queue énorme, des membres antérieurs très-raccourcis où l'on retrouve les parties analogues du squelette des autres mammifères; des côtes qui existent à l'abdomen aussi bien qu'au thorax, comme chez beaucoup de poissons et chez beaucoup

de reptiles, mais point de bassin ni de membres postérieurs; de sorte que ce squelette rappelle celui de certains poissons inférieurs où l'on ne trouve pas de ves-
tiges des membres-postérieurs. Il rappelle aussi l'état
où le têtard ne possède encore que deux pattes. Mais

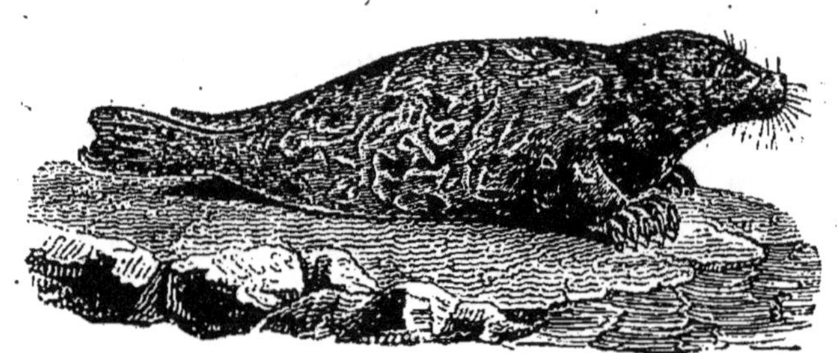

Fig. 91. *Phoque.*

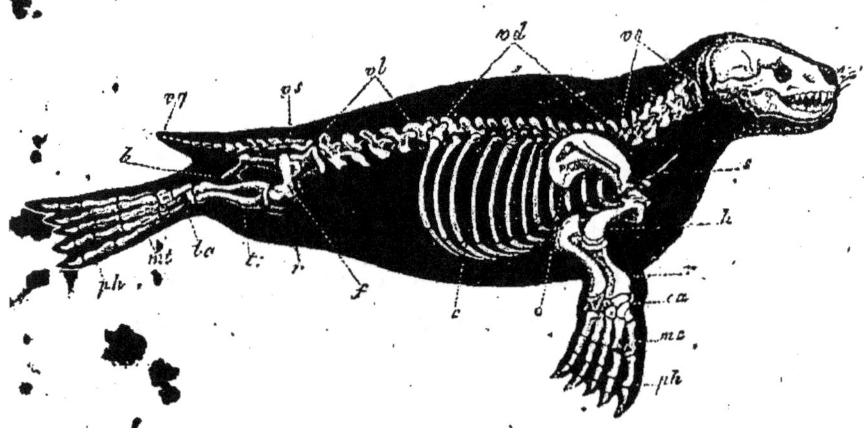

Fig. 92. *Squelette du Phoque.*

l'existence des mamelles et l'ensemble de l'organisation interne, qui se rapproche extrêmement de l'organisme général des mammifères, ne peuvent laisser aucun

doute sur la série à laquelle appartiennent les cétacés.

[166*k*] Immédiatement au-dessus d'eux viennent les *phoques* (fig. 91), les *morses*, etc., marins comme les précédents. Leur squelette (fig. 92) montre le passage du cétacé au mammifère terrestre. En outre des membres antérieurs, les membres postérieurs existent, ainsi que le bassin. Ces membres postérieurs sont enfermés sous la peau et couchés en arrière, de façon que la forme de l'animal se rapproche encore de celle d'un poisson dans la partie postérieure du corps. Mais tandis que chez les cétacés la queue est énorme, ici elle est très-petite, et ce sont les membres postérieurs du phoque qui, étendus en arrière, simulent la queue. Quant à la partie antérieure du corps, elle est bien plus perfectionnée que celle des cétacés. Les bras et les doigts, chez ceux-ci, sont extrêmement méconnaissables sous la peau qui les recouvre en forme de nageoire aplatie; tandis que, chez les phoques et leurs analogues, les membres antérieurs sont déjà de véritables pattes avec commencement de séparation des doigts qui sont armés d'ongles. D'ailleurs, au lieu que le cétacé, comme beaucoup de poissons et de reptiles, porte des côtes non-seulement au thorax mais à l'abdomen, le phoque, comme les mammifères supérieurs, n'a de côtes qu'au thorax. Enfin, la peau de ces animaux est plus ou moins garnie de poils.

Leurs mœurs sont, comme leur structure, intermédiaires entre les mœurs des cétacés et celles des quadrupèdes terrestres; car tandis que les cétacés ne quittent jamais les eaux, hors desquelles l'imperfection de leurs membres ne leur permettrait pas de se mouvoir, les phoques et leurs analogues sortent souvent de la mer pour s'ébattre sur le rivage, où, s'aidant de leur queue formée des membres postérieurs et de leurs pattes antérieures, ils se meuvent avec vitesse ; c'est pourquoi on les nomme *amphibies*.

Cette série si importante, et qui continue la démonstration commencée par l'insecte [165*n*] et le batracien [166*e*], s'arrête ici.

[166*l*] A un rang plus élevé sous certains rapports, très-inférieur sous d'autres rapports, mais sans former suite à la série précédente, se trouve l'*ornithorhinque*, qui paraît intermédiaire entre les oiseaux et les mammifères, car l'intestin et les canaux urinaires débouchent, comme chez l'oiseau, dans un cloaque commun.

Le caractère intermédiaire de ce singulier animal se manifeste également dans son mode de reproduction, ainsi que nous le verrons ailleurs. De plus, certaines particularités de son squelette rappellent le lézard et l'oiseau. Il porte aux pieds de derrière un ergot venimeux. Enfin, ses mâchoires se terminent par un large bec très-semblable au bec du canard.

L'*échidné* est organisé d'une manière analogue.

[166*m*] A un rang plus élevé que tous les précédents, sous presque tous les rapports, se trouvent les *sarigues*, les *phalangers*, les *kanguroos*, tous habitants de la Nouvelle-Hollande. Au point de vue de la reproduction

ils sont encore, mais autrement, intermédiaires entre les ovo-vivipares et les mammifères. Ils portent sous le ventre une poche où leurs petits, qui naissent très-imparfaits, se réfugient, s'attachent aux mamelles et se développent. Cette poche est soutenue par des os que l'on ne trouve pas chez les autres mammifères.

Les animaux ainsi organisés sont désignés sous le nom générique de *marsupiaux*.

[166*n*] Une série peu étendue, mais bien graduée, commence au *fourmilier*, animal sans dents qui se nourrit d'insectes, au-dessus duquel se placent d'autres *insectivores*, les *tatous* entre autres, qui ont des dents molaires et des canines, mais point d'incisives.

[166*o*] Au-dessus des précédents se trouvent les *rongeurs : souris, rats, lièvres, lapins, écureuils*, etc., qui, sous le rapport de l'appareil dentaire, continuent la série précédente, car ils ont des molaires et des incisives, mais point de canines.

[166*p*] Très-différents sous plusieurs rapports, *l'éléphant*, le *rhinocéros*, *l'hippopotame* ont un certain air de famille, ou plutôt de contemporanéité, par leur taille énorme, informe, l'épaisseur de leur peau, leurs pieds garnis d'ongles larges et épais qui environnent leurs doigts. Le dernier est amphibié et habite les fleuves [1]. Puis vient le *tapir*, intermédiaire à certains égards entre l'éléphant et le sanglier, non-seulement par sa

---

[1] Du grec *hippos*, cheval, *potamos*, fleuve.

forme générale, mais par sa taille, ses habitudes et sa trompe, terme moyen entre la longue trompe nasale de l'éléphant et le nez allongé et mobile des sangliers.

[166*q*] Par ses défenses, son long nez mobile et l'épaisseur de sa peau, par ses doigts enfermés dans des ongles épais, et je ne sais quoi d'informe et de grossier, le vaste groupe *sanglier* et toutes ses variétés rappellent le groupe précédent.

[166*r*] Au-dessus des sangliers, et portant aussi ce signe de rudesse et de structure grossière, apparaît le groupe des *ours*. Les mœurs, dans ce groupe, montrent une série, un passage du végétivore au carnivore, les uns se nourrissant seulement de racines ou de fruits, d'autres presque exclusivement de chair, d'autres mangeant indifféremment les fruits, les racines et la chair.

Mais l'ours a une énorme supériorité sur le sanglier ; les doigts, au lieu d'être, comme chez celui-ci, enfermés dans une corne épaisse, sont longs, séparés, bien articulés et terminés par des ongles pointus et indépendants.

[166*s*] Apparaissent ensuite deux formes réellement différentes, quoique très-analogues : c'est le groupe cheval, âne, zèbre, hémione, etc., et les cerfs, chevreuils, daims, rennes, élans, antilopes, gazelles, etc. Tout à côté de ces derniers, le groupe chèvre ; à côté de celles-ci, le groupe bélier.

Certainement, il y a beaucoup de rapports de forme entre le cheval et le cerf, surtout en passant par le renne, et une série de formes parfaitement graduées du cerf au bélier. Mais, quoique le cheval soit sans aucun doute le plus beau des quadrupèdes, il y a encore chez lui, outre sa masse et sa grande taille, plus d'un trait de la physionomie puissante et étrange du groupe éléphant, du groupe sanglier et de l'ours.

[166t] Cette rude et forte empreinte est bien plus marquée dans les *bœufs*, les *aurochs*, les *buffles*, et surtout dans le *bison* à l'œil terrible.

[166u] Un petit groupe de grandes espèces très-voisines les unes des autres, les chameaux, les dromadaires, les lamas, ruminent comme les précédents, mais n'ont point de cornes, et sont les seuls mammifères chez lesquels on ait trouvé les globules du sang elliptiques comme ceux des poissons et des reptiles.

[166v] Grossière de formes autant que les sangliers, mais d'un aspect encore plus bestial, nous trouvons l'*hyène*, mangeuse de cadavres : c'est en quelque sorte un chien trapu, ignoble et contrefait. Son arrière-train est beaucoup plus bas que son avant-train, et elle n'a que quatre doigts à tous les pieds.

Très-au-dessus d'elle nous voyons le loup, qui a encore, comme l'hyène, la partie antérieure du corps très-développée et la partie postérieure plus basse et moins forte; mais il a cinq doigts aux pieds de devant, ainsi que toute la chiennerie, le renard, le chacal, etc.

Cette série se termine au *guépard*, qui a les pattes et le corps du chien, avec la tête et la queue de la panthère.

Cuvier, parlant d'un guépard que possédait le muséum, remarque « l'extrême douceur de cet animal, la facilité avec laquelle il s'apprivoise et s'attache à son maître... il est si familier qu'on n'a nul besoin de l'enfermer ; il joue avec ceux qu'il connaît ; obéit à beaucoup de commandements, et aime surtout les chiens. Sa taille est singulièrement élancée, ses jambes plus hautes, sa queue plus longue et sa tête plus petite et surtout plus courte qu'à aucun autre grand felis... les ongles sont moins rétractiles, moins crochus, moins tranchants que ceux des autres chats et ressemblent presque à ceux des chiens. » *Fossiles*, t. IV, p. 431..

Cuvier parle encore, t. IV, p. 586, d'un animal du cap de Bonne Espérance, l'*hyène peinte* « dont les doigts et les ongles sont en même nombre que dans les hyènes... ses mâchoires sont exactement celles d'un chien... » (sauf une différence presque insignifiante.) « aussi cet animal a-t-il les mœurs du chien... Les Hollandais l'appellent *chien sauvage*... »

« Il est évident, ajoute le grand anatomiste, que cette *hyène peinte*, ce *chien sauvage*, ce *chien hyénoïde*, doit former un sous genre dans le genre chien, qu'il liera plus intimement avec celui des hyènes. . »

[166x] Inférieurs aux *chiens* sous beaucoup de rapports, mais destructeurs plus puissants, grâce à leurs *ongles rétractiles*, nous voyons les féroces espèces nocturnes (*felis*), dont le chat est le type (lynx, léopard, panthère, jaguar, tigre, etc.) et que domine le lion.

[166y] Un autre groupe de carnivores, *belette*, *putois*,

hermine, martre, fouine, etc., a de grandes analogies de formes avec les rongeurs. Il semble que c'est un écureuil armé de canines aiguës qui en est le type.

[166*z*] Viennent alors les séries des singes (*quadru-manes*). Elles commencent par certains êtres féroces, les uns évidemment voisins du chien, les autres plus voisins de l'ours par leurs énormes dents canines, la petitesse ou l'absence de la queue, parce que surtout la patte de l'ours est déjà un organe de préhension très-voisin de la forme et des proportions d'une véritable main. De plus, l'ours s'asseoit souvent les bras en l'air comme le singe, et l'on voit chez lui ce même naturel bateleur et jongleur du singe.

D'autres singes ont avec l'écureuil une parenté de forme saisissante. En effet, les pattes antérieures des écureuils, organes de préhension aussi parfaits que peut l'être un membre où le pouce n'est pas opposable, leur servent souvent comme des mains pour prendre et porter les aliments à la bouche, pendant que, assis sur leur derrière, ils rappellent la physionomie et la forme géné-rale de certains jolis petits singes. Mais ces analogies ne comblent pas l'immense distance qui sépare le singe de l'écureuil et de l'ours, car, chez cet être, le pouce de chaque membre peut s'opposer avec les autres doigts; de sorte que les singes n'ont point de pieds, ni de pattes, mais quatre mains : c'est pourquoi on les nomme *qua-drumanes*[1]. D'ailleurs, parmi ces animaux, il y a des

[1] Latin, *quadra*, quatre; *manus*, mains.

gradations nombreuses. Certaines espèces marchent toujours sur leurs quatre membres; d'autres, plus parfaites, se tiennent plus habituellement sur leurs membres postérieurs, s'aidant seulement de temps à autre d'une main de devant pour marcher, ce qui leur est facile à cause de la grande longueur de leurs bras. Même quelques espèces s'appuient sur un bâton en marchant, et, chez celles-ci, les mains antérieures ne font guère que des fonctions de préhension. Beaucoup ont une longue queue, qui leur sert comme une cinquième main pour monter sur les arbres ; mais les espèces les plus parfaites n'ont point de queue.

Enfin, des caractères d'une extrême importance, que nous examinerons plus tard, et parmi lesquels nous citerons ici seulement la situation des deux mamelles placées sur la poitrine, assignent à ces êtres une place très-voisine de l'homme. Mais l'homme, qui vient immédiatement au-dessus, sera, ainsi que nous l'avons déjà dit, l'objet d'une étude spéciale.

[166zz] Les chauves-souris, hideuses bêtes dont il existe beaucoup d'espèces, ont également les mamelles placées sur la poitrine. Cependant, sous beaucoup d'autres rapports, les chauves-souris ne sont pas à une grande hauteur dans la série générale des mammifères. Leur cerveau est fort peu développé, leurs membres postérieurs sont petits, et leurs membres antérieurs, très-longs, au contraire, se terminent par des doigts d'une longueur démesurée. Un grand repli de la peau est

étendu à la fois sur les membres inférieurs, sur la queue et sur les membres antérieurs jusqu'à l'extrémité des doigts, comme la soie d'un parasol sur les baguettes mobiles. Quand l'animal reste en repos, marche ou grimpe, il replie cette peau ; quand il veut se soutenir dans l'air, il étend les membres, et la peau tendue forme des espèces d'ailes, au moyen desquelles il vole à peu près comme un oiseau. Et tandis que, chez les mammifères, le sternum est d'ordinaire étroit et aplati, chez beaucoup de chauves-souris on observe sur la ligne médiane de cet os une crête élevée, analogue au bréchet des oiseaux, et qui sert de même à donner plus de force aux membres antérieurs.

[167] Beaucoup de mammifères ont la tête armée de cornes dont la structure varie selon les espèces. Chez le rhinocéros à une corne ou à deux cornes, ces appendices, situés au milieu et presque à l'extrémité du nez, sont attachés à la peau, dont ils dépendent, et ne tiennent point aux os de la tête. Leur texture, leur situation et leur composition chimique les doivent faire considérer comme étant de même nature que les ongles et les poils.

Chez la girafe, les deux cornes placées vers le sommet de la tête, comme chez toutes les espèces qui suivent, à quelques différences près, les cornes, adhérentes aux os du crâne et d'une structure osseuse, sont des dépendances du système osseux, recouvertes par la peau, et qui ne tombent jamais.

Chez les cerfs et tous leurs analogues, les mâles seuls

portent des cornes osseuses, comme chez la girafe, et recouvertes de même par la peau dans les premiers temps
de leur croissance. Mais la peau qui les recouvre ne tarde
pas à tomber en lambeaux, et, après un certain temps,
le *bois* de ces animaux se détache et tombe également.
Bientôt après, ce bois repousse pour tomber de même
l'année suivante.

Enfin, chez les chèvres, les béliers, les bœufs et leurs
analogues, ces appendices de la tête se trouvent également chez le mâle et chez la femelle, et réunissent la
double structure. Leur axe est osseux et dépendant des
os du crâne, et il est recouvert par une gaîne cornée.
Les cornes de ce genre croissent pendant toute la vie de
l'animal et ne tombent pas comme celles des cerfs et de
leurs analogues.

[167*a*] En général, l'appareil digestif des mammifères
est plus ou moins semblable à celui que nous avons décrit [164*b*]. Mais, dans un grand nombre d'espèces her-
bivores, qui sont : tous les cerfs et la girafe, tous les
boucs, tous les béliers, tous les bœufs, c'est-à-dire tous
les mammifères à cornes osseuses, et le chameau, ainsi
que ses rares analogues, au lieu d'un seul estomac, il y
en a quatre. Le premier et le plus vaste, nommé *panse*,
reçoit d'abord les aliments ; mais, après son repas, l'animal, couché ou debout, ramène dans sa bouche, pelote
par pelote, les aliments contenus dans sa panse. Il les
mâche avec soin une seconde fois, et les avale de nouveau. Cet acte digestif est désigné par le verbe *rumi-*

ner, et les animaux où on l'observe sont dits *ruminants*.

Lorsque la pelote ainsi remâchée est avalée une seconde fois, elle ne retourne pas dans la panse, mais dans un autre estomac appelé *bonnet*, à la suite duquel se trouve le troisième estomac, appelé *feuillet*, et enfin le quatrième, appelé *caillette*.

Les ruminants n'ont point de dents sur le devant de la mâchoire supérieure, et, en ceci, ils continuent la série des animaux à denture incomplète [166*n*] [166*o*].

[167*b*] La longueur totale de l'intestin varie extrêmement; elle est en rapport avec le régime de l'animal. Chez ceux qui vivent d'herbes, nourriture qui n'est substantielle que sous un grand volume, le travail digestif est plus difficile; il faut un intestin plus long pour absorber tout ce qui est assimilable dans cette nourriture. Chez le mouton, par exemple, la longueur de l'intestin est d'environ vingt-huit fois la longueur de l'animal, tandis que chez ceux (lions, tigres, etc.) qui vivent de chair, nourriture facile à digérer, très-substantielle et immédiatement assimilée, la longueur de l'intestin n'est que de trois ou quatre fois celle de l'animal.

L'appareil de la circulation et celui de la respiration sont très-uniformes chez les mammifères. Quant aux organes des sens, c'est chez eux qu'ils sont, en général, le plus parfaits; mais le degré de cette perfection est très-variable entre les diverses espèces, et correspond au développement varié du système nerveux et au perfectionnement spécial plus ou moins grand des organes.

PARASITES

[168] De même que certaines espèces végétales vivent aux dépens d'autres végétaux [160], il existe des animaux qui vivent en parasites sur d'autres animaux.

Ces êtres, du moins ceux que l'on connaît jusqu'à ce jour, n'appartiennent ni aux rayonnés [165*f*], ni aux mollusques [165*h*], ni aux vertébrés [166]. Ils sont tous annelés [165*l*] ou articulés [165*m*].

Les plus simples de tous sont les *helminthes*, sortes de vers qui ont des analogies marquées avec les lombrics et les sangsues, et qui se rencontrent principalement dans les intestins des animaux, mais souvent aussi dans le foie, dans les yeux, dans le tissu cellulaire, dans les muscles, et même dans le cerveau.

Le *ténia* ou *ver solitaire*, qui parvient à une très-grande longueur, est le géant de ces espèces nombreuses, dont l'organisation est en général très-inférieure à celle des vers.

Au-dessus de ceux-ci on trouve d'autres espèces qui se rapportent aux crustacés [165*q*]; parasites des poissons pour la plupart, leur structure est très-variée. En général, ils subissent beaucoup de métamorphoses dans leur jeune âge. Dans certaines espèces, ils se déforment en restant fixés sur l'animal qu'ils sucent ; les pattes s'atrophient, deviennent rudimentaires ; le corps devient monstrueux. Leur organisation est, au total, inférieure à celle des crustacés non parasites.

Au-dessus de ceux-ci on trouve des espèces qui sont de véritables arachnides trachéens [165*p*] ; ils sont supérieurs aux précédents en organisation, mais ils restent toujours très-petits. Parmi eux nous citerons les *sarcoptes* qui fouillent la peau de l'homme et des animaux, et produisent la *gale*. Il est remarquable que la gale, chez l'homme et les divers animaux, est produite par des sarcoptes différents qui ne se communiquent pas d'une espèce à l'autre. Enfin, beaucoup de parasites se rapportent aux insectes [165*n*] : tels sont les poux.

Tous ces êtres ne peuvent vivre et se reproduire que sur les animaux ou dans leur corps en suçant leur substance.

[168*a*] D'autres insectes ne sont parasites qu'à l'état de larves. Arrivé à l'état parfait, l'insecte, muni d'ailes, parcourt l'air, et va déposer ses œufs dans la peau du bœuf et d'autres animaux, où ils doivent se développer.

[168*b*] Une foule d'insectes ailés, les cousins, les moustiques, etc., qui peuvent se développer et vivre sans être attachés aux flancs des animaux, les recherchent avidement pour sucer leur sang. Mais ce ne sont point de vrais parasites ; ce sont des ivrognes qui boivent le sang comme d'autres, tels que les guêpes, boivent le jus de la vigne ou des fruits.

[168c] L'histoire du parasitisme animal est encore à faire. Raspail en a le premier compris toute l'importance. Les animaux, ainsi que l'homme, sont sans cesse exposés à être la proie d'un grand nombre de ces espèces.

Aux environs de Neurbourg (Prusse rhénane), il y a une vingtaine d'années, un chasseur ayant tué un renard, se mit aussitôt en devoir de l'écorcher. Dès qu'il eut ouvert la peau, qui était intacte, il fut fort étonné de voir que le corps de l'animal était traversé en tous sens par des milliers de vers minces comme un fil, longs de quatre à cinq centimètres, qui se mouvaient avec rapidité. Leur tégument extérieur était très-résistant; leur extrémité, très-pointue, était assez dure pour piquer la peau de l'homme comme une épingle.

Ce fait présente ceci de singulier que le renard, quoique assez maigre, ne paraissait pas avoir souffert beaucoup de la présence de ces innombrables parasites. Au moment où il fut tué, il accourait allégrement de fort loin vers le buisson où se reposait le chasseur.

[168d] Les papillons, les coléoptères, etc., ont aussi leurs parasites. Mais ces parasites des insectes rendent parfois de grands services à nos cultures.

C'est ainsi que la multiplication d'une sorte de petit cousin jaune (*la cécidomye du froment*) qui dépose ses larves dans les grains de blé qu'elles dévorent sur pied, est restreinte par l'*inostema punctiger*. A peu près de la grandeur de la cécidomye, mais noir, il porte une tarière plus longue que son corps, terminée en fer de lance. A

l'aide de cet instrument, il dépose ses œufs dans les enveloppes du blé où les cécidomyes ont placé les leurs. Et
les larves du punctiger dévorant celles de la cécidomye,
le blé se trouve préservé.

[168e] On a vu que certains êtres dont la nature végétale est d'ailleurs douteuse selon nous, sont parfois parasites des animaux [160b]. Et l'on voit ici que beaucoup
d'insectes sont parasites des végétaux.

De même qu'un insecte parasite détermine chez certains
acéphales la production des perles [165i], les parasites
déterminent souvent, par leur présence sur les végétaux,
des productions diverses dont plusieurs sont très-utiles.

La *noix de galle*, entre autres, que l'on trouve sur les
feuilles des chênes, est l'effet de la présence d'une larve
parasite.

La piqûre faite par le *cynips*, pour déposer ses œufs
dans le parenchyme de la feuille, détermine une sécrétion
qui forme cette excroissance où la larve puise ensuite sa
nourriture.

Or, la noix de galle fournit en abondance, à l'aide d'une
préparation très-simple, un acide organique ternaire
[158r], le *tannin*, très-employé dans les laboratoires de
chimie, employé également en pharmacie, et qui sert à la
fabrication de l'encre.

Mais il paraît résulter d'observations et d'expériences
récentes que la truffe est également due à l'action d'un
parasite sur certains chênes.

Les naturalistes étaient en doute sur la nature de cette

production adorée des gourmands, et que l'on recueille à
'aide des cochons, qui l'adorent également, et indiquent
sa présence en fouillant la terre avec leur grouin.

Les truffes ne se trouvent que dans certaines terres
calcaires au pied des *chênes verts* et des *chênes blancs.*
On avait remarqué que dans les bois où se rencontrent
les truffes on observait toujours certaines petites mou-
ches nommées *tipules*, dont il existe plusieurs espèces.

On est arrivé à conclure que les tipules, pénétran
dans le sol, piquent les fibrilles de ces chênes pour y déposer leurs œufs, et que cette piqûre détermine la formation de la truffe, comme la piqûre d'un autre insecte détermine la formation de la noix de galle.

Au reste, lorsque les noix de galle sont abondantes sur
les chênes truffiers, on est assuré d'une mauvaise récolte
de truffes ; ce qui confirme la nouvelle théorie, car il est
naturel que l'arbre étant épuisé par la formation des noix
de galle sur les feuilles, ne puisse en même temps fournir abondamment, par ses fibrilles, la sécrétion qui donne
la truffe.

----

[169] Nous ne dirons rien des classifications animales.
Plusieurs *coupes* de ces classifications nous paraissent
bien étonnantes. Par exemple, nous pensons qu'il faut
être un savant très-savant pour croire d'une façon sin-

cère et naturelle que leurs *pachydermes*, contenant le rhinocéros, le tapir, le sanglier, le daman, l'éléphant et l'hippopotame, et aussi le cheval avec les autres solipèdes,
forment un ensemble distinct, une unité supportable
pour le sens commun des ignorants et de tout le monde.
Il faut l'avoir appris autrefois comme l'A, B, C, dans
les ouvrages élémentaires; il faut l'avoir relu dans les
traités généraux quand on était étudiant; il faut l'avoir
su aux examens, soutenu dans sa thèse de docteur et
professé longtemps, et écrit comme axiome dans ses petites et grandes productions, avec opinance du bonnet
des confrères; il faut enfin l'avoir pratiqué : avoir rangé
toutes ces bêtes-là, empaillées les unes à côté des autres,
dans de grandes salles, pour croire qu'elles se ressemblent
beaucoup à cause de leurs *peau épaisse*[1].

Nous aimerions du moins voir ranger en face un ordre
des *peaux fines*, cela pourrait contenir bien des formes
et des plumages très-inattendus du public.

Cependant après nous être demandé si les espèces
végétales vivantes n'étaient que les termes successifs d'une série unique, nous avons trouvé, sans en
déterminer le nombre, qu'à travers une foule de
plantes revêtues de caractères très-mélangés, elles
semblent former plusieurs séries ascendantes distinctes, et que, entre ces séries distinctes, il existe un grand
nombre d'*ambigus*, c'est-à-dire d'espèces intermédiaires.

---

[1] Du grec πάχυς, épais, et δέρμα, peau. Notez, d'ailleurs, que le
cheval n'a pas du tout la peau très-épaisse.

A l'égard de la Faune[1], nous nous poserons ici la question parallèle : Les espèces animales vivantes forment-elles une série unique ?

Non, évidemment.

Sans chercher à en déterminer le nombre, on voit clairement qu'il existe plusieurs séries animales, plus distinctes certes que les séries végétales, et qui sont formées chacune des développements successifs de types différents. Et l'on voit aussi, comme chez les végétaux, que certaines espèces empruntent des caractères de séries distinctes.

Depuis une trentaine d'années, par suite des découvertes des naturalistes, le nombre de ces espèces *ambiguës* a tellement augmenté, que beaucoup d'esprits vont même jusqu'à douter de l'existence des séries distinctes. Cette réaction est exagérée, et elle est produite par l'impossibilité de concilier l'hypothèse de *la fixité des espèces* avec les faits aujourd'hui connus.

Mais nous montrerons que l'existence des ambigus, incompatible avec l'hypothèse susdite, ne l'est nullement avec l'existence des séries distinctes ; qu'elle est, au contraire, une conséquence du développement sériel des types.

[169a] Nous avons bien souvent employé ces expressions : *genre, espèce.* Et voici que nous faisons allusion à

---

[1] La population animale d'un pays, d'une zone de la terre, se nomme la *Faune* de ce pays, de cette zone. La *Faune*, sans qualification, signifie la population animale de tout le globe [162e].

l'opinion professée par beaucoup de naturalistes, que *l'espèce est chose fixe*.

Nous ne saurions donc poursuivre ces études avec le degré de clarté nécessaire, sans chercher à reconnaître exactement quelle signification on attache à ces expressions.

Quand nous voyons, l'un à côté de l'autre, deux végétaux ou deux animaux très-différents, comme un chou et un pommier, un cheval et un chien, nous disons sans hésiter qu'ils ne sont pas de la même espèce. Et quand nous voyons ensemble deux hortensias roses, deux chiens caniches blancs, nous disons sans hésiter qu'ils sont de la même espèce.

L'idée d'espèce est donc une idée de similitude.

Mais de quel degré est cette similitude? Faudra-t-il, pour que nous reconnaissions une parité d'espèce, que deux individus soient entièrement semblables de tous points comme les deux caniches blancs? Un king's-charles et un chien de berger sont-ils de la même espèce? Un chien de berger est-il de la même espèce qu'un loup, auquel il ressemble plus, à coup sûr, qu'au king's-charles?

« On a appelé *espèce* toute collection d'individus semblables qui furent produits par d'autres individus pareils à eux. »   LAMARCK.

« L'espèce est la réunion des individus descendus l'un de l'autre ou de parents communs, et de ceux qui leur ressemblent autant qu'ils se ressemblent entre eux. »

CUVIER.

Ces définitions, qui satisfont les naturalistes, — preuve qu'en général ils ne se piquent pas de la même rigueur que les mathématiciens, — supposent que tous les individus d'une même espèce se ressemblent, chose facile à croire et contredite cependant par l'espèce *chien*, où une foule d'individus se ressemblent très-peu ; mais elles ne définissent pas le degré de ressemblance qui doit faire ranger deux individus d'origine inconnue dans une même espèce, et ce degré de ressemblance, *sur lequel on ne s'accorde pas*, est cependant la chose essentielle. Car enfin, quand nous voyons enchaînés l'un près de l'autre deux animaux dont l'origine nous est inconnue, un chien de berger fauve et un loup fauve, nous ne savons pas s'ils descendent de parents communs : nous voyons seulement qu'ils ont une ressemblance extrême, et nous pourrions même voir enchaîné à côté d'eux un animal sorti de la même mère que le chien de berger, mais issu d'un bouledogue ou d'un carlin, et différent de son frère beaucoup plus que son frère n'est différent du loup.

L'appréciation du degré de ressemblance qui doit faire ranger deux individus dans une même espèce est, en réalité, abandonnée au tact et au caprice des naturalistes.

Il serait parfaitement inutile au lecteur de connaître leurs diversités d'avis à ce sujet. Pour montrer combien l'idée d'*espèce* est incertaine, il nous suffira de dire que plusieurs naturalistes ont soutenu que le loup était le type originaire de tous les chiens, dogues, caniches, king's-charles, etc., etc.

Remarquons bien que n'importe quelle définition on donne de l'*espèce*, cette unité supposée n'a pas une valeur égale entre toutes les espèces, c'est-à-dire que les différences d'une espèce à l'autre dans un même *genre* ne sont pas, à beaucoup près, toujours égales. Le chien de berger et le loup, par exemple, se ressemblent beaucoup plus entre eux qu'ils ne se ressemblent avec le chacal. Bien plus, le chien de berger ressemble au loup, espèce considérée comme différente par la plupart des naturalistes, beaucoup plus qu'il ne ressemble au king's-charles, simple variété de l'espèce chien, selon ces mêmes naturalistes.

[169*b*] En définitive, l'idée *d'espèce* n'est pas une idée nette, tant s'en faut; c'est-à-dire que le degré de similitude qu'elle fait concevoir n'est pas défini et limité, par cette expression, d'une manière précise. L'idée de *genre* n'est pas mieux définie. L'histoire de la science nous montre que certaines formes animales et végétales ont été tour à tour considérées comme des espèces, ou des genres, ou des *sous-genres*, autre division bâtarde impossible à définir.

L'*espèce* étant l'unité fondamentale des classifications animales comme des classifications végétales, on comprend que toutes les incertitudes qu'entraîne le manque de précision et d'égalité uniforme de cette idée dans la théorie des classifications botaniques, doivent se représenter dans la théorie des classifications zoologiques.

Concluons donc que les classifications n'ont, à aucun

point de vue, ce caractère de rigueur sans lequel nul procédé, quelque ingénieux qu'il soit, ne peut mériter d'être appelé scientifique.

Quant à la prétendue *fixité de l'espèce*, nous avouons ne pas comprendre facilement qu'on puisse la soutenir, car l'observation scientifique qui, sur ce sujet, ne date que d'un demi-siècle, la nie plutôt qu'elle ne la prouve ; et au point de vue de la logique, comment peut-on affirmer, d'une unité tellement vague et inégale qu'il est impossible de la définir nettement et d'accord à un même moment de la durée, que cette unité maintient sa fixité à travers les siècles?....

Pour nous, cette expression *espèce* a signifié provisoirement jusqu'ici, dans cet ouvrage, la collection actuelle, à un moment donné, des individus dont les ressemblances sont telles que tout le monde y reconnaîtrait la similitude requise.

[169c] Sortant donc de l'impasse des genres et des espèces pour nous rattacher fermement à l'idée de série, nous retrouvons à l'égard des groupes définis de formes animales qui sont à nos yeux des termes successifs du développement des divers types, toutes les singularités que nous avons trouvées entre les groupes définis de formes végétales. Certains groupes qui au point de vue de la série ne représentent qu'un même terme de développement, contiennent un nombre immense de formes très-voisines, tels que le groupe chien, loup, renard, chacal, etc., tandis que d'autres termes des séries de ver-

tébrés ne contiennent qu'un petit nombre de formes voisines, tel que le groupe chameau.

Que signifient ces irrégularités de la série? comment se sont-elles produites?

Sont-elles le résultat d'un plan systématique de création? ne sont-elles que le résultat d'un ensemble de causes ?

Telle est la belle et vaste question qui se pose nécessairement à l'esprit humain relativement aux séries vivantes et à leur forme.

[169*d*] Mais il faut prendre garde que la notion de série ne conduise à de nouvelles erreurs.

La nature produit tout par séries... disent les uns.

Les procédés qu'emploient la nature... disent les autres.

Il semble résulter de ces expressions que la nature est une personne, une intelligence douée de réflexion, ou du moins l'exécutrice des volontés d'une autre intelligence.

Selon nous, la nature est l'ensemble des réalités actuelles. Tout au plus, est-elle l'ensemble des réalités de tous les temps et des lois selon lesquelles ces réalités ont été, sont et seront.

Mais tout cela ne constitue ni une personne ni une intelligence douée de réflexion.

Il ne faut pas mettre d'un côté les œuvres de la nature et de l'autre la nature : la nature est une œuvre et non point une personne.

Chassons toutes ces personnes, paganisme de la science; écartons tous ces agents d'affaires [18], et mettons-nous face à face avec l'affaire. Destituons tous ces directeurs des forces et marchons droit à la force.

Quand nous entendons un professeur s'écrier : *La nature, dans son admirable prévoyance , a fait ceci, a fait cela...* nous ne pouvons. retenir un sourire, et nous disons : En voilà encore un qui prend pour de l'esprit, pour un choix fait par sa *nature*, quelque conséquence nécessaire et inévitable de l'action des forces qu'il ne sait distinguer.

Oui, dans tous les cas où l'on bavarde de prévoyance admirable, c'est parce que l'on ne sait pas démêler et reconnaître le caractère de *nécessité, de conséquence inévitable* qui ôte tout l'admirable d'une prétendue prévoyance qui n'existe pas. — Nécessité autrement grandiose et merveilleuse que le perpétuel tripotage de leur *nature*.

Nous ne laisserons pas ignorer plus longtemps au lecteur la conclusion à laquelle il sera conduit invinciblement par la suite de ces études.

La multitude des vivants, telle qu'elle est, se présente à nous non comme l'exécution d'un plan suivi rationnellement, mais comme un résultat historique, c'est-à-dire le résultat continuellement modifié d'une multitude de causes qui ont agi successivement, et où chaque accident, chaque irrégularité, représente l'action d'une cause.

Le plan — dans le sens que donnent ici à cette expression ceux qui l'emploient — le plan n'existe pas ; ce n'est qu'une apparence. Les forces agissent nécessairement, aveuglément, et de leur concours résultent les êtres. Croire que la nature agit selon un plan sériel serait une erreur. La série est un résultat, et non une idée de la nature : elle est la nature elle-même.

Cependant l'esprit aperçoit avec la plus grande évidence que si les forces de l'univers agissent continuellement sur le globe de la même manière pour modifier les organismes, leur œuvre devrait constituer une série complète et parfaitement graduée.

Comment donc se fait-il que les œuvres que nous voyons ne constituent qu'un assemblage de tronçons de séries très-inégales et bouleversées, où l'on a peine à reconnaître les jalons de séries exactes, quoique, vues d'ensemble, la végétation et l'animalité montrent dans plusieurs directions un ordre sériaire croissant.

Nous verrons ailleurs comment se sont produites ces irrégularités des séries.

QU'EST-CE QUE LA VIE

[170] Notre but est de rechercher ici, d'après les faits que nous connaissons, quelle idée nous devons nous faire de la vie.

Pour la plupart des savants, la vie est une force fon-

damentale, originaire et spéciale, comme l'attraction
[21] et comme la cause inconnue [22] des phénomènes
caloriques, lumineux, magnétiques, électriques et chimiques. Il y aurait donc ainsi dans l'univers trois forces
générales ou causes premières. Selon cette théorie, les
phénomènes si variés de la physiologie végétale et animale seraient les effets de cette force vitale primitive; de
sorte que, la cause cessant, tous les effets devraient cesser à la fois.

Dès l'origine de mes études, un fait saisissant m'a
montré la fausseté de cette doctrine.

Je débutais dans l'anatomie. On avait apporté à l'am-
phithéâtre le corps d'un charpentier tombé d'un écha-
faudage et conduit à l'hôpital; il avait succombé en peu
d'heures. C'était un homme d'environ trente ans, d'une
forte constitution, avec d'épais cheveux noirs. Il paraissait avoir été récemment rasé; son menton avait ce ton
bleuâtre fréquent chez les méridionaux. Au milieu de
plusieurs *sujets*[1] hideux, grimaçants, et déjà décomposés, ce mort était majestueux et superbe; je l'avais con-
templé longtemps. On me dit qu'il était réservé pour des
démonstrations opératoires, dans un concours, je crois.

Une semaine s'écoula sans que je revisse le charpentier. Arrivé un matin de bonne heure, dans un cabinet
de dissection, je l'aperçus, et je m'avançai jusqu'à la
table sur laquelle il était étendu.

[1] Le langage des écoles d'anatomie appelle ainsi les cadavres destinés
aux études.

Certes, peu d'événements ont laissé dans ma pensée d'aussi profondes traces que la vue de ce cadavre, alors.

Sa barbe, épaisse et noire, avait poussé démesurément...

L'idée horrible qu'il avait vécu enfermé nu et sans secours dans le caveau de l'école, depuis le jour où on l'y avait porté, et qu'il y était mort enfin d'abandon et de froid, me vint d'abord. Cependant, un seul regard jeté sur le cadavre révélait un état de décomposition qui attestait que la mort remontait sans aucun doute au moins à huit jours.

Mais alors, comment la barbe avait-elle pu pousser?

J'allai à la recherche d'un autre élève matinal que j'entendais dans une salle voisine; je lui fis part de cette observation qui me paraissait étrange, fantastique.

Mon camarade, qui passait pour un garçon très-fort, sourit, et me dit que c'était tout simple, que cela se voyait chez tous les cadavres, que la barbe, les cheveux et les ongles continuent à croître longtemps après la mort.

— Mais, repris-je, comment explique-t-on une chose si extraordinaire... puisque l'homme est mort?...

— D'abord, dit-il, ça n'est pas du tout extraordinaire, puisque je vous dis que cela arrive chez tous les cadavres. Et ensuite, que voulez-vous?... C'est la nature qui fait cela. Du reste, ça n'a aucune importance en médecine. Que les cheveux poussent ou ne poussent pas, par une cause ou par une autre, qu'est-ce que cela nous fait quand le malade est mort?

Je fouillai les livres sur ce point; il m'en dirent à peu près autant que mon camarade. Quant à moi, j'osai conclure autrement que lui et ses auteurs : je conclus qu'*après la mort de l'homme l'appareil pileux vit encore*, et que, par conséquent, les savants se trompaient sur la nature de la vie. Mais il a fallu vingt ans d'études pour justifier à mes propres yeux la théorie rationnelle dont je vais tracer ici le sommaire.

[170*a*] On a vu [164*g*] que l'organe respiratoire, bien qu'en relation étroite avec les autres organes principaux, est doué d'une vie propre, et qu'après que le reste de l'être est mort, c'est-à-dire après que la *vie générale* a cessé, il peut fonctionner, vivre encore quelques instants.

On a vu [164*e*] que l'appareil circulatoire est également doué d'une vie propre et jusqu'à un certain point indépendant de la vie du reste de l'animal.

On a vu [164*p*] que l'élément fondamental universel des animaux, comme des végétaux, c'est la cellule; que la cellule apparaît nettement dans les os, les nerfs, la lymphe, le sang, les muscles; que dans ses trois derniers systèmes de l'organisme on peut suivre l'apparition, le développement et la disparition des éléments cellulaires : globules et fibrilles [1].

---

[1] On a réussi récemment à séparer les fibrilles microscopiques des muscles, de manière à en compter le nombre exact. Un même muscle a donné, chez une jeune grenouille, 1,053 fibrilles; et, chez une gre-

On a vu que chacune de ces sortes de cellules a des propriétés spéciales (absorption d'oxygène par les globules, contraction des fibrilles, etc.); que chez elles, ces propriétés sont indépendantes de la vie du reste de l'animal, puisqu'elles se manifestent chez elles après la mort de l'animal, après qu'elles ont été séparées de l'animal [164*f*] [164*m*].

[170*b*] De ce qui précède nous concluons qu'un animal complet, tel que le cheval, est formé de plusieurs systèmes vivants définis, distincts, c'est-à-dire dont la vie est indépendante jusqu'à un certain point; et que chacun de ces systèmes vivants, ou organes, est composé lui-même d'un nombre immense de petits êtres cellulaires doués d'une vie tellement individuelle, qu'ils peuvent varier énormément de nombre, comme les globules du sang et les fibrilles des muscles, sans que l'être total, le cheval, par exemple, ait cessé de vivre. — Absolument comme une cité où le nombre des habitants peut varier d'un jour à l'autre.

A moins de circonstances spéciales, ces systèmes distincts meurent successivement, et le système organique pileux survit à tous les autres; il continue à fonctionner après tous les autres : il meurt le dernier.

[170*c*] Bien loin que ce soit une force particulière, la vie, qui cause les phénomènes divers dont un animal

---

nouille adulte, 5,711 fibrilles. D'autres expériences ont montré que, lorsque l'animal maigrit, une partie des fibrilles disparaissent.

complet est le théâtre, ce sont ces phénomènes variés qui, par leur ensemble, forment la vie de l'animal.

Ainsi la vie, considérée dans l'animal complet, nous apparaît comme un effet et non comme une cause; c'est à-dire que sa vie totale, ce qu'en physiologie on entend par *vie générale* est la résultante de la vie individuelle de tous ces millions de petits êtres cellulaires vivants dont il est presque entièrement composé. — Absolument comme la puissance d'une cité est la résultante des for-ces, des richesses et de l'énergie de ses habitants.

Ainsi, pour nous rendre compte de la nature de la vie, — non plus de la vie générale d'un animal complet, qui n'est évidemment qu'un résultat complexe, mais de la vie prise en soi et à son origine, — c'est à la cellule vivante élémentaire, de l'ordre des globules du sang et des fibrilles musculaires, que nous devons remonter.

Ainsi, comme nous le disions au commencement de ce livre [157], c'est dans la cellule vivante élémentaire qu'est contenu le *mystère de la vie*.

ANALOGIES ET DIFFÉRENCES

[171] Nous l'avons déjà dit à plusieurs reprises, aucun des sujets de ce livre n'a dû être traité au point de vue de

ce qu'ils offrent de curieux ou d'amusant, et dans ce court chapitre de *comparaisons entre les végétaux et les animaux*, on ne trouvera que ce qui tend au but général de l'ouvrage.

Comme fait dominant, tous les physiologistes remarquent d'abord que les corps des êtres vivants, composés essentiellement de parties molles, contiennent en outre des liquides et des gaz ; et les êtres vivants les plus élevés en organisation contenant en outre des parties plus ou moins solides, et même des parties très-dures, on voit que, chez eux, la matière se présente à la fois à beaucoup d'états divers, chose qui ne s'observe qu'en eux.

Dans les deux classes d'êtres, un grand nombre parmi les moins parfaits sont privés de parties dures ; mais aucun n'est privé des parties molles et réduit à des parties dures.

En définitive, c'est à l'existence des parties molles, imprégnées de liquides et contenant des gaz, qu'est liée la vie.

Dans nos climats, l'époque où la vie sommeille chez les végétaux est celle où ils ne présentent presque plus de parties molles; au contraire, l'époque de leur activité vitale coïncide avec la saison où ils présentent une grande masse de parties molles.

[171 *a*] De part et d'autre, l'existence des parties dures constitue une condition de la résistance des êtres aux causes de destruction.

C'est ainsi que l'accumulation du ligneux [158*r*] dans le tronc, les branches et les racines de l'arbre, lui donne la stabilité nécessaire pour résister aux vents, aux torrents et à une multitude de causes destructrices qui broient les plantes inférieures réduites à des parties molles.

C'est ainsi que l'accumulation des sels calcaires dans le composé quaternaire qui forme le test des coquillages et des crustacés, ainsi que les composés solides particuliers qui forment les enveloppes des insectes, établissent pour eux une protection efficace contre beaucoup de causes destructrices.

En outre, chez les animaux, les parties dures donnent une grande puissance aux mouvements de locomotion et une grande énergie à l'action extérieure.

Il est vrai que le test des coquilles univalves est réduit d'ordinaire à des fonctions protectrices; mais, aussitôt que l'enveloppe solide s'organise davantage, ne fût-elle composée que de deux parties articulées, comme chez l'huître, elle devient à la fois protectrice et locomotrice [165*i*].

Enfin, lorsque le système solide s'organise plus encore, comme chez les poissons, et à plus forte raison les reptiles, les oiseaux, etc., il devient à la fois instrument de résistance aux causes destructrices, organe locomoteur et moyen d'action puissante sur les choses et les êtres.

Parmi les animaux réduits à des parties molles, beaucoup sont doués de fonctions plus nombreuses que certains testacés univalves, et surtout bivalves ; mais leur résistance à l'égard des causes destructrices est diminuée en proportion de ce qu'ils ont de plus comme facultés de mouvement ou d'action sur le monde extérieur.

[171*b*] Dans les deux classes d'êtres, on trouve le même élément anatomique fondamental : la cellule. De part et d'autre, on trouve la cellule sous deux formes : 1° vésiculaire, comme dans beaucoup d'organes des végétaux supérieurs, les globules du sang, les cellules des os, etc. ; 2° tubulaire, comme dans les fibres des végétaux, les fibrilles des muscles, les tubes des nerfs.

Certains premiers termes des séries végétales montrent ces deux formes séparées, ou plus particulièrement reproduites par certaines espèces : la vésicule chez les byssus, le tube chez la conferve ; mais dès que l'organisme s'élève, les deux éléments, vésicule et tube, se combinent.

Non seulement les deux classes d'êtres offrent le même élément anatomique fondamental, mais plusieurs fonctions s'accomplissent chez les uns et chez les autres par des organes très-similaires.

Ainsi, chez beaucoup d'animaux *branchiés*, tels que fig. 57 et fig. 76, les organes respiratoires se présentent sous forme d'appendices extérieurs, comme les feuilles des végétaux ; et, chez les animaux les plus élémentaires, la respiration s'accomplit comme chez les végétaux les plus élémentaires par tout le tégument extérieur.

D'ailleurs, entre les végétaux et les animaux, nous retrouverons des analogies beaucoup plus complètes quand nous étudierons la *transmission de l'être*.

[171*c*] L'étude de la nutrition nous a montré la plante absorbant l'acide carbonique, l'ammoniaque, l'eau, et probablement aussi une certaine quantité d'azote.

Car il résulte des expériences de M. Boussingault que, dans plusieurs cas, les plantes recueillies sur une étendue donnée de terrain contenaient une quantité d'azote très-supérieure à celle qui avait pu leur être fournie par les fumiers. Faut-il croire que tout cet excédant était emprunté aux imperceptibles combinaisons nitreuses et ammoniacales de la terre et de l'air? Ne faut-il pas croire plutôt qu'une certaine quantité d'azote de l'air peut être absorbé directement dans les organes respiratoires des plantes, comme l'oxygène de l'air est absorbé directement dans les organes respiratoires des animaux?

De cette manière serait complétée l'inversion d'échange de substance atmosphérique dans les deux classes d'êtres :

La plante absorbant dans l'atmosphère de l'acide carbonique, de l'ammoniaque, de l'eau, de l'azote, et lui restituant de l'oxygène;

L'animal exhalant dans l'atmosphère de l'acide carbonique, de l'ammoniaque, de l'eau, de l'azote, et lui empruntant de l'oxygène;

Quoi qu'il en soit, et sauf l'exception obscure relative à l'azote, les aliments de la plante ne sont pas des corps simples. Ces aliments sont des composés binaires que la plante combine et transforme en composés organiques ternaires et quaternaires.

Quant à l'animal, il absorbe l'oxygène, l'eau, et emprunte une grande partie de ses aliments aux composés ternaires et quaternaires préparés dans l'organisme végétal ou animal.

On a coutume de dire que la plante emprunte exclusivement ses aliments aux substances inorganiques.

Cependant, on ne peut restreindre la qualité de *composé organique* aux substances qui ne se forment que dans l'organisme; car il faudrait excepter de la classification des composés organiques un très-grand nombre de produits de l'organisme qui peuvent être formés de *toutes pièces* [158r].

Appelera-t-on ainsi, sans exception, tous les composés qui sont formés par les organismes?

Alors, l'acide carbonique, l'ammoniaque et l'eau figureront à ce titre parmi les produits organiques, et on devra dire que la plante, comme l'animal, se nourrit de produits organiques.

En résumé, nous sortirons encore ici des classifications et des casiers; nous dirons : La plante se nourrit de composés binaires et, peut-être, aussi d'une substance simple; l'animal se nourrit d'une substance simple, d'un composé binaire et de composés ternaires et quaternaires.

[174d] Il y a donc chez les vivants un échange de matière entre eux et le monde extérieur.

Ce phénomène général de l'échange présente, dans les deux classes d'êtres, beaucoup de gradations. Et il présente une grande différence d'intensité quand on le compare chez un végétal et un animal des plus parfaits, chacun dans sa classe.

Chez le végétal, l'échange est incomplet. L'être absorbe une masse de matière plus grande que celle qu'il restitue.

Chez l'animal, l'échange est complet. L'être restitue une masse de matière égale à celle qu'il absorbe.

Et cette différence dans l'intensité du phénomène est d'autant plus remarquable qu'à égalité de poids, un animal, en un temps donné, absorbe une masse de matière incomparablement plus grande que la masse absorbée par un végétal.

L'excédant de matière absorbée sur la matière restituée constitue chez le végétal un emmagasinement continuel qui le fait croître : de même qu'un pareil excédant fait croître le jeune animal, c'est-à-dire l'animal encore incomplet, en ce sens qu'il n'est pas parvenu à son développement final.

Si maintenant nous cherchons ce que deviennent, de part et d'autre, les substances absorbées par l'animal et le végétal complets, nous voyons que, sauf probablement pour les os, aucune des molécules qui composent l'animal à un moment donné ne demeure à perpétuité en lui. Chacune d'elles, après un séjour plus ou moins long dans les organes, est expulsée lorsque son fonctionnement vital est épuisé.

Tandis que, chez le végétal, une très-grande partie des molécules qui ont servi à la vie reste à jamais fixée dans les organes après que leur rôle vital est terminé. Ce sont ces molécules à jamais fixées qui constituent le ligneux, le *bois* du végétal.

Le phénomène d'échange se produit donc dans toute ou presque toute la masse de l'animal, tandis qu'il ne se produit que dans une partie de la masse du végétal.

[171 e] Il en résulte que le végétal des espèces les plus parfaites s'accroît indéfiniment jusqu'à un certain point, longtemps après qu'il est en état de reproduire son espèce; de sorte que, entre deux végétaux de même espèce en état de se reproduire, il existe souvent des différences de dimensions très-grandes, tandis que l'animal des espèces les plus parfaites cessant de s'accroître après un temps déterminé pour chaque espèce, et qui coïncide sensiblement avec l'époque où il devient apte à se reproduire, il y a beaucoup moins de différence de taille entre tous les animaux d'une même espèce parvenus à l'âge de reproduction, qu'entre tous les végétaux d'une même espèce parvenus à l'âge de reproduction.

Et si nous considérons les séries inférieures de l'animalité, ou les rangs inférieurs des séries supérieures, nous voyons qu'un grand nombre d'espèces, coquillages, crustacés, poissons, reptiles, emmagasinent, comme le végétal, plus qu'elles ne restituent; et que, ainsi que le végétal, elles continuent de croître bien longtemps après qu'elles ont atteint l'âge de reproduction.

Ainsi, chez les vivants inférieurs, l'accroissement des formes présente une indéfinité qui rappelle ce qui se passe chez les minéraux [136*b*].

[171*f*] A bien dire, d'ailleurs, les rameaux du végétal très-parfait, tel que le chêne, sont chacun autant d'individus entre lesquels les rameaux plus âgés jouent le même rôle, quant aux rameaux moins âgés qu'ils portent, que joue la racine relativement à la tige de première année ; de sorte que l'arbre dicotylé est une *collection d'individus semblables*, tandis que l'animal supérieur est une *collection de systèmes différents*, et que, dans son ensemble, il ne peut être considéré que comme l'analogue d'un seul rameau ou tige, qui, parvenu à son complet développement, cesse d'acquérir de nouvelles parties.

De là résulte que non-seulement l'indépendance de vitalité des organes différents, que nous avons reconnue chez l'animal supérieur, existe aussi chez le végétal, car on peut couper les feuilles d'un rameau sans qu'il cesse de vivre, et les feuilles elles-mêmes, séparées du rameau, continuent pendant un certain temps à élaborer les gaz, c'est-à-dire à vivre ; mais il existe entre les rameaux de l'arbre une indépendance de vitalité qui n'existe pas entre les diverses parties du corps de l'animal. Une jambe coupée à un cheval ne saurait vivre, tandis que les rameaux coupés peuvent vivre, si on les place dans des conditions convenables pour qu'ils puissent pousser des racines.

Cependant cette différence n'existe pas dans certains rangs inférieurs de l'animalité. Les lombrics, par exemple, étant coupés en morceaux, ne tardent pas à se compléter, c'est-à-dire à se refaire les parties qui leur manquent, parce que, en effet, ces êtres, composés d'anneaux semblables, portent en chaque anneau séparé l'ensemble d'organes qui suffit à leur développement, de même que chaque rameau porte en lui l'ensemble d'organes qui suffit à son développement, tandis qu'une jambe de cheval ne porte pas en elle tout l'ensemble d'organes nécessaires à sa vie.

Dans beaucoup d'espèces végétales, si l'on arrache un bourgeon, un autre bourgeon ne tarde pas à se développer: De même, les crustacés, les araignées reproduisent leurs pattes arrachées; de même, les serpents à crochets venimeux reproduisent ces crochets lorsqu'ils les ont perdus. Les sauriens ne vont pas jusqu'à se refaire des pattes s'ils les perdent; mais ils reproduisent leur queue quand elle se brise, comme il arrive fréquemment chez les lézards.

Cette facile rupture est due, dit Cuvier, « à ce qu'une « grande partie des vertèbres caudales des lézards sont « divisées verticalement dans leur milieu en deux por- « tions qui se séparent plus aisément, même de beau- « coup, que ne feraient deux vertèbres à l'endroit de « leur articulation, par la raison que cette articulation « est compliquée et raffermie par des ligaments, tandis « que la solution de continuité dont nous parlons n'est

« retenue que par le périoste et les tendons environ-
« nants. » Il dit encore ailleurs : « Le morceau de queue
« qui repousse n'a jamais de vertèbres, et son axe n'est
« soutenu que par une longue verge cartilagineuse. »
Cette reproduction d'organes se retrouve même jusqu'à
l'extrémité de la série des vertébrés ; dans l'espèce humaine, il arrive parfois qu'une dent étant arrachée dans
le jeune âge, ne tarde pas à se reproduire.

Cependant l'analogie du bourgeon avec la patte du
crustacé et la dent du vertébré n'est pas très-fidèle, le
bourgeon étant un individu, tandis que la patte et la dent
ne sont que des organes.

Mais si l'on considère la reproduction de la patte et
de la dent comme un rétablissement de la forme de l'a-
nimal, on trouve une analogie très-certaine chez les minéraux. Lorsque les arêtes ou les angles d'un cristal ont
été un peu altérés par accident ou à dessein, si l'on
plonge le cristal ainsi endommagé dans une dissolution
convenable de la substance dont il est formé, ce cristal
ne tarde pas à rétablir la régularité de ses arêtes et de
ses angles.

Enfin, le développement des zoophytes à polypiers
[165c] désignés sous le nom générique de *coraux*, offre
avec le développement des grands végétaux dicotylés
une analogie qui avait frappé l'imagination des anciens.

Un premier zoophyte, après s'être développé et s'être
formé une enveloppe calcaire, ayant donné naissance à
un rayonnement d'animaux semblables à lui, qui tous

ont formé des enveloppes calcaires attachées à l'enveloppe de la mère, et cela indéfiniment, il résulte de cette agglomération une ramescence (fig. 38) dont l'ensemble rappelle beaucoup la forme d'un arbre.

Ces animaux, comme les plantes, absorbent beaucoup plus de substance qu'ils n'en restituent au milieu ambiant. Le calcaire accumulé par eux reste fixé dans les rameaux de l'agglomération des individus après que ces individus ont péri, de même que le résultat de l'élaboration végétale reste fixé sous forme de ligneux dans les cellules du tronc et des rameaux après que la vitalité s'y est arrêtée et s'est portée vers la périphérie[1] de l'arbre.

De sorte que chez les coraux les parties dures sont, comme chez le végétal, un résultat de la vitalité passée, d'où la vie se dégage et fuit vers les conditions qui lui sont nécessaires ; un développement achevé qui sert de base à un développement nouveau, une forme dure et fixée sur laquelle s'entent des parties molles, des formes mobiles nouvelles. Il est visible d'ailleurs que cette

[1] *Périphérie*, en géométrie, signifie étroitement le contour d'une surace, la surface d'un solide.

En physiologie [v. la note § 158s], cette expression a un sens plus élastique ; elle signifie toujours les parties les plus extérieures d'un être vivant, mais non point réduites à une ligne ou une surface. Ainsi on dira :

La peau, les houppes nerveuses, les poils, occupent la périphérie du corps de l'animal...

Les feuilles sont beaucoup plus nombreuses à la périphérie de l'arbre aérien qu'ailleurs,..

analogie de l'ensemble est loin d'être complète dans le détail.

[171*g*] En résumé, les différences de forme extérieure, de fonctions et de facultés, sont beaucoup plus grandes entre les divers types animaux qu'entre les divers types végétaux; et le nombre des types animaux, sans qu'il nous soit possible de le préciser, est évidemment plus grand que le nombre des types végétaux, que nous ne saurions d'ailleurs préciser non plus.

[171*h*] On sait que dans les graines la vie sommeille : dans les œufs on observe un sommeil analogue.

De même qu'un ensemble de conditions de chaleur, d'aération, etc., fait cesser ce sommeil de l'être (*germination*) dans les graines et détermine le développement de l'embryon végétal, de même un ensemble de conditions de chaleur, d'aération, etc. (*incubation*), détermine dans les œufs le développement de l'embryon animal.

Et de même qu'en général on peut à volonté faire germer immédiatement des graines ou reculer leur développement jusqu'à un certain point, on peut jusqu'à un certain point hâter ou retarder l'éclosion des œufs.

Et ainsi que beaucoup d'animaux passent d'abord par un état de larve, ainsi certains végétaux passent d'abord par un état inférieur analogue [159*h*].

[171*i*] La science est peu avancée en ce qui concerne l'influence comparée des forces générales, pesanteur, chaleur, etc., sur les êtres vivants.

Nous savons cependant que l'action complexe de la lumière sur les végétaux est d'abord une condition nécessaire de leur élaboration. Et quoique la lumière ne soit pas, à beaucoup près, si indispensable aux animaux, son action sur eux est très-sensible. La peau de l'homme, notamment, pâlit et atteste une énergie vitale bien moindre lorsqu'il est demeuré longtemps, un mois par exemple, dans une obscurité absolue. Et de même que les couleurs des fleurs et des fruits sont moins vives lorsqu'ils ont été privés de lumière, de même qu'une pêche rouge montrera une ligne blanchâtre correspondant à la direction d'une branche voisine qui interceptait la lumière, de même les couleurs des coquillages sont moins brillantes dans des conditions analogues. Par exemple, si une coquille est attachée à une roche de telle manière qu'une partie de sa surface soit moins éclairée, cette partie sera plus pâle que le reste.

Et de même que l'action des divers rayons [65] sur les végétaux n'est pas égale [158*f*], de même ces rayons colorés agissent inégalement sur certains animaux.

Des œufs d'une même mouche ayant été placés au même moment sous des cloches de verre colorées diversement, le développement des larves, après quelques jours, était fort différent. Les plus développées correspondaient au *violet* et au *bleu*, les moins développées étaient dans la cloche *verte*. L'ordre décroissant était *violet, bleu, rouge, jaune, blanc, vert*. Entre les larves de la cloche violette et celles de la cloche verte il y avait une différence de plus du triple quant à la grosseur et à la longueur.

L'action foudroyante de l'électricité sur les êtres vivants est bien connue : les commotions, les convulsions qu'elle détermine chez les animaux ont été très-étudiées ; mais quant à son influence sur les végétaux, la science en est encore à l'expérience des physiciens ambulants qui font germer et lever du cresson alénois en une minute dans une tabatière. Abandonnée à une germination ordinaire, même dans des conditions favorables, cette graine exige un jour ou deux pour atteindre un tel développement.

Des expériences suivies sur les influences comparées de la chaleur, de la lumière, de l'électricité, et peut-être aussi du magnétisme, dans les deux classes d'êtres, sont un des nombreux sujets de recherches curieuses et fécondes qui s'offrent aux amateurs des sciences.

Presque tout cela peut s'étudier élégamment, dans un salon, avec de beaux vases sur une étagère. Et ce serait plus amusant à voir que ces indignes magotins si chers, et qui ne servent à rien qu'à exercer la maladresse des valets.

[171*j*] Ainsi, il existe de grandes analogies entre les deux classes d'êtres.

Les différences, plus sensibles lorsque l'on examine des êtres plus parfaits dans chaque classe, deviennent moins grandes à mesure que l'on redescend les degrés de l'organisation ; car, soit que l'on examine *l'œuf et la graine*

d'où sortent les espèces d'individus, ou les êtres cellu-
laires d'où s'élèvent les séries d'espèces, les analogies ont
une énergie de plus en plus saisissante.

MODIFICATIONS DES ESPÈCES

[172] Vaste sujet, très-mal connu encore, sur lequel
on ne s'entend guère faute d'en bien distinguer les termes, et dont nous ne prendrons que ce qui importe le
plus.

Les êtres vivants sont modifiables. — Sur ce point,
tout le monde est d'accord. Mais d'extrêmes divergences
d'opinion se sont produites, quant au degré, au plus ou
moins de modifications dont ils sont susceptibles.

Nous ne discuterons pas ces opinions si diverses, nous
partirons de ce principe que dans les sciences d'observation tout fait bien constaté constitue un appui légitime de
raisonnement. Et la conclusion de nos raisonnements
sera confirmée par toutes les parties de l'ensemble scientifique dont ce livre est l'expression.

Ce sujet se divise d'abord en deux termes distincts :
1° modifications de l'individu ; 2° modifications de l'espèce.

Considérées dans l'individu, les modifications ont

aussi deux termes : elles sont *temporaires* ou elles sont *fixées*.

Ainsi, par suite d'une maladie, la peau d'un homme blanc devient jaune.

Ainsi, un hortensia rose planté dans de la terre de bruyère donne des fleurs bleuâtres.

Cependant, chez l'homme, la maladie cessant, l'état normal se rétablit; il redevient blanc. Et l'hortensia replacé dans la terre franche reprend ses fleurs roses. Ces modifications étaient temporaires.

Mais lorsqu'un homme, par un séjour de vingt ans dans un cachot trop bas, en sort courbé pour toujours, lorsqu'un chien a les oreilles coupées, ces modifications de leurs formes sont fixées.

Les causes qui peuvent, dans l'individu, déterminer des modifications de premier degré sont innombrables; on peut dire même que tous les êtres vivants sont constamment modifiés temporairement, car le développement et le décroissement de leur vitalité se traduisent à nos yeux par une suite de modification temporaires.

L'influence du *milieu ambiant* [39], que nous avons déjà rencontrée sur les formes cristallines (156*p*) est une cause puissante de modifications des êtres vivants. Exemples :

Beaucoup de végétaux, herbacés dans nos climats, deviennent ligneux sous les tropiques, et réciproquement;

Les feuilles de la renoncule aquatique, complètes hors

de l'eau, se réduisent à leurs nervures lorsquelles sont immergées;

Notre mouton d'Europe, transporté sous les tropiques, perd sa laine et se couvre de poil, etc., etc.

L'éducation, qui en ce sens comprend l'habitude imposée ou volontaire, est une autre cause de modifications extrêmement efficace. Exemples :

· Les clowns, les acrobates, par suite des exercices qu'ils pratiquent dès l'enfance, présentent dans le système général de leurs articulations des modifications, qui leur permettent des attitudes et des mouvements absolument impossibles aux autres hommes ;

Les intestins, très-courts et étroits dans le chat nourri de chair, s'allongent et s'élargissent, dans le chat nourri de pain et de lait.

En général, la modification chez l'individu apparaît comme un changement quelconque de forme, le plus souvent temporaire sous l'influence d'une cause, et qui, le plus souvent, cesse avec l'action de la cause, à moins qu'il ne s'agisse d'une mutilation.

Mais lorsque l'action de la cause a été prolongée longtemps, ou lorsqu'il s'agit d'une mutilation, la modification persiste après la cessation de la cause. Elle est fixée.

[172a] La modification subite ou manifestée par un individu dans le cours de sa vie ne constitue pas en lui ce qu'on appelle *variété*. L'individu modifié par une cause quelconque n'est pas une variété, il n'est qu'un *accident*, un *cas particulier*.

La modification *congéniale* à l'individu, c'est-à-dire qu'il a apportée avec lui en naissant, par exemple lorsque la graine d'une plante à feuilles plates a donné un individu à feuilles frisées, ne constitue pas toujours une variété. Si à ces feuilles frisées succèdent les feuilles ordinaires de l'espèce, ce n'était encore qu'un accident, un cas particulier.

Mais si la modification apportée en naissant subsiste pendant toute la vie du végétal et si ses graines donnent des individus modifiés comme lui, ou si, même, les individus nés de lui présentent comme lui, au commencement, la même modification fugitive de leurs feuilles, cette différence avec le type originaire constitue la *variété*.

Dans la suite plus ou moins prolongée des générations de cet individu modifié, les altérations qui constituent la variété disparaissent quelquefois peu à peu ; alors la variété était fugitive, le type n'avait subi qu'une modification temporaire, comparable aux modifications de premier degré dans l'individu.

Mais si, dans la suite des générations, les altérations qui constituent la variété persistent, elle est *fixée* ; le type a subi une modification durable, comparable aux modifications du second degré dans l'individu.

C'est donc par la génération que la modification doit passer pour atteindre le type de l'espèce. Toute modification qui ne s'est pas maintenue et transmise dans les obscurités de la transmission de l'être, n'est pas un ca-

ractère suffisant pour établir une variété. Toute modification du type, qui a été transmise par génération, est
un caractère suffisant pour constituer une variété de
premier ou de second degré, selon qu'elle se perpétuera
pendant un petit nombre ou un grand nombre de générations.

Nous reconnaissons donc une série croissante de quatre
degrés de modifications :

Premier degré : temporaires dans l'individu ;

Deuxième degré : fixées dans l'individu ;

Troisième degré : temporaires dans le type de l'espèce
(variété fugitive) ;

Quatrième degré : fixées dans le type de l'espèce (variété permanente).

[172b] Nous ne discuterons pas ici la question de
savoir si les modifications de premier degré peuvent, en
certains cas, se transmettre par génération, et se transformer directement en modifications de troisième degré,
lorsque la reproduction a lieu pendant que les reproducteurs sont modifiés temporairement.

Mais nous montrerons comment des modifications de
deuxième degré sont élevées au rang de modifications de
troisième degré.

Premier exemple : Nous avons vu fixer en une dizaine
d'années chez une race de canards blancs un caractère
d'abord accidentel.

Dans l'origine, une femelle de cette variété blanche
avait montré quelques plumes hérissées sur la tête, un

commencement de huppe. On s'était appliqué à recueillir ses œufs ; plusieurs individus huppés en étaient provenus, on avait tué tous les autres. Dans les premières couvées qui suivirent, la plupart des jeunes n'avaient point de huppe ; on les faisait rôtir. Plus tard, le nombre des huppés l'emporta ; et, à la fin, l'absence de huppe était une exception rare chez les jeunes canards de cette race.

Deuxième exemple : Un cultivateur de la Prusse rhénane, ayant eu jadis un coq né sans queue, obtint ensuite quelques poules sans queue. Il tua successivement tous ceux de sa basse-cour qui n'offraient pas cette bizarrerie, et aujourd'hui il jouit d'une race de coqs et de poules sans queue. C'est affreux, mais c'est son goût.

Troisième exemple : A coup sûr, l'acte de rapporter le gibier n'est pas naturel au chien ; cette modification de ses instincts, dans l'origine, n'a été obtenue qu'à force de soins et de corrections sur des individus très-dociles. Or, après avoir été longtemps continuée et maintenue sur les individus, cette modification a atteint le type : elle s'est élevée au rang de troisième degré.

Il existe en ce même pays Rhénan, pays de bonne chasse et de bons chasseurs, deux familles différentes de chiens d'arrêt, où, dès l'âge de six mois, tous les petits d'une même portée ont non-seulement quêté, arrêté ferme la première pièce qu'ils ont éventée, mais entendu pour la première fois le coup de fusil sans frayeur et rapporté sans difficulté (l'un d'eux même sans y être convié) le premier perdreau qui a été tué à leur arrêt.

Mais cette modification est encore instable, car tandis que tous ceux de ces chiens qui ont été habituellement conduits à la chasse ont perfectionné leur talent de rapporteurs, une superbe chienne, après avoir à huit mois fait tous les devoirs d'un vieux chien : quête, arrêt et rapport à ses deux premières chasses, n'ayant pas chassé pendant deux ans, avait perdu l'instinct du rapport, sans cesser de quêter et d'arrêter de la plus noble manière. Il fallut, plus tard, que l'éducation lui rapprit ce que l'instinct lui faisait faire à huit mois.

Ainsi, chez cette famille de chiens, l'instinct est définitivement modifié en quatrième degré pour ce qui concerne la quête en zigzag et l'arrêt ferme, mais ne l'est encore qu'en troisième degré pour ce qui concerne le rapport [1].

Quatrième exemple : « Les Égyptiens font éclore arti-
« ficiellement des œufs dans des fours construits à cet
« effet, et cette coutume est si ancienne que la nature
« s'est à peu près inclinée devant elle. Ainsi, les poules et
« les oies écloses dans ce pays ne couvent pas ; elles pon-
« dent des œufs tout à fait mûrs et capables de repro-
« duction, mais elles abandonnent le soin de les couver
« aux habitants. Cette bizarrerie n'est point particulière

---

[1] Ajoutons cette particularité bien remarquable, que la chienne dont nous venons de parler, et qui en chasse n'a jamais manifesté la moindre crainte de la détonation d'un fusil calibre 14, chargé de sept grammes de poudre, éprouvait et éprouve encore une frayeur très-grande lorsque l'on tire près d'elle un pistolet de précision chargé seulement d'un demi-gramme de poudre.

« au climat, car les poules d'Europe apportées à Alexan-
« drie ou au Caire par des Européens n'ont pas aban-
« donné leur mode naturel d'incubation. »

ZIMMERMANN.

Cinquième exemple : Nous n'hésitons pas à rapprocher des exemples qui précèdent les faits mis récemment en lumière par M. Davaine.

On avait découvert, depuis longtemps, que chez certains animaux inférieurs, comme pour plusieurs fougères et certaines mousses [159*g*], la vie pouvait rester suspendue pendant une longue dessiccation. (V. *Notes*).

D'après les recherches de M. Davaine, cette faculté est beaucoup plus répandue qu'on ne le croyait. Chez les animaux, elle paraît subordonnée à deux conditions : l'une relative à la période de développement, l'autre relative à l'*habitat*, c'est-à-dire aux lieux, aux milieux qu'ils habitent.

Chez l'*anguillule de la nielle*, la *filaire de Médine*, et aussi, paraît-il, chez l'*anguillule des tuiles*, la larve seule résiste à la dessiccation.

« Parmi les *rotifères*, ceux que l'on trouve dans les
« mousses, dans les sables des gouttières, peuvent être
« revivifiés par l'humidité après avoir été desséchés :
« ceux qui vivent dans l'eau des ruisseaux, des étangs etc.,
« périssent toujours par la dessiccation. »

« Les *tardigrades* des mousses, qui forment plusieurs
« espèces, peuvent tous subir la dessiccation sans périr,
« tandis qu'une espèce de tardigrade qui vit constam-

« ment dans l'eau ne se revivifie point après la dessic-
« cation. »

« M. Davaine a trouvé dans les mousses qui sont expo-
« sées à des alternatives de sécheresse et d'humidité, des
« protozoaires [1], appartenant au moins à huit espèces
« différentes, qui tous subissent la vie latente. Cepen-
« dant il n'a jamais observé cette faculté chez les pro-
« tozoaires qui vivent toujours submergés. »

« Ce savant a observé des faits analogues chez des
« plantes inférieures qui vivent parmi les mousses, au
« pied des arbres et dans les lieux humides, où elles
« éprouvent des alternatives de sécheresse et d'humidité,
« tandis que les plantes d'espèces très-voisines, qui se
« trouvent dans les ruisseaux, périssent par la dessic-
« cation. »

« Ces faits montrent que la vie latente, la *reviviscence*,
« n'appartient point à des groupes d'animaux organisés
« suivant un certain type, qu'elle n'est point l'attribut
« d'une famille ou d'un genre, mais qu'elle est spéciale
« à certaines espèces chez qui elle est une condition de
« propagation ou d'existence. »

Sixième exemple [2] : « M. Deguise a présenté à la Société
« de chirurgie une petite fille de sept ans, dont les doigts
« annulaire et médius gauche sont réunis dans toute
« leur longueur... La mère de cette enfant présentait

---

[1] Protozoaire, premier animal, animal de premier degré. Nom générique donné aux formes animales les plus élémentaires, infusoires, etc.

[2] Ces citations sont extraites des comptes-rendus de Victor Meunier

« également une palmature dans toute la longueur de
« deux doigts de la main droite; le grand-père en pré-
« sentait une à la main gauche et une au pied droit.
« Enfin, la grand'mère paternelle en présentait une à
« la main droite et une au pied gauche. »

Ainsi, cette modification qui chez la grand'mère paternelle, ou chez un autre ancêtre plus éloigné, n'était certainement qu'un cas particulier, une adhérence antérieure
à la naissance, une modification de deuxième degré, devient, dans cette famille, une modification de troisième
degré tout au moins. Et, d'après ce qui précède, on doit
penser que, si au lieu de combattre cette modification on
alliait les individus qui la présentent, on arriverait à une
variété d'hommes et de femmes palmés [166*f*].

[172*c*] Nous venons de dire que la palmature de cette
famille avait dû être dans l'origine un cas particulier,
une sorte de monstruosité congéniale d'un de leurs
ancêtres.

Il arrive fréquemment, en effet, dans toutes les séries
de vivants, que des individus naissent affectés de modifications particulières, plus ou moins profondes, du type
auquel ils appartiennent. Et dans un grand nombre de
cas, ces modifications ont le caractère de deuxième degré,
c'est-à-dire qu'elles sont à jamais fixées dans l'individu
qui en est porteur.

Parmi les modifications dont la cause est antérieure à
l'éclosion de l'être, nous citerons ce fait bien connu des
jardiniers : que pour beaucoup d'espèces les graines des

divers rameaux d'une plante ne donnent pas des individus absolument identiques, c'est-à-dire que certaines modifications différentes affectent généralement les produits, selon qu'ils proviennent, par exemple, de graines recueillies au sommet de la tige ou de graines recueillies sur les branches inférieures.

Il est surtout indubitable qu'en général les plus belles graines des plus beaux individus donnent les plus beaux produits.

D'où il suit qu'en semant, d'une part, ces graines dans un terrain favorable, d'autre part, les plus mauvaises graines dans un terrain défavorable, on obtiendrait des individus fort différents pour la taille, les ramifications, le feuillage, etc. C'est en effet ce qui arrive [1].

[172d] L'*hybridation* est une cause fréquente de modification du type des espèces.

Il y a hybridation lorsque le pistil d'une fleur a été fécondé non par le pollen de son espèce, mais par le pollen d'une autre espèce [2]. Dans ce cas, les produits sont plus ou moins différents, à la fois, de l'individu où se sont développées les graines et de l'individu qui a fourni le pollen.

Jusqu'ici, les recherches sur ce sujet n'ont pas été faites d'une manière assez suivie et avec assez d'ensemble pour que l'on sache bien quelles sont les limites possibles de

---

[1] M. de Frarière a fait, sur ce sujet, des expériences très-intéressantes

[2] On appelle *pollen* la poussière ordinairement jaune que contiennent les anthères [158h].

l'hybridation ; mais, soit qu'on la considère chez les végétaux ou chez les animaux, on voit que ces limites sont
fort étendues.

Ainsi, parmi les mammifères, le loup et le chien, le
cheval et l'âne produisent des métis.

Parmi les oiseaux, la poule commune et le faisan, le
serin et le chardonneret donnent également des métis.

Et certains poissons, disent les pêcheurs, sont des
métis de truite et de saumon, de carpe et de gar-
don, etc. [1]

Mais la fécondité des métis est moindre que celle des
espèces dont ils proviennent.

[172e] Comme exemple de modification congéniale
très-profonde, et due peut-être à l'hybridation, nous
citerons les faits suivants :

En 1857, MM. Joly et Lavocat ont observé et décrit un
mulet *fissipède*, c'est-à-dire ayant plusieurs doigts séparés
aux pieds antérieurs. En 1853, ils avaient déjà observé
une *polydactilie* analogue chez une mule.

Or, la réunion de tous les doigts dans un seul sabot
est considérée comme un caractère tellement important
par les naturalistes, qu'ils en ont fait la base d'une de
leurs démarcations, où ils rangent les *solipèdes* (cheval,
âne, hémione, zèbre, etc., etc.)

[172f] Nous voulons avancer très-vite dans ce sujet qui

---

[1] Il paraît que des expériences très-curieuses ont été faites en Allemagne sur ces métissages des poissons. Nous n'avons pu nous procurer
aucun document original relativement à ces recherches.

sera repris plusieurs fois. Nous en déterminons seulement ici les principaux termes.

Constatons, comme point capital, que de l'aveu de tout le monde, plus l'individu est jeune, plus il est modifiable. Il devient moins modifiable en avançant en âge, parce que, alors, tous ses organes, ses habitudes, etc, se *fixent* davantage.

De même, plus une race d'animaux est ancienne moins elle est modifiable, c'est-à-dire plus elle tend à conserver ses mêmes caractères dans la suite de ses générations.

On sait que les étalons dits *de race*, c'est-à-dire dans lesquels le type de l'espèce a été fixé selon certaines conditions bien définies, transmettent à leurs descendants une empreinte d'autant plus constante et caractéristique, que leur race est plus ancienne et plus pure, c'est-à-dire moins altérée par des mélanges.

Ce qu'on nomme *la race*, chez un chien, un cheval, un homme, est donc un ensemble de caractères de quatrième degré; mais ces caractères ne sont pas, comme dans la variété, des modifications qui éloignent fortement du type sous un rapport isolé : ce sont des perfectionnements de toutes les parties du type, même des développements ou des amoindrissements de certaines parties du type sans sortir du type.

La race est même l'opposé de la variété; c'est-à-dire que chez l'animal, par exemple, la forme, la couleur, les attitudes, l'énergie musculaire, l'ardeur du sang, la délicatesse et la puissance nerveuse, l'instinct, l'intelligence, etc., ont été par une longue suite d'alliances entre individus qui les présentaient en un certain mode, constitués et fixés selon ce mode dans la race. De telle manière que les produits de cette race seront moins aptes à varier que les produits d'animaux de la même espèce, mais où les caractères de race n'existent point.

[172*g*] Les différences de milieu, l'éducation ou habitude, les alliances, d'autres causes enfouies dans les obscurités de la transmission de l'être, et enfin surtout le temps pendant lequel ont agi les causes modificatrices, et la répétition de leur action, voilà donc ce qui régit visiblement les modifications de l'individu et les élève sous nos yeux au quatrième degré qui constitue la variété fixe, et à cette autre particularité si saisissante, où tous les aspects de l'être sont élevés à une précision extrême, et que l'on nomme *la race.*

Et lorsque, en présence de ces faits, tant d'auteurs parlent de la fixité des espèces, « de la conservation perpétuelle de leur structure, » sur quoi se fondent-ils ?

Ils se fondent d'abord sur ce que les métis ayant beaucoup moins de fécondité que les individus d'espèce pure, leur intervention, disent-ils, est perpétuellement annulée par la fécondité supérieure des espèces pures. Ce qui revient à dire que la race a plus d'énergie que la variété de troisième degré, rien n'est plus certain, mais ce qui ne prouve pas du tout que le métissage ne puisse, en aucun cas, avoir pour effet de donner naissance à des espèces nouvelles; car s'il est vrai que la fécondité supéricurc des races pures l'emporte de beaucoup dans le résultat définitif sur l'intervention peu féconde des métis, cela n'est reconnu vrai que pour des espèces très-élevées, comme le chien et le cheval. Mais où a-t-on fait des expériences un peu rationnelles sur les métissages possibles, par exemple, entre les 560,000 espèces d'insectes?

Ils se fondent encore sur des descriptions anciennes qui, disent-ils, se rapportent parfaitement aux espèces actuelles.

Nous contestons d'abord qu'on soit fondé à dire qu'elles se rapportent parfaitement.

Quand Aristote ou Pline nous donne une description du chêne ou de tout autre être, nous nions que cette description, qui n'est accompagnée d'aucune figure, puisse être à bon droit regardée comme suffisamment précise pour affirmer que l'espèce décrite par eux, avec le peu de rigueur qu'on y mettait alors, était exactement la même que celle que nous avons sous les yeux.

Mais supposons que ces espèces des anciens soient exactement les mêmes que les nôtres, ces espèces, décrites il y a vingt ou vingt-trois siècles, sont précisément celles qui, par leurs caractères bien accusés, ont frappé les yeux davantage, c'est-à-dire qu'elles étaient alors déjà au nombre des plus anciennes et des moins modifiables.

Et s'est-on demandé combien dans notre Europe il y a eu de générations du chêne, par exemple, depuis le chêne qu'a vu Aristote jusqu'à celui sous lequel s'est reposé François Ier, et que nous voyons?... *Deux* ou *trois*, pas davantage. Car il existe beaucoup de chênes vieux de sept ou huit siècles et même plus (notamment en Bretagne). Or, d'un chêne vu à cinquante ans par Aristote et parvenu à l'âge de huit cents ans, le gland a pu fournir le chêne dont un gland a fourni le chêne de François Ier.

Quant aux animaux décrits par les anciens, c'étaient précisément ceux qui, par la domesticité, les usages auxquels ils sont destinés et le régime auquel ils sont soumis de temps immémorial, ont acquis une fixité de caractères que le temps écoulé depuis lors et la continuation du même régime n'ont pu que maintenir, ou bien des animaux sauvages d'une très-petite zone du globe, des carnassiers, des solipèdes, des ruminants, des quadrumanes, c'est-à-dire, encore des êtres appartenant aux rangs les plus élevés des séries et les plus fixés, par conséquent.

Et cependant, qui donc affirmera qu'une photographie de ces espèces décrites par les anciens ressemblerait de tout point à nos espèces actuelles?

. Bien au contraire, si nous nous en rapportions aux sculptures qu'ils nous ont léguées, nous conclurions de ce que nous y voyons, par exemple, leurs lions à face joviale et à crinière bouclée comme la chevelure d'un chérubin, que cette espèce a singulièrement changé de figure.

Quant aux innombrables espèces qu'ils n'ont point connues, et que nous connaissons, qui affirmera qu'elles étaient, il y a deux mille cinq cents ans, ce qu'elles sont aujourd'hui?

21.

On n'observe les espèces inférieures avec un peu de soin, et grâce aux perfectionnements du microscope, que depuis une cinquantaine d'années, pas davantage.

Et parce que, dans ce laps de temps, on n'aurait pas saisi de changements dans les espèces, on affirmerait qu'il ne s'en est pas fait depuis Aristote, par exemple, même dans les espèces qu'il n'a pas décrites!

Et quand même il ne se serait fait aucun changement dans les espèces depuis Aristote, est-on fondé à conclure qu'il ne s'en est point fait auparavant et qu'il ne s'en fera pas demain ou dans mille ans?

Car enfin, s'il faut plus de deux mille cinq cents ans pour transformer une cellule bissiforme en une espèce végétale nouvelle bien distincte et type d'une série végétale nouvelle, qu'est-ce donc que deux ou trois mille ans en comparaison du temps que l'on accorde aujourd'hui d'une voix unanime à l'ancienneté de la vie sur le globe?

[172*h*] Dans les êtres vivants, il existe un lien étroit entre la substance, la forme et la fonction, considérées dans chaque organe. Chacun de ces trois termes tient les deux autres dans une mutuelle dépendance. Aucun de ces trois termes ne peut être modifié sans que les deux autres le soient aussitôt.

Mais les divers organes sont, en quelque sorte, des êtres distincts [170*a*]; le perfectionnement de l'un n'entraîne pas nécessairement le perfectionnement des autres. Très-souvent, au contraire, le perfectionnement d'un organe entraîne l'atrophie d'un ou plusieurs autres organes.

Ce n'est donc pas en s'obstinant à comparer dans leur ensemble des êtres complexes, que l'on fera avancer l'histoire de l'organisation, mais en partant de ce principe, que les êtres sont composés de plusieurs systèmes ou organes réellement distincts quoique solidaires, et que, par conséquent, c'est sur chaque organe considéré isolément que doit être étudiée la suite des transformations.

Sans doute, il peut arriver que la modification d'un seul organe entraîne de nombreux changements dans les autres organes ; il est même certain que toute modification d'un seul organe entraîne, plus ou moins promptement des modifications nécessaires quelconques dans d'autres organes ; mais la recherche des modifications consécutives, dépendantes de la *solidarité* des organes d'un être complexe, ne peut, ne doit être entreprise rationnellement qu'après l'étude préalable des modifications successives d'un même organe considéré isolément.

Ces modifications successives d'un seul organe forment nécessairement des séries. C'est là seulement qu'il faut chercher des séries complètes, d'une précision indubitable, et non entre des êtres complexes qui, appartenant à la fois à plusieurs séries distinctes, ne peuvent, presque en aucun cas et sous aucun rapport, former des séries précises.

En l'état actuel des connaissances sur la végétation et l'animalité, on peut facilement reconnaître et décrire la série complète des modifications successives ascendantes, et souvent ensuite rétrogrades, d'un même organe considéré indépendamment des divers êtres auxquels appartiennent ses différents termes ; on peut, par exemple, à l'aide du scalpel et du microscope, décrire quelques milliers de transformations du système respiratoire ou digestif.

On connaîtra ainsi un certain nombre de séries ascendantes et rétrogrades régulières concernant chaque organe. On saura ainsi par quelle suite de transformations de son tégument une cellule élémentaire arrive à être munie d'un poumon, par quelle suite de modifications différentes une cellule élémentaire arrive à être munie d'une double circulation, etc.

On parviendra ainsi à reconnaître par quelles causes chaque modification est produite. Il suffira, pour obtenir cette connaissance si importante, d'observer une contemporanéité, une relation constante entre une cause donnée (milieu, habitude, etc.) et une modification donnée.

[172i] *Une seule modification fixe d'un seul organe* constitue la différence que les naturalistes appellent *sous-variété.*

Un nombre mal défini de modifications fixes d'un seul organe constitue la différence qu'ils appellent *variété.*

Un nombre mal défini de modifications fixes *sur plusieurs organes* constitue la différence qu'ils appellent *espèce.*

Un nombre mal défini de modifications fixes *sur tous*

ou *presque tous les organes* constitue la différence qu'ils appellent *genre*, par comparaison avec un groupe diffé-rent de modifications de tous ou presque tous les organes d'un même type, formant un autre genre, ces deux genres formant une *tribu* ou *famille*, etc.

Il est indubitable que les divers systèmes organiques dont se compose un animal ou un végétal, sont distincts ; tellement qu'un animal, par exemple, peut présenter dans l'organe A un perfectionnement égal à 50, et dans l'organe B un perfectionnement réduit à 10, pendant qu'un autre animal présentera dans l'organe A un perfectionnement réduit à 20, et dans l'organe B un perfectionnement égal à 60; et qu'un troisième animal présentera dans A un perfectionnement égal à 30, et dans B un perfectionnement égal à 35, etc.

Mais puisqu'il est certain que les divers organes sont des systèmes distincts qui, sous l'influence d'une multitude de causes, se modifient soit isolément (jusqu'à certaines limites nullement étroites), soit consécutivement, il est bien évident qu'après que chaque système organique se sera perfectionné (ou dégradé) de l'une ou de l'autre manière dans toutes les parties du type, ce type dans son ensemble sera arrivé à une forme, à une substance, à des fonctions totalement différentes.

Et comme il sera démontré, au volume suivant, que les conditions d'existence des vivants ont varié toutes, *sans exception*, depuis l'origine de la vie sur le globe, il sera reconnu que les divers systèmes organiques ont dû constamment se modifier, et que non-seulement l'*espèce* n'est pas chose fixe, mais qu'il est mathématiquement impossible qu'elle le soit.

Qu'est-ce donc, en effet, que la variété, sinon la preuve que l'*espèce* est en voie de se modifier de diverses manières?

Qu'est-ce donc, en effet, que l'espèce, sinon la preuve que le *genre* s'est autrefois modifié comme aujourd'hui se modifie l'espèce?

[172*j*] Dominés par des préjugés d'éducation invincibles, retenus par des craintes peu dignes de l'esprit scientifique, les naturalistes ont jusqu'ici examiné et décrit les êtres avec plus ou moins d'art et d'exactitude ; mais, sauf de rares exceptions, ils n'ont *nullement expérimenté :* ils ont été des artistes bien plus que des savants ; de sorte qu'aujourd'hui encore, l'histoire naturelle est un *magasin pittoresque,* un amas confus de légendes, de romans, d'observations justes, de découvertes vraiment merveilleuses, d'aperçus pleins de génie, de systèmes faux, de règles inapplicables que l'on s'obstine à appliquer, d'exceptions innombrables auxquelles on ne comprend rien, et enfin d'articles de foi que l'on doit subir et confesser, malgré leur absurdité, si l'on veut faire son chemin et vendre ses livres. Tout cela ne forme nullement une science dans le sens exact du mot.

On a discuté à perte de vue sur les résultats obtenus depuis soixante ans par les agronomes anglais : bœufs tout viande, cochons tout graisse et viande, presque sans os, tête et jambes réduites, etc., discussions peu concluantes.

Ce n'est pas sur des êtres appartenant aux rangs supérieurs des séries de vertébrés qu'il faut expérimenter pour juger de la puissance des causes modificatrices sur les êtres vivants : c'est sur des termes inférieurs, des protozoaires, des ambigus inférieurs.

Si les séries de modifications des divers organes étaient connues, si la théorie des causes qui déterminent ces modifications était faite, nous osons affirmer — certain d'être justifié par les travaux des savants à venir — qu'il serait facile de transformer un protozoaire donné en plusieurs espèces supérieures à lui. Il faudrait un certain temps pour cette œuvre : peut-être un siècle, peut-être deux siècles, d'autant plus de temps, à coup sûr, que l'être mis en expérience appartiendrait à un rang plus élevé par l'ensemble des modifications des diverses parties de son organisme.

Mais, par suite du peu que nous connaissons sur les propriétés de toute série, nous osons affirmer que les perfectionnements, les modifications successives d'un organe sont assujettis à des lois fixes qu'il sera facile de découvrir par l'étude même de ces modifications successives, et que la connaissance de ces lois permettra de déterminer d'avance les limites *maxima* et *minima* du temps et des conditions par lesquels un protozoaire serait transformé ; et que, de plus, la connaissance de ces lois permettra de débrouiller avec la plus grande clarté l'enchaînement des causes et la durée qui ont agi sur des organismes originaires pour les amener à l'état où nous les voyons. De telle manière qu'un jour on pourra connaître d'une manière très-approximative leur ancienneté absolue.

De telle manière, enfin, que les organismes seront non-seulement, comme aujourd'hui, des *chronologues* qui racontent l'ordre de succession des phénomènes dont la terre a été le théâtre, mais aussi des *chronomètres* qui diront *combien de temps* ont duré ces phénomènes.

[172*k*] En résumé, selon nous, la classification vraie, définitive, la classification scientifique ne sera pas appliquée aux individus, elle sera appliquée aux organes considérés isolément.

Son établissement offrira toutes les difficultés d'observation qui s'attachent à la poursuite des faits naturels que l'on devra recueillir ; mais une fois établie, elle ne sera susceptible d'aucun doute, puisqu'elle sera sérielle. Et elle expliquera clairement l'origine, l'enchaînement, le développement historique des formes, leur parenté et leur confusion.

Sur tous ces points, nous espérons obtenir des résultats généraux très-probables par une voie purement rationnelle ; mais la classification sérielle des organes les donnerait jusqu'au dernier détail avec la plus entière certitude[1].

---

[1] Au moment où je corrigeais les épreuves de la première édition,

POUVOIR MODIFICATEUR

[173] Dans le cours de ces études, un mot est revenu sans cesse : *modification*. Le fait qu'il exprime s'est, à chaque instant, révélé sous une multitude de formes.

Toute substance nous est apparue comme une modification de la matière essentielle.

Toute cause de mouvement dans l'univers nous est apparue comme une modification d'une seule et même cause essentielle : la *force*.

Tout phénomène nous est apparu comme une modification nouvelle ajoutée au résultat de modifications antérieures.

Toute forme quelconque des choses, des êtres, ne nous a montré qu'un résultat de modifications plus ou moins nombreuses.

j'appris qu'un écrivain, M. Favre, avait récemment traité ce sujet dans un livre intitulé la *Série naturelle*.

Après lecture de cet ouvrage, j'ai reconnu que, sur la question des classifications, nous nous étions presque de tous points rencontrés. Mais M. Favre, en se proposant de démontrer cette vérité : *une classification appliquée aux individus est nécessairement fausse et impossible; la série des fonctions et des organes peut seule être reconnue*, n'a pas recherché quels sont les caractères et les propriétés de toute série.

Cette recherche, quoi qu'elle vaille, et les conséquences auxquelles elle peut conduire, ont dans mon livre leur point de départ rationnel.

Depuis la combinaison des substances dites *simples*, jusqu'aux organismes les plus parfaits, jusqu'à la constitution actuelle du globe, jusqu'au système de notre univers solaire, tout révèle un enchaînement de modifications liées étroitement par des lois partielles dont plusieurs sont bien connues, dont un grand nombre sont à découvrir, mais dont on peut affirmer, dès maintenant, qu'elles dépendent toutes d'une loi générale dont chaque loi partielle n'est qu'une modification.

Déjà nous savons que les actions de la pesanteur [21] et du magnétisme [76], l'intensité du calorique *rayonnant* [59], l'intensité de la lumière [63], l'intensité du son [42], etc., sont également *inverses du carré de la distance.*

Cette formule uniforme n'est autre chose qu'un terme de la loi générale dont nous parlons.

Ainsi, *abstraitement :*

Un seul lieu : l'infini [1] ;

Une seule substance : la matière [5];

Une seule cause : la force [12];

Un seul phénomène : la modification ;

Voilà ce que l'observation du globe et de l'univers nous fait connaître avec certitude.

[173*a*] Nous allons montrer ici un autre terme de la loi générale ; on en verra découler d'innombrables conséquences aux *commencements de l'humanité.*

Nous exprimerons ainsi cette loi :

Tout être quelconque, parmi ceux que nous connaissons, est le résultat d'un certain nombre de modifications antérieures et est investi d'un pouvoir modificateur à l'égard des phénomènes d'où dépendent son existence et son développement.

Ce pouvoir modificateur est sensiblement proportionnel à la *dépendance*, c'est-à-dire au nombre de modifications dont l'être est, à chaque instant, le résultat variable.

C'est-à-dire que, dans l'échelle des êtres, plus augmente le nombre des modifications antérieures et des conditions actuelles dont dépend un être, plus augmente son pouvoir de modifier ces conditions conformément à lui-même, d'une manière favorable à son développement.

Le sens des expressions : *pouvoir modificateur* et *dépendance*, ainsi fixé, on peut énoncer simplement cette loi en la forme suivante: *Le pouvoir modificateur des êtres est sensiblement proportionnel à leur dépendance.*

Nous n'espérons pas faire comprendre cet énoncé, ni la loi du pouvoir modificateur à première vue ; mais nous nous efforcerons d'en éclaircir la notion essentielle.

Sous l'influence des forces générales : électricité, chaleur, etc., les minéraux les plus simples et les plus immobiles en apparence sont sans cesse modifiés.

Les végétaux, influencés plus encore, quoique autrement que les minéraux, par ces forces générales, présentent en outre des modifications d'un ordre nouveau, qui ne résultent plus immédiatement de l'action des forces générales, mais qui dépendent des modifications produites par ces forces sur les substances minérales.

A leur tour, les animaux, influencés par les agents généraux comme les minéraux et les végétaux, dépendent comme les végétaux des modifications produites sur les substances minérales, et présentent en outre des modifications de deux ordres nouveaux : 1° ils dépendent de modifications produites sur les végétaux par les agents généraux et les substances minérales ; 2° ils présentent des modifications d'un caractère entièrement nouveau (facultés de relation [164*l*]), mais très-dépendantes des phénomènes qui les précèdent dans l'échelle de combinaison.

[173*b*] Immobiles sur la planète, soumis aux actions caloriques, électriques, magnétiques, etc., les minéraux paraissent d'abord entièrement passifs à l'égard des forces quelconques. Cependant la cristallisation [136*r*] nous a déjà montré chez eux un premier terme, bien remarquable, du pouvoir modificateur.

Mais si du minéral nous passons à l'examen du végétal, surtout du végétal complet, le chêne, par exemple, nous voyons un phénomène général de modification très-nouveau : c'est le développement varié avec tous ses termes : naissance, croissance, reproduction, caducité, mort.

Dépendant des forces générales comme les minéraux, dépendant, en outre, des modifications que ces forces introduisent incessamment dans les minéraux qui le portent et l'entourent, ce chêne s'assimile, de tout ce qui le porte et l'entoure, tout ce qui est favorable à son développement.

Déjà si remarquable par lui-même, ce phénomène du développement varié, *en dépendance*, produit un résultat bien plus remarquable encore : c'est la faculté pour le végétal, par suite de son développement, de modifier d'une manière favorable à lui les conditions de son développement.

Ainsi, une certaine humidité du sol est nécessaire au chêne : par suite de son développement, l'eau des pluies est retenue sur ses feuilles, ses branches, son tronc, et distribuée goutte à goutte de manière à bien imprégner le sol où s'étend ses racines.

Le chêne reçoit ainsi l'eau du ciel, en fait provision, et arrose lui-même ses racines longtemps après que la pluie a cessé. De plus, ses feuilles, tout en profitant de l'action favorable du soleil, protégent le sol contre son action desséchante ; ses branches le protégent contre le vent, ses feuilles tombées l'hiver le protégent contre le froid ; décomposées, elles lui fournissent de l'humus. Et plus ce chêne se développe, plus ces phénomènes se confirment.

Dépendant de tous les phénomènes inférieurs, il a donc le pouvoir de modifier ces phénomènes favorablement à lui dans une certaine mesure.

[175c] Si du végétal nous passons à l'examen de l'animal complet, un cheval, par exemple, nous voyons des

phénomènes très-nouveaux : la locomotion, la puissance d'action sur le monde extérieur.

Dépendant de tout ce dont dépend le minéral, de tout ce dont dépendent les végétaux, l'équation qui représenterait toutes les modifications dont il dépend contiendrait un bien plus grand nombre de facteurs que celle du chêne. Sa dépendance est plus combinée, plus grande, mais son pouvoir modificateur est beaucoup plus grand.

Il n'a plus seulement, comme le chêne, la faculté de se développer sur place en s'assimilant ce qui lui est favorable, il a la faculté d'aller chercher ce qui lui est favorable, l'eau, par exemple. Et pendant que le chêne ne peut éviter l'incendie qui s'avance dans la forêt, le cheval peut s'enfuir. Ainsi, tandis que le chêne est obligé de subir certaines modifications défavorables du milieu qui l'entoure, le cheval peut, en changeant de place, changer, c'est-à-dire modifier favorablement à lui, le milieu qui l'entoure.

Et pendant que le chêne ne peut que modifier dans une certaine mesure ce qui le porte et l'entoure, l'animal a le pouvoir de modifier immédiatement sa constitution entière. Tous les animaux connaissent les herbes qui les purgent, et les recherchent quand elles leur sont nécessaires.

Et pendant que le chêne doit subir la morsure de l'insecte et les perforations du pic et du rongeur, le cheval chasse les insectes avec sa crinière, et se défend vaillam-

ment contre les carnassiers, qu'il tue souvent d'un seul
coup de son redoutable pied.

On pourrait construire une échelle dans laquelle la
dépendance de chaque être serait d'autant plus grande
qu'il serait plus complet, mais aussi le pouvoir modificateur sensiblement proportionnel à la dépendance.

GROUPEMENT DES ATOMES

[174] Ce sujet, au premier abord, n'éveille peut-être
pas beaucoup l'attention, et quelques pages ne suffiront
pas à montrer combien il est digne d'étude ; mais les
chapitres suivants en feront mieux sentir l'importance.

On est arrivé à connaître, sans aucun doute, les proportions *pondérales* (c'est-à-dire les proportions en
poids, les poids relatifs) des substances simples qui forment les molécules des corps composés dont s'occupe la
chimie minérale ou élémentaire ; on est même arrivé
aussi à une précision plus ou moins grande dans la connaissance des proportions pondérales des substances
simples qui forment les molécules d'un grand nombre de
composés organiques.

Un fait capital a été mis en lumière : *entre les composés non organiques*, la différence des propriétés dépend

principalement de la différence des substances simples qui les forment; *entre les composés organiques*, la diffé- rence des propriétés dépend principalement de là diffé- rence des proportions pondérales des substances qui les forment.

Ainsi, par exemple, de l'oxygène uni à du soufre forme l'acide sulfureux; de l'oxygène uni à du potassium forme un oxyde alcalin : la potasse. Les propriétés de ces deux combinaisons sont très-différentes, et leurs différences sont en rapport avec la différence substantielle du soufre et du potassium.

Tandis que du carbone, de l'hydrogène, de l'oxygène et de l'azote forment également de l'albumine, de la fibrine et une foule d'autres composés, dont les propriétés extrêmement différentes résultent seulement de la différence des proportions de carbone, d'hydrogène, etc.

L'importance d'une très-petite différence dans les proportions pondérales nous a d'ailleurs été montrée par ces analyses [158r] où l'on est sérieusement arrivé à conclure que la molécule de la fibrine, de l'albumine, etc., était composée de 10,000 atomes.

Personne n'a vu ni pesé un atome. Personne, en réalité, n'a jamais compté les atomes qui composent une molécule. Personne ne saurait assurément les définir, et par cette expression nous devons entendre seulement : *la plus petite quantité selon laquelle une substance peut entrer dans une combinaison.*

On aurait donc tort d'attacher une trop grande importance aux relations de ces nombres. Mais le fait principal qu'ils expriment : que de très-petites différences
dans les proportions pondérales des éléments constituants
entraînent de grandes différences de propriétés entre les
composés organiques, est indubitable.

[174a] Déjà plusieurs faits [156a] [156o] nous ont
montré que dans une substance simple l'arrangement
des atomes pouvait varier, et que ces diversités d'arrangement entraînaient de grandes différences dans les propriétés d'une substance.

Mais la question se présente avec une bien plus grande
netteté quand il s'agit des substances composées.

Soit, par exemple, la combinaison d'un atome de métal
M avec deux atomes d'oxygène O,O. Cette combinaison

est-elle MOO, ou OMO ou $\dfrac{M}{OO}$?

Car lorsqu'un nombre quelconque d'atomes d'oxygène se trouvent unis à un nombre égal d'atomes de
métal, on peut tenir pour certain, peut-être, qu'ils sont
unis les uns et les autres, un par un, de sorte que la
molécule du composé est OM ou MO indifféremment.
Mais dans la combinaison OO et M, il peut arriver
que O et M étant unis un par un, le second atome
d'oxygène se joigne au premier, d'où l'on aurait OO M;
ou qu'il s'unisse à l'atome de métal en opposition avec
le premier atome d'oxygène, d'où l'on aurait OMO;

ou qu'il s'unisse à la combinaison O M prise comme unité, d'où l'on aurait $\dfrac{O}{OM}$.

Les mêmes questions se présentent sur l'arrangement des atomes dans un acide composé, par exemple, d'une substance A et de deux atomes d'oxygène O O.

Et lorsque cet acide se combine avec notre oxyde MOO, quel est le groupement de ces six atomes? L'oxyde et l'acide, après union, conservent-ils respectivement leur nature d'oxyde et d'acide, ou sont-ils décomposés eux-mêmes, c'est-à-dire, arrive-t-il, par exemple, que le métal et la base de l'acide s'unissent et que les atomes d'oxygène entourent cette combinaison des deux corps simples? Dans le premier cas, on pourra avoir $\dfrac{AOO}{OOM}$, ou $\dfrac{OAO,}{OMO}$ ou tout autre arrangement en deux groupes, chacun des groupes contenant une des bases; dans le second cas, on pourra avoir $\overset{O}{\underset{O}{OAMO}}$, etc.

La seule inspection de ces symboles doit faire comprendre l'intérêt de la question; car, puisque de grandes différences de propriétés résultent dans une substance simple de quelque différence dans le groupement d'*atomes identiques*, il est impossible que les propriétés attachées à des groupements si différents *d'atomes différents* ne soient pas extrèmement différentes.

Et lorsque nous voyons le sucre de canne et la gomme avoir la même composition avec des propriétés si différentes, nous sommes persuadés que ces différences tiennent à des diversités de groupements tels que ceux figurés ci-dessus, et nous éprouvons un très-vif désir de connaître les lois de ces groupements.

Quelles sont donc ces lois?

Nous avons regret de dire que l'on n'en sait encore absolument rien [1].

En effet, c'est en *décomposant* les substances par le feu, par les acides, par la pile, etc., etc., qu'on parvient à *analyser* leurs éléments. Or, « les opérations de l'ana-
« lyse chimique appliquées à un produit, soit naturel,
« soit artificiel, font seulement connaître l'essence et

[1] Nous n'avons pas jugé utile d'expliquer, même sommairement, les systèmes professés jusqu'ici sur ce sujet, parce qu'aucun d'eux, aujourd'hui, n'est démontré ; et moins encore avons-nous cru devoir expliquer l'intérêt scientifique de la question des groupements, puisque nous supposons que notre lecteur ignore la chimie. Mais nous recommandons, sur ce grand sujet, 1° les ouvrages de M. Dumas et 2° le livre posthume du malheureux Laurent (*Méthode de Chimie*, Paris, 1854). Nous recommandons ce livre à tous les amis de la science, surtout aux jeunes gens qui désirent savoir où ils vont en étudiant la chimie, non-seulement à cause de l'utilité même du livre qu'on ne saurait trop relire, mais parce que Laurent a été victime des injustices les plus criantes, et parce qu'il appartient aux jeunes savants, à l'avenir, de lui attribuer la large part qui lui est due dans les progrès de la science. Cela n'a plus beaucoup d'inconvénients, puisqu'il est mort, et mort désolé faute d'avoir eu à sa disposition l'un des nombreux laboratoires de Paris pour continuer ses admirables recherches.

Quant à la question elle-même, nous sommes persuadé que c'est seulement par l'étude et la comparaison des *séries de composés*, lesquelles devront être préalablement complétées, qu'on pourra en atteindre la solution. Laurent a eu le sentiment très-complet de cette nécessité.

« les proportions de poids relatives des substances sim-
« ples, ou réputées telles, qui le composent. Elles n'ap-
« prennent point si les molécules matérielles de ces
« principes constituants y entrent dans un état de com-
« binaison général, le même pour toutes, ou si elles y
« sont réparties en groupes distincts, combinés entre
« eux, sans décomposition individuelle, et coexistants
« avec leurs qualités propres dans le produit total... Sur
« ce point, le plus élevé de la chimie rationnelle, l'ana-
« lyse chimique ne peut nous donner aucune indication
« immédiate, puisque ses résultats ne définissent chaque
« composé que par les éléments simples qu'elle en re-
« tire, soit isolés, soit combinés en groupes dont elle ne
« saurait affirmer la préexistence. »   (Biot.)

Le lecteur doit être porté à croire que, dans cet état de
la science sur ce point, il ne doit pas y avoir grand'chose
à en tirer.

Cependant, les conclusions suivantes, résumé incontestable de la science sur ce point, nous aideront
à construire une théorie large, et que nous croyons solide.

[174b] 1° Sans qu'on soit en état de l'expliquer clairement, on sait avec certitude qu'*une très-petite différence
dans les proportions pondérales des éléments des composés organiques, entraîne de grandes différences dans
leurs propriétés.*

2° Sans qu'on sache à quoi cela tient et comment cela
se fait, on sait avec certitude que *pour les substances*

composées aussi bien que pour les substances simples,
certaines différences inconnues dans l'arrangement intérieur de leurs atomes entraînent de très-grandes différences de propriétés.

ORIGINE DE LA VIE

———

[175] Nous nous proposons d'aborder ici la question de l'origine des êtres.

Nous n'ignorons pas que la plupart des savants déclarent cette question *inabordable, impénétrable, insondable...*

On s'épargne ainsi les efforts auxquels on serait obligé et les inconvénients auxquels on serait exposé, si l'on admettait que ce sujet peut être traité.

Mais ce refus d'examiner est, en définitive, un déni de raison et un manque de foi. C'est d'ailleurs un manque de courage.

Et si, ne s'arrêtant pas devant ces mots sacramentels : *insondable, impénétrable,* etc., l'observateur pénètre tranquillement et avec bonne volonté dans les obscurités de l'histoire des êtres, il voit bientôt que la science, interrogée, ne répond pas comme les savants.

Des découvertes sans nombre se sont succédé ; des phénomènes qui, il y a cinquante ans, paraissaient complétement isolés ou distincts les uns des autres, ne cachent plus leur mutuelle dépendance. Tout invite à tenter une généralisation devenue nécessaire.

Sans doute, rien n'est plus difficile et plus épuisant que cette poursuite des conclusions enfouies dans le long raisonnement dont l'humanité, en construisant chaque science spéciale, n'a encore posé que les prémisses. Cependant, après des heures et des jours de recherche aveugle et vaine dans les ténèbres, la pensée heurte parfois des écueils d'où jaillissent des éclairs. Et, au fond de ces ténèbres elle aperçoit, en un instant, l'enchaînement universel.

Instant trop court! éclairs trop vite éteints!.. Dans ces magnifiques et fulgurantes apparitions des horizons infinis, la pensée n'a pu rien saisir ; mais elle se souvient, du moins, qu'elle a entrevu l'ordre qui révèle la loi.

Il suffit : la recherche des lois est œuvre lente, mais sûre. Et la découverte, la possession de toute loi, dès qu'elle est soupçonnée, est désormais assurée à l'humanité.

Non, il n'y a nulle part des mystères impénétrables : il n'y a que des *inconnues*.

La composition, la nature des oxydes étaient, il y a

cent ans, des mystères qui paraissaient tout aussi impénétrables que l'origine d'une plante et d'un animal. Ce
n'étaient que des *inconnues.*

On a dégagé ces inconnues, dévoilé ces mystères : on
les dévoilera tous.

Nous avons dit, sans crainte d'être démenti par
le génie exact de notre temps : Il n'y a ni hasard, ni
miracle ; il n'y a que des phénomènes régis par des lois.

Considérons donc la vie et ses modes, non point
comme un hasard, ni comme un miracle, mais comme
un phénomène, et cherchons simplement l'origine du
phénomène.

[175a] La vie, telle que nous la connaissons, soit dans
les êtres qui se réduisent presque à une vésicule, soit
dans les végétaux et les animaux les plus complets, est
incompatible avec une certaine élévation de température.
Il est évident qu'à la température rouge sombre, par
exemple, nul être organisé semblable à ceux que nous
connaissons ne pourrait subsister, puisque, à cette température, tous les tissus végétaux et animaux sont brû-
lés et décomposés.

Or, il est indubitable qu'à une époque extrêmement
reculée, la surface entière du globe était dans un état de
fusion ignée. Il en faut conclure qu'alors les organismes,
tels que nous les connaissons, ni aucun d'eux analogues, ne pouvaient exister. Donc, puisqu'ils existent aujourd'hui, *il y a eu une époque où la vie et les organismes
ont commencé à paraître sur le globe.*

[175*b*] De quelle nature étaient ces premiers organismes?

Si l'on se reporte à l'étude que nous avons faite de la végétation et de l'animalité, et surtout à nos recherches sur la série [163*f*], on se trouve conduit à affirmer que les premiers êtres vivants qui parurent sur le globe, étant chacun un premier terme d'une série, furent nécessairement très-petits et simples, c'est-à-dire plus ou moins analogues aux êtres microscopiques que nous pouvons observer de nos jours et qui se réduisent presque à une vésicule.

Comment ces premiers organismes furent-ils formés?

Pour parvenir à le concevoir, nous devons d'abord étudier la vésicule élémentaire, sa composition et ses propriétés.

COMPOSÉ VITAL

[175*c*] La vésicule végétale élémentaire est un sac membraneux d'une extrême petitesse, clos de toutes parts, et doué des propriétés d'absorption, d'élaboration, d'assimilation et d'élimination que nous avons fait connaître.

La membrane extérieure, transparente et incolore, est formée de cellulose et ne contient point d'azote ; mais la substance intérieure qui compose l'utricule primordial est quaternaire, c'est-à-dire azotée.

Cette substance quaternaire seule reproduit les cellules et est capable d'élaboration. Quand une cellule végétale ne contient plus aucune parcelle de cette substance, ses fonctions élaborantes et reproductrices sont terminées. Elle peut servir de lieu de dépôt aux substances ligneuses, amylacées, etc. ; elle peut servir de canal à la séve : ainsi *elle subsiste*, mais elle n'élabore plus, *elle ne vit plus*.

La cellule animale, notamment la fibrille musculaire, est également un sac membraneux analogue, mais elle est azotée dans toutes ses parties, et généralement tant qu'elle subsiste elle vit, c'est-à-dire qu'elle élabore. Et lorsqu'elle cesse de vivre, généralement elle ne laisse point, comme la cellule végétale, une membrane extérieure inerte dans l'intérieur des organes ; elle est en entier résorbée, éliminée, elle disparaît.

Qu'est-ce qui constitue pour la cellule élémentaire sa qualité incontestable d'être vivant ?

Ce n'est pas sa forme vésiculaire, car les vapeurs sont capables d'un état vésiculaire [54] ; et un chimiste, M. Bramé, a reconnu que des cristaux très-petits qui apparaissent dans la vapeur de soufre en voie de refroidissement, commencent par se présenter sous la forme de vésicules microscopiques où, peu à peu, les faces cristallines s'ordonnent selon le type géométrique particulier à cette substance.

Ce n'est pas sa faculté d'absorber l'eau et les gaz, phénomènes physiques qui peuvent s'accomplir également dans des appareils de laboratoire complétement privés de vie.

Ce ne sont pas même les mouvements rapides d'un nombre immense d'êtres cellulaires inférieurs qui vivent dans l'eau, car un botaniste anglais, Robert-Brown, a découvert qu'à un certain état de ténuité, les particules de matière non vivante, lorsqu'elles sont immergées dans les liquides, manifestent des mouvements analogues non moins rapides. D'ailleurs, beaucoup de cellules vivantes, dans les organes des êtres complexes, ne manifestent point ces mouvements.

[175d] La vie de la cellule élémentaire consiste essentiellement dans sa faculté d'élaboration, d'assimilation et d'élimination.

Qu'est-ce en soi que cette élaboration, sinon un ensemble de phénomènes chimiques auxquels certaines conditions de chaleur, etc., sont nécessaires, et que nous parvenons à produire dans des soucoupes [164b]?

Qu'est-ce que l'assimilation et l'élimination, sinon les deux termes d'une double décomposition chimique particulière, qui même, dans la cellule végétale, ne dépend pas directement de la vie de la cellule, mais de l'action de la lumière [158o]?

Ainsi, la vie de la cellule élémentaire, aussi bien que

la vie d'un végétal ou d'un animal très-complet, ne nous apparait que comme un résultat, un concours de phénomènes, et non pas comme une cause.

Si maintenant nous nous rappelons : 1° que dans l'animal supérieur, où, en général, toute cellule est quaternaire dans toutes ses parties, l'échange de matière est beaucoup plus considérable et plus complet que dans le végétal [171d]; 2° qu'une matière quaternaire existe dans toute cellule végétale élaborante, et qu'après que cette matière quaternaire a disparu la cellule n'élabore plus, *c'est à la substance quaternaire que se rattachera nécessairement pour nous la condition* sine quâ non *des phénomènes vitaux.*

Il faut bien reconnaître que la vie est attachée à ce composé quaternaire, et qu'elle est apparemment une conséquence de sa composition, comme l'acidité, l'alcalinité et toutes sortes de propriétés sont attachées à d'autres combinaisons des substances, car *si la vie n'était pas exclusivement attachée à ce composé, elle pourrait se manifester en d'autres composés : or, elle ne se manifeste qu'en celui-là.*

Nous insistons sur ce point que nous croyons avoir touché le premier.

Si la vie était une force générale et spéciale, elle pourrait animer du fer, de la pierre, du cristal, de même que la pesanteur et la chaleur font tomber et échauffent toutes les substances.

Mais la preuve que la vie n'appartient qu'au composé

quaternaire azoté, c'est que si une cellule élabore quelque autre substance que ce composé, c'est toujours à la faveur de ce composé. Les os, les coquilles, les tests, les élytres d'insectes, les cristaux des végétaux et toutes les substances autres que ce composé, qui figurent dans les êtres organisés, n'y figurent que par suite de l'élaboration commencée et commandée par ce composé.

Réduites à elles seules, les substances siliceuses ou calcaires, les cristaux, n'ont jamais présenté l'ensemble des phénomènes que l'on appelle vitaux et que nous avons bien définis.

Il est vrai qu'un cristal qui a perdu une légère quantité de substance peut, dans une dissolution de substance identique à la sienne, rétablir sa forme ; mais ce phénomène dépend simplement d'un mode d'attraction régulière selon certains axes et certaines directions ; il ne présente point les termes vitaux : élaboration, assimilation, élimination.

Donc, l'échange de matière, qui est le phénomène distinctif de la vie, est lié à ce composé quaternaire : il est son attribut, sa qualité.

Donc, la vie dans la cellule, aussi bien que chez les êtres supérieurs, n'est point le phénomène immédiat dû à une cause générale et distincte, comparable à la pesanteur : elle est un résultat complexe d'un ensemble de phénomènes dont la production est liée à la composition d'une certaine substance quaternaire.

[175e) Qu'est-ce que cette substance quaternaire ?

Elle contient : carbone, hydrogène, azote et oxygène; mais sa composition n'est pas identique dans toutes les cellules vivantes. Bien que la perfection des instruments, et des procédés d'analyse, ni surtout la masse des observations ne soient pas encore assez grandes pour que l'on ai pu connaître tout ce qui concerne ces diversités de composition, on est assuré qu'il existe des diversités très-notables dans les proportions atomiques du composé quaternaire vital, selon qu'on l'extrait de la cellule d'un végétal ou d'un autre, d'un animal ou d'un autre.

Quelle est la nature chimique de ce composé? Comment sont groupés les atomes dans les molécules qui le composent?

En nous reportant à ce que nous savons de la nutrition des plantes par l'acide carbonique, l'ammoniaque et l'eau, nous remarquerons qu'à un moment donné le composé quaternaire végétal peut contenir, outre le carbone de l'acide et l'azote de l'ammoniaque, deux masses d'hydrogène d'origine différente : l'une provenant de l'ammoniaque, l'autre provenant de l'eau, et deux masses d'oxygène d'origine différente : l'une provenant de l'acide et l'autre provenant de l'eau.

Dans l'état physiologique, il retient tout l'azote et retient la plus grande partie du carbone. Mais lequel des deux oxygènes exhale-t-il, celui de l'acide carbonique ou celui de l'eau?

Et si l'eau de sa transpiration n'est pas seulement l'eau absorbée, si elle est en tout ou en partie de l'eau formée dans ses organes, cette eau est-elle formée de l'hydrogène de l'ammoniaque ou de l'hydrogène de l'eau absorbée dont l'oxygène aurait été fixé ou exhalé?

Et s'il s'agit d'un animal qui, dans sa nourriture, remplace l'acide carbonique et l'ammoniaque par des substances ternaires et quaternaires, d'où provient l'oxygène de l'acide carbonique éliminé [164f]? Vient-il de l'eau absorbée, ou de l'oxygène respiré, ou de l'oxygène des substances alimentaires?

Certainement la question est très-importante, elle est un premier terme indispensable à obtenir pour connaître la nature chimique du composé vital.

Laissons cependant de côté cette question, sur laquelle nous n'avons aucune donnée.

CHAO, voilà les éléments du composé vital. Voyons quels arrangements peuvent résulter de la combinaison de ces éléments.

Nous figurerons l'union intime des atomes par des parenthèses. (CA) représentera, par exemple, l'union intime et binaire du carbone et de l'azote. (CHA) représentera une union intime et ternaire. La combinaison de deux composés binaires sera représentée ainsi : (CA) (HO), et celle d'un composé ternaire avec un élément isolé sera représentée ainsi : (CHA) (O).

Selon ce symbolisme, voici divers arrangements possibles que nous trouvons d'abord :

(C) (AHO), (CA) (HO), (CAH) (O).

Nous trouvons ensuite :

(CH) (AO), (CO) (AH), (COA) (H).

Il est encore possible que ces éléments soient disposés ainsi :

(C) (AH) (O), (C) (AO) (H), etc., etc., etc.

Ainsi, en résumé :

1° Les proportions pondérales des éléments du composé vital ne sont pas toujours et partout les mêmes dans toutes les cellules vivantes; d'où il suit qu'il *existe plusieurs composés vitaux* ayant nécessairement des propriétés différentes.

2° Les groupements des éléments du composé vital peuvent être très-divers; d'où il résulte encore, même à égalité de proportions pondérales, des propriétés très-différentes.

PREUVES

[175*f*] Dans diverses conditions de température, etc., le sucre dissous dans l'eau et mélangé avec diverses substances entre en *fermentation*.

(A) Par exemple, ce phénomène se produit dans le jus sucré des-raisins.

(B) Il se produit aussi lorsqu'une petite quantité de matière organique animale ou végétale en putréfaction est placée dans de l'eau sucrée.

Par suite de la fermentation, le sucre est décomposé. Il y a formation d'acide carbonique, d'alcool ou d'acide lactique, selon les diversités de certaines conditions, et enfin formation d'une écume grisâtre que l'on nomme *ferment* ou *levûre*.

Or, cette écume grisâtre, ce ferment, examiné au microscope, n'est autre chose qu'une masse de petits êtres vivants, de formes et d'espèces différentes, selon que la fermentation a été alcoolique ou lactique.

Assurément, dans l'expérience (B) on ne saurait soutenir que la vie de ces organismes leur vient de la substance organique, puisque celle-ci est morte. Leur vie est le résultat de la combinaison formée aux dépens des éléments de la dissolution, de l'air, etc.

Et il n'est pas permis de croire que la vie de ces organismes élémentaires ne peut être due qu'à la transformation d'une substance organique morte, il est vrai, mais ayant eu vie avant eux, car s'il est vrai que leur développement s'arrête peu après que la substance organique est toute décomposée, cela tient à ce que la source d'une ou plusieurs des substances nécessaires se trouve tarie.

(C) En effet, d'après une expérience de M. Pasteur, si à la dissolution sucrée on ajoute un sel d'ammoniaque, notamment du phosphate double de magnésie et d'ammoniaque, cette matière minérale se dissout et, se combinant avec d'autres éléments de la dissolution et de l'air, se transforme en matière organique vivante.

(D) Bien plus, M. Pasteur ayant mêlé à de l'eau sucrée

pure une petite quantité d'un sel d'ammoniaque, des phosphates et du carbonate de chaux, après vingt-quatre heures la liqueur a commencé à se troubler et des gaz se sont dégagés. Peu à peu l'ammoniaque a disparu, les phosphates et le sel calcaire se sont dissous, du lactate de chaux s'est formé, et il a vu naitre des organismes végétaux et animaux, c'est-à-dire de la levûre lactique et des protozoaires, dans un milieu où ne se trouvait nulle substance azotée ayant eu vie. La matière azotée vivante, le composé vital s'était formé aux dépens de l'ammoniaque.

Il est vrai qu'ayant recommencé ce mélange et supprimé tout contact avec l'air, il n'a obtenu aucun de ces organismes, mais il en est de même quand le jus de raisin est maintenu hors de contact avec l'air, parce que, ainsi que l'atteste toute la physiologie, l'air est nécessaire à l'organisation.

Il est vrai qu'ayant recommencé ce mélange et l'ayant porté à l'ébullition, puis mis en contact seulement avec de l'air chauffé au rouge, il n'a obtenu encore aucun de ces organismes. D'où il faut conclure que l'ébullition avait altéré le mélange et y avait modifié les groupements atomiques de telle sorte que la formation des composés vitaux n'y était plus possible.

D'ailleurs, l'ébullition n'est pas toujours un obstacle à cette formation.

(E) M. Pouchet a fait bouillir pendant une heure dans un ballon de verre un corps organique fermentescible avec de l'eau. Il n'a laissé rentrer dans le ballon que de l'air *lavé* dans de l'acide sulfurique, et un mois après avoir été scellé l'appareil était tout rempli de champignons microscopiques.

Lorsque, pendant l'été de 1859, nous imprimions à Bruxelles, la première édition de ce livre, nous ne connaissions les belles expériences de M. Pouchet par aucun document direct, son traité de l'*Hétérogénie* n'ayant pas encore paru. Aujourd'hui nous ne pouvons mieux faire que d'y renvoyer le lecteur. Ces expériences sont pour la plupart décisives. Au reste, l'intérêt bien mérité qu'elles excitent se rattache surtout à ce qu'elles tendent à combattre une erreur passée à l'état de doctrine. Or, nous sommes persuadé qu'avant vingt ans il semblera bouffon que l'on ait prétendu sérieusement (car telle est cette erreur) que l'air contient sans cesse et partout les germes de tous les êtres d'espèces si innombrables qui éclosent, à chaque instant, presque dans tout liquide exposé à l'air ; il paraîtra inouï que, malgré un encombrement de faits incompréhensibles dans cette supposition, on ait soutenu si longtemps cette hypothèse impossible.

Nous nous garderons bien de nous appesantir sur ce point ; tout le temps employé à discuter des erreurs est du temps perdu. Éternellement, il n'y a qu'un moyen de conjurer les ténèbres : c'est de faire la lumière. Il n'y a qu'un moyen de renverser les erreurs : c'est d'établir la vérité.

En matière scientifique, la vérité se reconnaît à des caractères indubitables.

Elle est aussi claire que les erreurs sont obscures ; elle
est d'accord avec toutes les vérités déjà démontrées ; elle
s'appuie sur elles.

Tandis que l'erreur est inconciliable avec les vérités
connues et s'appuie sur l'*indémontrable*.

La vérité rend compte enfin avec une simplicité et une
rectitude entière de faits que l'erreur, malgré tout son attirail, ne parvient pas à expliquer, et rapporte à des
mystères insondables.

[175*g*] Revenons aux expériences citées.

Encore une fois, la matière organique qui, en se décomposant, détermine la formation d'organismes vivants,
ne détermine pas cette formation en leur donnant la vie
qu'elle n'a pas. Mais elle met en jeu les affinités des substances ambiantes et détermine ainsi, entre elles, la formation d'un composé vital qui, s'entourant d'une membrane, s'isolant du milieu où il se forme [1], donne aussitôt naissance à des organismes dont la nature varie selon
les substances employées, c'est-à-dire selon la nature du
composé vital [2].

---

[1] Comme s'isole un cristal par une membrane analogue s'il se forme
dans l'air, selon M. Brame [175*c*], ou par des pans de séparation s'il se
forme dans l'intérieur d'une masse solide, ou par des surfaces limites solides s'il se forme dans un liquide.

[2] A l'appui de ce que nous venons de dire nous rapporterons l'expérience qui suit :

M. Pouchet plaça dans un grand verre plein d'eau filtrée dix grammes
des os d'un crâne humain de l'époque mérovingienne, et, à côté, dans son
laboratoire, un verre semblable, plein de la même eau, reçut dix grammes
des os d'un crâne d'ancien Égyptien apporté de Thèbes. Les animalcules

Outre la présence des éléments convenables pour la formation d'organismes vitaux, il faut pour cette formation que les actions mises en jeu soient très-nombreuses sinon très-énergiques, parce que tout composé vital contenant de l'azote et plusieurs autres éléments, et les affinités de l'azote étant faibles, il faut des actions simultanées nombreuses, sinon énergiques, pour déterminer ces combinaisons.

Et, en effet, les divers modes de décomposition des substances organiques (putréfaction, fermentation) sont au nombre des actions chimiques les plus complexes et même les plus énergiques à certains égards.

Mais lorsqu'une combinaison vitale est formée, l'instabilité de cette combinaison, qui est due au caractère chimique essentiel de l'azote (son *indifférence*), a pour conséquence une extrême aptitude à des modifications ultérieures.

Et c'est ainsi que l'indifférence chimique qui relègue l'azote aux derniers rangs d'importance dans la chimie élémentaire ou minérale, le place au premier rang dans la chimie physiologique.

[1754] Mais faut-il donc croire que la décomposition d'une molécule organique, sinon azotée, du moins ternaire, telle que le sucre qui figure seul dans l'expérience (D), soit nécessaire à la mise en jeu des

qui se produisirent dans chacun de ces vases, étaient « absolument différents; » et lorsque, plus tard, des végétaux élémentaires y furent observés, ils étaient encore tout différents. (*Hétérogénie*, p. 153.)

affinités spéciales d'où naissent les divers composés
vitaux?

Évidemment, tout ensemble d'actions chimiques quelconques, capable de déterminer au même degré et de la
même manière la mise en jeu de ces affinités dans un
milieu où se trouveront réunis l'acide carbonique, l'ammoniaque, l'eau, l'air et quelques autres substances minérales requises, devra déterminer la formation de composés vitaux et d'organismes comme fait la décomposition d'une molécule organique.

Et si l'on ne connaît pas encore les conditions de ces
phénomènes, cela tient simplement à ce qu'on ne les a
pas encore étudiées.

Enfin, s'il fallait absolument rattacher la mise en jeu
nécessaire des actions *nombreuses et simultanées* à la décomposition d'une substance complexe offrant le caractère chimique spécial que l'on a nommé organique, toute
difficulté paraîtrait encore levée par des observations récentes.

Il résulte en effet d'analyses minutieuses que des roches primitives, même des aérolithes, ont présenté
quelques traces de composés réunissant les éléments et
les proportions complexes qui caractérisent les combinaisons organiques. De sorte qu'il en faut conclure que, de
toute origine, dès les premières époques de la condensation planétaire, comme aujourd'hui encore sans doute
dans certaines conditions, il s'est formé des combinaisons
de COH, etc., qui n'ont pu se transformer directement

en organismes parce que leurs proportions pondérales ou leurs. groupements atomiques ne pouvaient parvenir à l'isolement vésiculaire et à l'élaboration dont sont capables beaucoup d'autres composés analogues, mais qui cependant, en leur qualité de composés complexes, étaient et sont sans doute encore capables de mettre en jeu, par leur décomposition, en présence des combinaisons binaires des éléments C H A O, les *actions nombreuses et simultanées* requises.

SOLUTION RATIONNELLE

[175*i*] A l'époque reculée de l'émersion des premières îles, l'acide carbonique et l'ammoniaque sortaient de la terre, comme aujourd'hui, par beaucoup d'ouvertures. Alors, sans aucun doute, ces exhalaisons souterraines étaient beaucoup plus abondantes. D'ailleurs, l'atmosphère contenait encore des masses d'acide carbonique .et peut-être aussi d'ammoniaque, aujourd'hui fixées, dont l'origine se rattachait à la condensation primitive des matières qui composaient le sphéroïde [140] et aux réactions chimiques dont les zones supérieures de l'atmosphère avaient été longtemps et étaient sans doute encore le théâtre.

Il y eut un moment où, à la surface du globe et dans l'atmosphère, l'eau liquide ou en vapeur, l'acide carbonique et l'ammoniaque se trouvèrent en présence dans des conditions de température que l'on ne saurait exactement définir, mais dont les limites seraient faciles à assigner.

Par l'action des mêmes affinités chimiques qui, aujourd'hui, déterminent leur production, des molécules de divers composés vitaux se formèrent, se groupèrent, s'isolèrent en vésicules, soit dans les eaux à diverses profondeurs, soit dans l'atmosphère à diverses hauteurs. Et là parurent ainsi les premiers organismes vivants.

[175j] Les composés vitaux qui avaient formé ces organismes primitifs étant différents soit par la composition, soit par le groupement de leurs atomes, les propriétés de ces organismes élémentaires étaient diverses, notamment quant à la forme-type qu'ils pouvaient revêtir, de même que sont diverses les propriétés des diverses substances minérales, notamment quant à la forme initiale et type de leurs cristaux.

Ainsi, par exemple, un composé vital A ayant une capacité d'élaboration nécessairement en rapport avec sa composition, et la capacité d'élaboration de ce composé vital étant telle que le tégument extérieur devait, dès l'origine, prendre un développement considérable et très-prépondérant, il en résultait une forme animale se rapportant au type mollusque, en ce sens que déjà le protozoaire se rapportait par quelque chose à ce type.

La capacité d'élaboration d'un autre composé vital B étant différente et déterminée de même, il en résultait une forme animale se rapportant à un type déterminé différent, par exemple, au type crustacé.

Et tout composé vital A formait un protozoaire mollusque, tout composé vital B formait un protozoaire crustacé, etc.

Et de même que, par des modifications successives, chaque tétraèdre ou prisme type [136n] est susceptible de passer par des formes de plus en plus complexes, de même, par des modifications successives, ces protozoaires primitifs étaient susceptibles de passer par des formes de plus en plus compliquées.

Et de même que, chez les cristaux, le procédé de modification, très-simple en lui-même, *production de nouvelles faces par un ajoutement sériel de nouvelles molécules*, engendre successivement toutes les formes les plus complexes d'un type donné, de même, chez les vivants, le procédé de modification, très-simple en lui-même, *production de nouvelles parties par un ajoutement sériel de cellules nouvelles*, engendre successivement toutes les formes les plus complexes d'un type donné.

Et de même que certaines formes géométriques ne peuvent, en aucune manière, résulter des modifications sérielles de certains types cristallins, de même certaines formes animales ne peuvent, en aucune manière, résulter des modifications sérielles de certains types vivants.

Et de même que des modifications sérielles différentes

sur deux formes géométriques différentes d'un même type cristallin peuvent arriver à produire deux formes géométriques identiques [136*j*], de même des modifications sérielles différentes de deux formes animales différentes d'un même type vivant peuvent arriver à produire deux êtres identiques; ce qui s'accorde avec ce que nous avons déjà trouvé par une autre voie [163*o*].

Enfin, de même que le nombre des types cristallins est limité par des nécessités mathématiques dépendantes des lois selon lesquelles se construisent les différents polyèdres, indépendamment des substances dont ils sont composés, de même le nombre des types vivants est limité par des nécessités mathématiques dépendantes des lois inconnues selon lesquelles peuvent se combiner et se grouper quatre éléments simples : carbone, azote, hydrogène et oxygène, puisque ici la substance, la fonction et la forme sont étroitement liées.

[175*k*] Nous ne pouvons qu'énoncer maintenant cette théorie. Elle sera développée par la suite de l'ouvrage.

Nous nous bornerons ici à un exemple qui, en expliquant l'existence des ambigus, fera comprendre plus clairement le seul point obscur dans ce qui précède.

Par des séries de modifications d'organes, fixées [172] dans la suite prolongée des générations, un protozoaire appartenant au type vertébré, en passant par l'état de ver et de nombreux états successifs qui l'ont amené à l'état de mammifère carnassier inférieur, a pu devenir enfin un quadrumane voisin du chien.

Par des séries de modifications d'organes, fixées dans la suite prolongée des générations, un autre protozoaire appartenant de même au type vertébré, en passant par de *tout autres* états successifs qui l'ont amené à l'état de mammifère rongeur inférieur, a pu devenir un quadrumane très-différent du précédent.

Mais il y a chez les êtres vivants une faculté reproductrice que n'ont point les cristaux, et qui leur permet de s'unir efficacement lorsque leurs différences ne sont pas trop grandes ; de sorte que le premier quadrumane aura pu féconder le second quadrumane : d'où l'on aura vu sortir un ambigu.

[175*l*] Maintenant, comment devons-nous interpréter en soi la nature de la différence entre les animaux et les végétaux ?

Il résulte directement de tout ce que nous avons vu précédemment, que les végétaux proviennent de composés vitaux originaires où la puissance chimique d'échange est moindre.

Mais des faits peu nombreux et d'une extrême importance semblent prouver, en outre, que les végétaux sont de véritables animaux atteints inévitablement de *métamorphose rétrograde* [166*d*].

[175*m*] On voit que la question de l'origine des êtres n'est pas à *jamais insoluble*. Car, quelque opinion qu'on se forme maintenant de nos vues à cet égard, on restera convaincu que, soit par cette théorie, soit par toute autre, que l'expérience seule pourra amener à l'état de science

démontrée, il est très-facile de s'expliquer l'origine de la vie par le concours des forces physiques et chimiques.

Et il faut bien s'y résoudre, puisque la vie, sévèrement analysée, ne se présente pas comme une cause, mais comme un résultat.

[175n] Ce grand phénomène originaire : formation d'organismes primitifs, ne s'est-il présenté qu'une seule fois? Non, bien loin de là.

Toutes les fois que l'ammoniaque, l'acide carbonique, l'air, l'eau, et quelques parcelles d'autres substances, se trouvent en présence dans certaines conditions de température et de pression, il peut y avoir ou n'y avoir pas formation de composés vitaux, selon que leurs affinités spéciales sont ou ne sont pas mises en jeu.

Et selon que ces mêmes conditions sont ou ne sont pas permanentes, sont ou ne sont pas modifiées ensuite d'une ou plusieurs manières que l'expérience n'a pas fait connaître, par l'unique raison qu'elle n'a pas été interrogée, ces composés vitaux donnent ou ne donnent pas naissance à des protozoaires ou à des végétaux bissoïdes ou confervoïdes élémentaires.

De sorte qu'à tous les instants, pour ainsi dire, l'œuvre est recommencée; de sorte qu'à tous les instants des siècles écoulés, depuis la première production d'organismes, on a pu trouver à la fois : 1° des organismes complexes résultant des modifications subies, des perfectionnements acquis par la postérité des plus anciens protozoaires ou végétaux élémentaires; 2° des séries d'organismes de moins en moins complexes résultant des modifications, des perfectionnements acquis par la postérité des protozoaires ou végétaux élémentaires de moins en moins anciens ; 3° enfin des protozoaires et des végétaux élémentaires formés au jour même où l'on se trouve.

[1750] Mais si les actions chimiques plus ou moins modifiées, seules, sont l'origine de la vie et la cause de son développement dans un organisme, pourquoi meurt-il?

Car, enfin, ces causes ne cessent pas d'être; pourquoi donc l'effet, la vie, cesse-t-il?

L'être meurt, parce qu'il arrive un moment où le résultat chimique, qui est le pivot des phénomènes vitaux, l'échange de la matière, s'affaiblit et devient totalement insuffisant à entretenir les fonctions de l'être. Il s'affaiblit dans la machine totale, parce que sur certains points, dès l'origine, il était incomplet, et que l'accumulation de matière résultant de cet échange incomplet dans l'intérieur de l'être finit par former un obstacle inévitable à la prolongation de ses fonctions normales.

Mais alors, pour prolonger la vie, il suffirait donc d'entretenir le plus longtemps possible l'échange régulier de la matière selon les conditions les plus favorables à l'être que l'on examine?

Sans aucun doute. Perfectionner et maintenir l'échange de la matière dans les conditions normales particulières à chaque système distinct [170b] composant le corps humain, c'est-à-dire entretenir en grand nombre, en grande santé, en grande activité, les millions de petits êtres qui composent chaque système; accélérer leur disparition, leur élimination; les remplacer dès qu'ils vieillissent, comme on remplace les invalides par les conscrits dans une armée : voilà le principe fondamental de l'hygiène rationnelle [1].

[175*p*] Par le titre que j'avais choisi, je m'étais engagé dans ce livre à expliquer ce qu'est *la vie*. Je l'ai fait : je puis m'arrêter ici.

L'histoire du développement des organismes nous occupera dans les volumes suivants et apaisera ceux qui s'écrieraient en finissant ce livre : Mais il est impossible de comprendre qu'une vésicule puisse devenir un quadrumane !

Nous pourrions répondre que, sans le comprendre, il faut cependant bien l'admettre scientifiquement comme tant d'autres choses que l'on ne comprend pas davantage et qui sont aussi certaines. Il faut l'admettre, disons-nous, car le fait se passe à chaque instant sous nos yeux, tous les êtres vivants, sans exception, ayant pour origine aujourd'hui encore une simple vésicule.

Mais nous préférons alléguer, en terminant, un exemple dont la trivialité ne diminue pas la valeur.

---

[1] Normalement, l'élimination des fluides s'opère surtout par la transpiration sensible ou insensible; la disparition des éléments non fluides, tels que les fibrilles des muscles, s'opère surtout par le fonctionnement qui les dépense, etc.

Cette grande besogne d'élimination est produite, de la manière la plus favorable, par le *travail*.

Rationnellement, surtout chez les adultes en plein équilibre physiologique, le travail doit donc précéder la réfection.

On fait en Allemagne des tuyaux de pipe en bois, plats, longs de cinquante centimètres et courbés en S. Quelqu'un nous disait naguère : Comment peut-on parvenir à creuser exactement des tuyaux de cette forme? Il est impossible de le comprendre.

— Pourquoi, répondis-je, imaginez-vous qu'ils soient creusés après qu'ils ont reçu cette forme? Pourquoi ne concevez-vous pas plutôt qu'ils sont d'abord percés droits, puis aplatis au rabot ou à la râpe, et enfin courbés à l'eau et au feu? Vous feriez ainsi disparaître toute la difficulté qui vous surpasse, et dont la solution vous semble inconcevable, mais qui en réalité n'existe pas.

DES LOIS

[176] Nous avons enfin terminé les préliminaires qu'il est indispensable de connaître pour comprendre l'histoire du globe et de l'organisation.

Avant d'entrer définitivement dans notre sujet, nous aurions voulu résumer tout ce qui, dans l'ensemble du savoir humain, se rapporte à la notion abstraite de la force. Nous espérions pouvoir établir ici, d'une manière rigoureuse, l'*unité de la force*.

Mais l'impossibilité de nous borner à l'emploi des notions déjà présentées pour l'explication claire de ce point difficile nous contraint de l'ajourner encore. Le développement méthodique de l'ouvrage nous rapprochera continuellement de la conclusion capitale.

Quels que soient l'origine, l'essence et l'enchaînement de ces forces qui nous étreignent, nous font vivre et nous tuent, nous savons bien que nous ne devons pas nous les représenter, autour de nous, en nous et dans l'espace, comme des personnages invisibles, comme des êtres qui agissent [18].

Mais nous voyons partout les forces agissant selon des lois...

Quelle idée devons-nous concevoir de ces lois qui nous servent aujourd'hui autant qu'elles nous dominent [136*u*]?

Autrefois, dans les temps où la science d'observation n'était pas même née, ne pouvant s'expliquer d'aucune façon précise et simple les phénomènes que nous expliquons aujourd'hui clairement, on en appelait immédiatement au hasard ou à la toute-puissance inconnue et indéterminée. On croyait, de bonne foi, que la toute-puissance s'amusait à produire, un à un, les phénomènes.

Aujourd'hui, on est tenté de considérer les lois, tant à causer de leur nom que par habitude d'esprit, comme édictées par un législateur auquel il a plu de les faire ainsi et non autrement.

Dans les livres le plus sérieusement scientifiques, on remercie à chaque instant le législateur d'avoir fait de si belles lois, si bienfaisantes, sans songer qu'il n'y a rien d'étonnant à ce que des lois édictées par un être souverainement intelligent, puissant et bon, selon la définition, soient encore meilleures que nos codes.

Et content d'avoir écrit sur le législateur un passage d'une éloquence douteuse, on va se promener par les rues sans songer qu'on peut avoir, à chaque instant, la tête cassée par une tuile ou une pierre en vertu de la belle loi de la pesanteur; — ce qui, du reste, j'en avertis le lecteur, ne saurait servir d'argument contre la bonté du législateur, pas plus que ce qui va suivre ne saurait servir d'argument contre l'existence du législateur.

[176a] Osons donc pénétrer au delà des phénomènes et de la force, et cherchons à nous faire une idée juste de la loi.

Quand nous voyons les forces agir d'une certaine manière, toujours identique, et produire un même phénomène, nous constatons *la loi*. Armés de cette loi, nous préparons les substances et les conditions, et nous soumettons les substances à l'action des forces en déclarant d'avance que le phénomène sera tel. Et, en effet, la force produit le phénomène, selon la loi.

Jusqu'à ce jour, beaucoup ont semblé croire que la force *obéissait à la loi;* de sorte que la loi se représente aux esprits obscurcis par les mots et les systèmes comme une *jussion*, un ordre toujours présent qui oblige la force à obéir. C'est absurde; car alors il y aurait, à côté de la force, une autre force employée à la contraindre — ce qui ne serait qu'un embarras.

Éloignons-nous de cette plate conception, et cherchons à comprendre ce que c'est qu'une loi, en descendant jusqu'à un phénomène extrêmement simple, dont la loi est facile à saisir, et où le sens de ce que c'est qu'une loi peut être facilement reconnu.

Lorsqu'un point, un corps (un globe d'ivoire, par exemple), est soumis à l'action d'une force agissant sur lui en ligne droite, il se meut en ligne droite.

Dans ce phénomène, l'effet (mouvement en ligne droite) est tellement lié à sa cause (la force en ligne droite), la loi se présente à nous avec un caractère de nécessité tellement évident, que l'esprit les prévoit de toute origine.

Si le point, le corps, est soumis à l'action de deux forces égales et contraires, c'est-à-dire agissant en sens opposé sur la même ligne droite, le corps ne se mouvra pas, il restera immobile.

Ici encore la loi du phénomène se présente à nous avec un caractère de nécessité évidente.

Si un corps A est mû à la fois par deux forces égales, l'une agissant pour le pousser dans la direction A B, l'autre pour le pousser dans la direction A D, on conçoit bien qu'il ne suivra ni l'une ni l'autre de ces directions. On démontre, en mécanique, qu'il suit une direction A C qui divise exactement en deux l'angle B A D. Et si l'on y réfléchit avec attention, on n'a pas besoin de démonstration géométrique pour voir qu'en effet ce corps, poussé à la fois dans les deux directions A B, A D, devra se mouvoir dans une direction intermédiaire.

Et avec un effort d'intelligence et d'attention plus soutenu, on voit aussi que, puisque les deux forces sont égales, la direction suivie ne doit pas être inclinée plus d'un côté que de l'autre; par conséquent, elle doit être A D, exactement intermédiaire entre l'une et l'autre direction que suivrait le corps, si l'une ou l'autre force agissait seule sur le corps.

Ici la loi du phénomène est moins immédiatement visible, elle n'est plus évidente; mais, comme dans les cas précédents, dès que l'esprit l'a reconnue, elle ne nous présente pas autre chose qu'une nécessité. Cela est ainsi parce qu'il est absolument impossible que cela soit autrement.

Si la force qui pousse le corps dans la direction A B (fig. 93) est double de celle qui pousse le corps dans la direction A D, on conçoit facilement que le corps se mouvra encore dans une direction intermédiaire, qu'il obéira plus à la force double qu'à

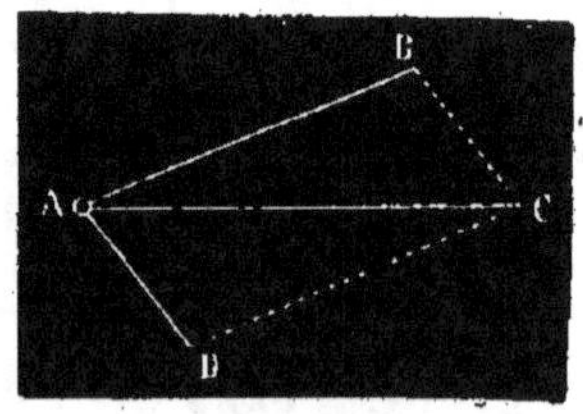

Fig. 93.

la force simple, que par conséquent il sera mû dans une direction plus rapprochée de A B que de A D.

On démontre, en mécanique, qu'il se mouvra selon une ligne A C [1].

Ici l'esprit a décidément besoin du secours des raisonnements rigoureux et des figures géométriques pour connaître, au juste, la direction que suivra le corps. Mais la loi de cette direction ne se présente pas encore autrement que comme une nécessité. Le corps suit cette direction parce qu'il est impossible qu'il en suive une autre, la longueur des deux forces et leur direction étant données.

Dans tous ces phénomènes de moins en moins simples, la loi du phénomène ne nous apparaît pas autrement

---

[1] Nous l'avons déjà dit [245], les forces se représentent par des lignes : deux forces égales par deux lignes d'égale longueur, une force double par une ligne double en longueur, une force triple par une ligne d'une longueur triple, etc. C'est ainsi que A B, double de A D (fig. 93), représente une force double.

Pour découvrir la direction que suivra le corps, on construit le parallélogramme A B C D en traçant B C parallèle à A D et C D parallèle à A B. La diagonale A C donne la direction que suivra le corps. Cette ligne A C s'appelle la *résultante* des forces A B, A D, c'est-à-dire la force unique qui *résulte* de leur action à toutes deux. Quelles que soient les longueurs des deux forces, c'est-à-dire le rapport qui existe entre leur puissance, cette construction du parallélogramme donne, par sa diagonale, la direction cherchée.

En outre, la longueur de la diagonale exprime l'énergie de la force résultante.

Ce magnifique et si simple théorème, d'où sort une grande partie de la richesse et de la puissance de l'humanité, est connu sous le nom de *théorème du parallélogramme des forces*.

Pour donner une idée plus complète de la beauté de ce théorème, ajoutons que : quels que soient le nombre et les directions des forces qui agissent sur un corps, on peut toujours, quand on connaît leur puissance relative, en cherchant successivement leurs résultantes deux à deux, arriver au parallélogramme de deux forces dont la diagonale donne à la fois la direction et l'intensité de la force résultante selon laquelle se mouvra le corps.

que comme une nécessité qui lie indissolublement l'effet
à ses causes. Mais, à mesure que le phénomène est moins
simple, cette nécessité se voile pour nous de plus en plus,
et il nous faut écarter les voiles un à un pour constater
cette nécessité.

[176b] Or toute loi n'est autre qu'une *nécessité*.

Les phénomènes très-simples dus à l'intervention d'un
petit nombre de forces nous montrent, dès le premier
coup d'œil, cette nécessité comme inévitable ; mais quand
beaucoup de forces simultanées, ou successives, sont en
jeu dans la production d'un phénomène, la nécessité
nous est tellement voilée, qu'il nous est impossible de la
reconnaître d'abord. Ainsi, par exemple, voici deux
plantes de même espèce et de formes sensiblement différentes : les formes de ces plantes ne nous paraissent pas
d'abord une nécessité, il semble même que leur différence prouve qu'il n'y a nulle nécessité attachée à leur
forme ; mais il est cependant certain que la forme générale, commune à chacune d'elles, est le résultat d'un ensemble de forces qui ont agi simultanément et successivement, de manière que nécessairement cette forme
générale a dû être telle ; et les points en lesquels ces deux
plantes sont différentes ont été également des résultats
nécessaires de l'action des forces ambiantes qui ont agi
différemment sur l'une et sur l'autre. Mais pendant qu'il
est très-facile de trouver la résultante de deux ou plusieurs forces données, il est très-difficile et souvent impossible de retrouver le détail des forces qui ont produit

une résultante donnée, surtout lorsque cette résultante est une œuvre historique, incessamment modifiée.

Les lois des phénomènes ne doivent donc pas se présenter à nos esprits comme des législations qui eussent pu être autrement; elles sont des nécessités. C'est-à-dire qu'elles sont les modes nécessaires et inévitables selon lesquels les phénomènes se produisent.

Les modifications de chaque force sont innombrables, leurs actions sont incessamment variées les unes par les autres; il s'ensuit que notre esprit est souvent impuissant à reconnaître la nécessité des phénomènes qui nous paraissent au contraire singuliers, étranges, inexplicables... Mais, bien loin d'être inexplicables, quand notre connaissance sera plus complète et notre intelligence plus perfectionnée, nous reconnaîtrons qu'aucun phénomène général de l'ordre quelconque de ceux que nous avons examinés jusqu'ici, et que nous examinerons encore dans la genèse du monde physique, ne saurait être autrement qu'il n'est.

[167c] Non, on ne s'explique pas une puissance infinie occupée constamment à ajuster des nez sur des visages— et quels nez, parfois ! — des cheveux sur des têtes, des poils sur des bêtes, des cornes à toutes sortes de gens, et des pattes d'insectes.

Faut-il donc qu'elle ait donné ordre à la matière de produire tous les phénomènes selon telles lois ? Mais alors cette *vile matière* obéissant ainsi éternellement à des ordres que notre *âme immortelle* n'est pas encore parvenue à connaître tous, à beaucoup près, à un milliard de milliards près, cette vile matière a donc compris d'un seul coup ces ordres étrangement merveilleux; elle est donc beaucoup plus intelligente que nous, la vile matière, elle est tout comme divine...

Non, les phénomènes ne sont pas plus produits par l'obéissance de la matière à un plan qui lui aurait été communiqué et auquel il lui aurait été enjoint de se conformer, qu'ils ne sont produits par une puissance infinie occupée à tout faire.

Les phénomènes sont des conséquences nécessaires, visiblement pour nous ou non visiblement, de l'action des forces inséparables de la matière.

Nous verrons aux *Commencements de l'Humanité* ce que signifie cette nécessité, comment elle doit être interprétée dans ses rapports avec l'homme et avec l'ÊTRE sous tous ses aspects, comment elle explique dans un majestueux et vaste ensemble des questions en apparence insolubles ou inconciliables.

NOTES

NOTE Iʳᵉ. — $\frac{2}{2}$ [158c].

Tout le monde connaît la *loupe* ordinaire et les verres de besicles qui font apparaître les objets avec des proportions plus grandes que les proportions sensibles à nos yeux.

Le microscope est un admirable instrument, qui, par une combinaison des effets de plusieurs *verres grossissants*, nous fait distinguer les parties les plus déliées d'objets très-petits.

Les grossissements de mille fois environ en *diamètre*, les plus forts que l'on ait obtenus jusqu'ici, donnent un grossissement de un million de fois environ en *surface*. Ainsi, sous ce grossissement un point (.) paraîtrait grand comme la table d'un guéridon.

Au reste, sous ces grossissements énormes, les images des objets deviennent très-vagues.

Ce qui doit être recherché surtout, c'est la netteté.

Nous nous sommes servi longtemps d'un petit microscope de

24.

M. Nachet, qui sous un grossissement de trois cents diamètres, grâce à la grande clarté de l'image, faisait voir plus de détails que les grossissements bien plus forts de beaucoup d'instru-ments d'une autre facture, auxquels nous avons pu le comparer; et certains objectifs du même opticien, qui conservent une grande clarté sous un grossissement de sept cent diamètres en-viron, ne laissent rien à désirer dans la pratique.

NOTE II. — [§ 158u.]

Ce livre était déjà imprimé lorsque nous avons pu lire dans la *Revue des Deux-Mondes* (1er août 1861), une étude de M. Ma-teucci, sur les phénomènes vitaux.

Nous en extrayons le passage qui suit :

« Puisque les études les plus attentives n'ont fait découvrir
« dans le tissu végétal aucun appareil destiné à mettre les liquides
« en mouvement, il faut, de toute nécessité, que la circulation
« de ce liquide soit exclusivement réglée par le jeu des forces
« physiques et chimiques. Or, nous savons que les corps so-
« lides exercent sur les substances liquides une attraction qu'on
« nomme moléculaire, parce qu'elle paraît s'exercer à des dis-
« tances aussi petites que celles qui séparent les molécules
« elles-mêmes. Il convient donc de voir dans quelle mesure
« cette action peut influer sur le mouvement de la séve.

« Lorsqu'on plonge un tube très-fin dans l'eau, on sait
« qu'elle y monte d'une certaine quantité, parce que les parois
« solides l'attirent, et comme le tissu d'un végétal offre, dans
« toutes les directions, des canaux très-étroits, tout le monde a

« compris qu'il devait absorber et élever l'eau qui se trouve dans
« le sol; mais cette explication générale soulève tout d'abord
« une objection : c'est que l'ascension de l'eau se limite toujours
« à une très-petite hauteur dans les tubes les plus étroits, et
« qu'elle se produit dans les arbres jusqu'à leur sommet, quelle
« qu'en soit l'élévation. Cette objection a été levée par M. Ja-
« min, à qui l'on doit, sur ce sujet de très-nombreuses expé-
« riences.

« M. Jamin prend une masse poreuse quelconque, par exemple
« un bloc de craie, et après y avoir creusé un petit trou jusqu'au
« centre, il y place un manomètre, c'est-à-dire un appareil ca-
« pable de mesurer les pressions qui viendront à se développer
« dans l'intérieur du bloc. Cela fait, il plonge l'appareil dans
« l'eau. A l'instant même, ce liquide s'insinue dans les pores,
« comme on voit que cela se fait dans un morceau de sucre
« qu'on imbibe, et chasse devant lui l'air qui remplissait les
« cavités. Cet air se réfugie au centre où il se comprime peu à
« peu, et le manomètre en mesure la pression qui s'élève peu à
« peu jusqu'à 3 ou 4 atmosphères, et dans certains cas spé-
« ciaux jusqu'à 6. Quand l'état final est atteint, il est évident
« que l'air tend à s'échapper pendant que l'eau tend à entrer, et
« que la pression de l'air fait équilibre à la force de pénétra-
« tion et en donne la mesure. Celle-ci est donc égale à 3, 4 et
« même 6 atmosphères. Or, une atmosphère étant égale à la
« pression d'une colonne d'eau de 10 mètres, on peut dire que
« la force d'imbibition est égale à 30, 40 ou 60 mètres d'eau;
« et, par suite, que ce liquide pourrait monter jusqu'à ces hau-
« teurs si la masse poreuse était assez prolongée. La force d'im-
« bibition suffit donc pour expliquer comment l'eau peut s'éle-
« ver jusqu'au sommet des plus grands arbres.

« Mais pour savoir comment les liquides circulent, il faut
« faire intervenir une autre expérience, exécutée autrefois par
« M. Biot, reprise ensuite par M. Magnus, et enfin par M. Jamin.

« que l'on mastique à l'un des bouts d'un tube de verre une
« plaque poreuse destinée à le fermer, qu'on remplisse ce vase
« avec de l'eau, et que, bouchant ensuite avec le doigt l'extré-
« mité ouverte, on la plonge, en retournant l'appareil, dans
« un bain de mercure, alors la plaque poreuse qui se trouve au
« sommet s'imbibe, puis l'eau s'évapore dans l'air à la surface
« supérieure; mais elle est remplacée aussitôt par celle qui se
« trouve dans le tube; un vide se fait dans l'intérieur, peu à
« peu le mercure monte jusqu'à la même hauteur que dans un
« baromètre, et bien qu'alors le vide soit devenu complet, l'air
« ne rentre pas à travers le corps poreux.

« Il suffit de connaître ces deux expériences fondamentales
« pour se rendre maintenant un compte exact et presque com-
« plet de l'ascension de la séve. En effet, d'après la première,
« les racines doivent enlever l'eau du sol et la faire monter jus-
« qu'au sommet des feuilles; et, d'après la seconde, l'évapora-
« tion de cette eau dans l'atmosphère, fera dans le végétal un
« vide qui appellera, par un effet de succion, celle qui remplit
« les canaux de la tige.

« Pour justifier cette explication, M. Jamin a construit un ap-
« pareil sur le modèle général des végétaux. La base en est
« constituée par un corps poreux très-dense qui représente les
« racines et qu'on plante dans un sol humide; de là s'élève un
« tube rempli de plâtre qui figure la tige, et au sommet se
« trouve une surface large, poreuse, qui tient la place des feuilles,
« et qui doit servir à l'évaporation. L'expérience a prouvé que
« cet arbre factice absorbe l'eau du sol comme les végétaux
« réels, et qu'il la répand dans l'atmosphère de la même façon. »

Nous avons dû mentionner ces curieuses expériences. Mais
elles ne nous semblent pas, à elles seules, résoudre la question
d'une manière incontestable.

1º L'expérience du bloc poreux, très-importante à d'autres
points de vue, est-elle bien applicable à la question?

Si le bloc poreux était déjà imbibé d'eau lorsqu'on le plonge dans le liquide, les pressions étudiées par M. Jamin ne s'y produiraient pas. Or, une plante en pleine végétation n'est pas sèche et poreuse comme le bloc de craie, elle est imbibée de liquides.

D'ailleurs, de ces pressions produites au centre du bloc de craie par une imbibition de toute la périphérie du bloc, peut-on conclure pour les végétaux qui ne sont point imbibés par toute leur périphérie, mais seulement par leurs racines?

2° L'arbre factice est assurément fort curieux. Mais une masse dense et poreuse n'est pas parfaitement analogue à des racines, lesquelles sont revêtues de membranes extérieures, sans pores comparables à ceux d'une roche, et où l'eau ne pénètre que par endosmose. Un tube de verre qui ne permet ni l'évaporation ni l'endosmose, et plein de plâtre poreux, n'est pas parfaitement analogue à un tronc composé de fibres et de vaisseaux dont toutes les parties permettent l'évaporation et l'endosmose.

Par rapport à l'eau, l'action physique moléculaire du plâtre, dont la densité est deux fois plus forte que celle de l'eau, est-elle comparable à l'action moléculaire des tissus végétaux, généralement moins denses que l'eau? En d'autres termes, est-ce par une action de même ordre que le plâtre et les tissus végétaux élèvent l'eau dans le tube et dans le tronc?

Si c'est par une action de même ordre, point n'est besoin de construire l'arbre de plâtre. Un arbre mort, mais garni encore de ses feuilles, ou muni du même appareil qui représente les feuilles dans l'arbre factice de M. Jamin, devra absorber l'eau et l'élever comme l'arbre factice.

Nous n'avons pas besoin de tenter l'expérience pour être assuré qu'elle ne réussirait pas.

En définitive, nous nous en tenons aux termes de notre paragraphe, nous croyons que la théorie de la circulation végétale est encore incomplète.

NOTE III. § [162c].

PHANÉROGAME. Du grec *phaneros*, apparent, et *gamos*, mariage. C'est-à-dire, et plus clairement, plante dont les amours sont visibles.

CRYPTOGAME. Du grec *cruptos*, caché, et *gamos*, mariage. C'est-à-dire, et plus clairement, plante dont les amours sont invisibles.

Nous ne savons pas trop pourquoi ce dernier terme est devenu peu à peu synonyme d'imbécile et de stupide.

Ce n'est pas la seule expression scientifique dont le sens soit singulièrement méconnu par la plupart des écrivains qui s'en servent.

Beaucoup d'auteurs emploient, par exemple, le mot *incommensurable* comme synonyme de très-grand, immense. Or, il doit se dire seulement de deux quantités qui n'ont point de commune mesure. Ainsi *le côté d'un carré et sa diagonale sont incommensurables*.

Naguère un littérateur en renom vantait les grâces d'une femme *dans toute son efflorescence*. Or, ce terme signifie le malheur qui arrive à l'alun, par exemple, lorsque, exposé à l'air, sa surface se désagrége et devient pulvérulente. De sorte que, bien contre son gré, cet auteur nous donnait à entendre que sa dame était toute farineuse, comme qui dirait dartreuse.

O dangers de la science !

NOTE IV. — ğ [163*a*].

Page 129, nous disons à tort : Tous les êtres, tous les phénomènes de l'univers sont *sériés*, c'est-à-dire appartiennent à une série quelconque, lisez : *Tous les êtres, tous les phénomènes de l'univers appartiennent à une série quelconque.*

Le mot *sérié* doit être employé pour qualifier exclusivement les objets qui présentent eux-mêmes et à eux seuls une série.

NOTE V. — ğ [164*o*].

Page 220 : *Ces fibres ne se confondent jamais...* Cela n'est absolument vrai que des fibres motrices.

« Sur la peau et les muqueuses d'une part, et la moelle épi« nière de l'autre, plusieurs fibres sensibles peuvent s'unir par « voie de fusion ou de soudure à une autre fibre de la même « nature et du même volume qui leur constituent un axe com« mun... » Et quant aux nerfs du système ganglionnaire, ou nerfs de la vie organique, « ils font un échange presque continuel « de rameaux... » Sapey.

Il est presque impossible qu'un ouvrage tel que celui-ci ne contienne pas quelques erreurs de détail. Mais, comme ce livre ne tend pas à un but minutieux, qu'ici les détails sont seulement invoqués pour aider à comprendre des résultats généraux, les erreurs de ce genre, s'il s'en trouve, auront peu d'importance.

Je suppose, par exemple, que j'aie erré sur quelques-uns des détails par lesquels j'ai voulu faire concevoir comment les classifications sont impuissantes à atteindre leur objet, qu'importe? si, de l'ensemble de ces résultats, il résulte clairement pour le lecteur ce que j'ai désiré lui faire connaître, notre but à tous deux est atteint.

NOTE VI. — § [171 g].

M. Pouchet a fait quelques observations sur l'influence de la chaleur, de la lumière et de l'électricité. Voici ses principaux résultats. Ils montrent quels fruits la science pourrait recueillir de semblables recherches.

Dans une même infusion, l'élévation de la température augmente le nombre des animalcules et fait obtenir des espèces différentes ; les faibles températures donnant des infusoires inférieurs, et les températures élevées donnant des infusoires d'une organisation supérieure.

Au-dessous de $5°$ et au-dessus de $35°$, il ne se produit aucun animalcule. Mais, une fois formés, ils subissent impunément d'assez extrêmes températures. Tous supportent le degré de glace fondante, un certain nombre supportent la congélation complète, et même des froids de $15°$.

La lumière diffuse est la plus favorable à leur production, qui, d'ailleurs, s'accomplit très-bien dans l'obscurité absolue.

Les divers rayons qui composent la lumière [65] influent d'une manière bien différente sur le développement des animalcules et même sur leur nature.

La lumière blanche paraît être la plus favorable ; après elle

vient le rouge, puis le violet, le bleu et enfin le vert. « Il est à
« remarquer, cependant, que cette action des éléments de la
« lumière est absolument inverse lorsqu'il s'agit des proto-or–
« ganismes végétaux... »

Sous l'influence d'un courant électrique [88] assez faible, des
œufs de grenouille sont éclos un jour et même deux jours plus
tôt qu'en dehors de cette action ; des infusoires ont pris en six
à sept jours un développement qu'ils n'atteignent d'ordinaire
qu'en neuf à dix jours.

(Voyez *Hétérogénie*, pag. 187 et suiv.)

NOTE. VII. — § [172*b*].

Les *animaux ressuscitants* ont été, dans ces dernières années, le sujet de discussions et d'expériences importantes sur
lesquelles M. P. Broca a publié des *études* très-complètes. Nous
lui empruntons les passages suivants :

« Les plus célèbres sont ceux qui constituent les trois groupes
« connus vulgairement sous les noms de *rotifères*, de *tardi-*
« *grades* et d'*anguillules*. Placés sur les confins du monde mi-
« croscopique, ils peuvent être aperçus à la loupe et quelquefois
« même à l'œil nu ; toutefois pour les étudier convenablement
« il faut recourir à des grossissements de trente à cent diamètres.
« D'autres animaux, beaucoup plus petits, appartenant à la ca-
« tégorie si mal limitée des infusoires, partagent avec les précé-
« dents la propriété de reviviscence. Il est probable enfin que cette
« propriété appartient à quelques animaux beaucoup plus grands
« et parfaitement visibles à l'œil nu. . . . .

« Le sable qui se dépose dans les gouttières ou sur les toitures
« en tuile, et la matière terreuse sur laquelle croissent les
« mousses des toits, des ruines et des rochers, recèlent presque
« toujours une ou plusieurs espèces d'animaux reviviscibles. Le
« nombre, la nature et les propriétés de ces êtres singuliers va-
« rient beaucoup suivant la nature et l'exposition du lieu où
« ils résident. On trouve même quelquefois de notables diffé-
« rences entre les deux versants d'une même toiture. Les ani-
« maux sont en général plus abondants sur le versant le moins
« exposé au soleil, mais en revanche ceux qui vivent sur le
« versant opposé résistent mieux aux températures élevées
« et à la dessiccation artificielle. Leur merveilleuse organisa-
« tion brave impunément les variations excessives de chaleur
« et d'humidité qui se manifestent naturellement dans le mi-
« lieu où ils vivent; ils peuvent rester longtemps dans l'eau,
« s'y nourrir, s'y reproduire. Le séjour dans la terre humide
« diminue leur activité sans la détruire, et ils en conservent
« assez pour pouvoir grimper sur la tige des mousses à l'ombre
« desquelles ils sont nés ; de telle sorte que, suivant la quantité
« d'eau qui leur est accordée, ils vivent tantôt comme des in-
« fusoires, tantôt comme des vers de terre. Mais ces aptitudes
« diverses, déjà si remarquables, ne suffiraient pas pour main-
« tenir leurs espèces, s'ils ne jouissaient d'une autre propriété
« plus remarquable encore, qui leur permet de franchir im-
« punément les plus longues périodes de sécheresse. Lorsque
« l'eau vient à leur manquer, ils se rétractent, s'amincis-
« sent, se raccourcissent, se momifient en quelque sorte, se
« confondant avec la poussière voisine, et pouvant, comme
« elle, être emportés par le vent; ils peuvent rester plusieurs
« mois, plusieurs années dans cet état semblable à la mort,
« et qui, pour les animaux ordinaires, serait une mort défini-
« tive. Mais ils n'ont pas pour cela perdu leur droit à la vie, et
« lorsqu'on verse de l'eau sur ces corps depuis si longtemps

« inertes, on voit, chose à peine croyable! toutes les manifesta-
« tions de la vie y apparaître de nouveau. Les organes se dé-
« ploient, les formes se rétablissent, des contractions partielles,
« puis des mouvements d'ensemble ne tardent pas à se mon-
« trer ; enfin, au bout d'un temps qui varie depuis quelques
« minutes jusqu'à plusieurs jours, ces êtres qui, placés dans un
« milieu constamment favorable, auraient pu depuis longtemps
« périr sans retour, recommencent comme une autre vie, ou
« plutôt reprennent leur vie antérieure au point où la dessicca-
« tion l'avait suspendue, jusqu'à ce qu'une nouvelle période de
« sécheresse vienne l'interrompre encore une fois. »

Ces animaux sont bien exactement comparables aux fougères
et aux mousses qui, après une longue dessiccation, étant humectées d'eau, peuvent recommencer à végéter. De même, des grenouilles et des chenilles, reprenant vie au printemps, après
plusieurs mois de congélation, sont exactement comparables
aux végétaux qui reprennent leur développement après une
congélation semblable. De même encore les œufs d'animaux
sont comparables aux graines.

Cependant le blé recueilli dans les nécropoles de l'ancienne
Égypte, et qui a pu germer dans nos champs, atteste que des
graines peuvent conserver pendant plusieurs mille ans leur faculté germinative, tandis que nous ne savons pas si aucun œuf
d'animal peut conserver seulement un siècle la faculté de développer le fœtus qu'il renferme.

Enfin M. Pouchet rapporte (*Hétérogénie*, page 333) qu'on a
vu en Angleterre « un oignon de scille, trouvé dans les mains
« d'une momie d'Égypte, et qui, ayant été cultivé, s'est cou-
« ronné de feuilles et de fleurs. »

En résumé, que faut-il penser de l'état où se trouvent ces
êtres pendant cette interruption des manifestations vitales ?

Nous ne connaissons la vie que par des phénomènes. Pour
nous, la vie n'est pas autre chose qu'un ensemble de phéno-

mènes. Par conséquent, lorsque toute manifestation de la vie a cessé, nous sommes obligés de conclure que la vie est arrêtée. Nous devons, d'accord avec M. Broca, rejeter l'expression de *vie latente*, si souvent employée en parlant de l'état des tardigrades desséchés. Ils ne vivent en aucune-manière, leur vie est suspendue. Et ce qui le prouve, c'est que l'animal, par suite de cette dessiccation, prolonge la persistance de son individualité bien au delà du temps assigné à sa vie normale s'il n'eût pas été desséché. Lorsqu'on l'humecte, il reprend sa vie au point où elle avait été interrompue par la dessiccation.

Mais s'il ne vit pas pendant la dessiccation, quel est donc son état? Quel était l'état de l'oignon de scille pendant les quatre mille ans passés dans la main d'une momie?

L'état du tardigrade et des mousses desséchés est-il le même que celui d'une graine ou d'un œuf avant la germination et l'incubation? Nous ne le croyons pas, et nous ne pouvons discuter convenablement ce point qu'après avoir approfondi la *transmission de l'être*.

Les mousses et les tardigrades desséchés sont-ils donc morts?

Nous n'en savons rien, car nous ne savons aucunement ce que c'est que la mort; mais nous nous efforcerons de l'apprendre avant que d'en faire l'expérience.

Nous sommes cependant bien assurés d'une chose : c'est que les divers états qui figurent l'ovule dans le pistil, la graine isolée avant la germination, le tardigrade desséché, la graine en voie de germination, etc., etc., sont des termes d'une série dont les termes inférieurs offrent peut-être des formes que nous n'appelons ni végétales ni animales, et dont les termes supérieurs nous montrent les vertébrés et l'homme à divers états, etc.

NOTE VIII. — ♀ [175*f*].

Ces *actions nombreuses et simultanées* se rangent dans la science sous un nom : *catalyse*. Nous n'avons pas employé cette expression parce qu'elle rappelle des inventions de *force particulière* auxquelles il nous est impossible de souscrire, et parce que ce mot *catalyse* désigne également des phénomènes très-différents et dus sans aucun doute à des causes différentes. Mais nous regretterions beaucoup que le lecteur vit dans ces expressions, *actions nombreuses et simultanées*, un symbole confus de quelque chose d'inconnu et d'inexplicable. Il est vrai que les diverses conditions de la production de ces actions ne sont pas encore bien connues, mais dans l'état même de la science elles nous paraissent complétement explicables, d'une manière générale. Et si nous n'avons pas cru devoir en offrir l'explication que nous concevons, c'est qu'il eut fallu y consacrer plusieurs pages d'une discussion déplacée dans un livre élémentaire, c'est aussi parce que nous espérons donner plus tard à l'explication de ces *actions nombreuses et simultanées* la vérification de l'expérience.

NOTE IX. — Sur les figures.

Parmi les figures de ce livre, près de moitié proviennent de clichés pris sur des bois du *Manuel de zoologie* de M. Milne

Edwards, appartenant à MM. Michel Masson et Garnier, éditeurs. Plusieurs clichés ont été pris sur des bois du *Manuel de Botanique*, de M. A. de Jussieu, dont MM. Masson et Garnier sont également éditeurs. C'est assez dire que, tout en faisant nos réserves sur plusieurs points, nous indiquons ces deux ouvrages aux personnes qui voudront étudier la botanique et la zoologie. Quelques autres clichés proviennent du *Manuel de géologie*, de Lyell, et de la *Paléontologie*, de d'Orbigny. Vingt-cinq figures enfin ont été gravées sur nos dessins, mais pas toujours très-fidèlement.

L'ouverture ronde qui est au centre des tentacules, fig. 37, est la bouche-anus du polype. Il en est de même de la petite ouverture qui est à gauche du centre de l'étoile, fig. 40.

Quant à la bouche-anus de la méduse, elle se trouve placée en dessous entre les quatre gros tentacules, et n'est pas visible dans la figure 39.

Il ne faut, d'ailleurs, attacher aucune importance aux proportions relatives de ces figures : les unes, telles que 1, 2, 16, 42, 43, 44, représentant des grandeurs naturelles; d'autres, telles que la fig. 39, représentant l'animal au huitième environ de sa grandeur, la figure 77 au tiers, la figure 91 au vingtième, etc.

C'est par erreur, et contre nos indications que la figure 56 a été placée, comme on la voit, page 249. La partie qui est en bas est la tête du ver. Quant au lombric, fig. 55, il n'a point de tête, sa bouche est placée à l'extrémité pointue qui est vers le haut de la page.

Page 32, il existe aussi, dans la position des figures, une erreur que l'œil rectifie facilement.

FIN DES NOTES

TABLE DES MATIÈRES

FIN DE LA TABLE.

PARIS. — TYP. SIMON RAÇON ET COMP., RUE D'ERFURTH, 1

EXTRAIT DU CATALOGUE

DE LA LIBRAIRIE

GARNIER FRÈRES

6, rue des Saints-Pères et Palais-Royal, 215

DICTIONNAIRE NATIONAL

OUVRAGE ENTIÈREMENT TERMINÉ

MONUMENT ÉLEVÉ A LA GLOIRE DE LA LANGUE ET DES LETTRES FRANÇAISES

Ce grand Dictionnaire classique de la Langue française contient, pour la première fois, outre les mots mis en circulation par la presse, et qui sont devenus une des propriétés de la parole, les noms de tous les Peuples anciens, modernes ; de tous les Souverains de chaque Etat ; des Institutions politiques ; des Assemblées délibérantes ; des Ordres monastiques, militaires ; des Sectes religieuses, politiques, philosophiques ; des grands Evénements historiques : Guerres, Batailles, Siéges, Journées mémorables, Conspirations, Traités de paix, Conciles ; des Titres, Dignités, Fonctions, des Hommes ou Femmes célèbres en tout genre ; des Personnages historiques de tous les pays et de tous les temps : Saints, Martyrs, Savants, Artistes, Ecrivains ; des Divinités, Héros et Personnages fabuleux de tous les peuples ; des Religions et Cultes divers, Fêtes, Jeux, Cérémonies publiques, Mystéres, enfin la Nomenclature de tous les Chefs-lieux, Arrondissements, Cantons, Villes, Fleuves, Rivières, Montagnes de la France et de l'Etranger ; avec les Etymologies grecques, latines, arabes, celtiques, germaniques, etc., etc.

Cet ouvrage classique est rédigé sur un plan entièrement neuf, plus exact et plus complet que tous les dictionnaires qui existent, et dans lequel toutes les définitions, toutes les acceptions des mots et les nuances infinies qu'ils ont reçues sont justifiées par plus de quinze cent mille exemples extraits de tous les écrivains moralistes et poëtes, philosophes et historiens, etc., etc. Par M. BESCHERELLE aîné, principal auteur de la *Grammaire nationale*. 2 magnifiques vol. in-4 de plus de 3,000 pages, à 4 col., imprimés en caractères neufs et très-lisibles, sur papier grand raisin, glacé, contenant la matière de plus de 300 volumes in-8.   50 fr.

Demi-reliure chagrin. . . . . 60 fr.

GRAMMAIRE NATIONALE

Ou Grammaire de Voltaire, de Racine, de Bossuet, de Fénelon, de J. J. Rousseau, de Bernardin de Saint-Pierre, de Chateaubriand, de Casimir Delavigne, et de tous les écrivains les plus distingués de la France ; par MM. BESCHERELLE FRÈRES et LITAIS DE CAUX. 1 fort vol. grand in-8, 12 fr., net. . . . . 10 fr.

Complément indispensable du DICTIONNAIRE NATIONAL.

DICTIONNAIRE USUEL DE TOUS LES VERBES FRANÇAIS

Tant réguliers qu'irréguliers, entièrement conjugués, par Bescherelle frères. 2 vol. in-8 à 2 colonnes. . . . . 12 fr.

Ce livre est indispensable à tous les écrivains et à toutes les personnes qui s'occupent de la langue française, car le verbe est le mot qui, dans le discours, joue le plus grand rôle ; il entre dans toutes les propositions, pour être le lien de nos pensées et y répandre la clarté et la vie ; aussi les Latins lni avaient donné le nom de *verbum* pour exprimer qu'il est le mot nécessaire, le mot par excellence. La conjugaison des verbes est sans contredit ce qu'il y a de plus difficile dans notre langue, puisqu'on y compte plus de trois cents verbes irréguliers. A l'aide de ce dictionnaire, tous les doutes sont levés, toutes les difficultés vaincues.

LE VÉRITABLE MANUEL DES CONJUGAISONS

Ou Dictionnaire des 8,000 verbes, par Bescherelle frères. Troisième édition. 1 vol. in-18. . . . . 3 fr. 75

GRAND DICTIONNAIRE ESPAGNOL-FRANÇAIS
ET FRANÇAIS-ESPAGNOL

Avec la prononciation dans les deux langues, plus exact et plus complet que tous ceux qui ont paru jusqu'à ce jour, rédigé d'après les matériaux réunis par D. Vicente Salva, et les meilleurs dictionnaires ancien et modernes, par F. de P. Noriega et Guim 1 fort vol. grand in-8 jésus d'environ 1,600 pages à 3 colonnes. . . . . 18 fr.

PETIT DICTIONNAIRE NATIONAL

Contenant la définition très-claire et très-exacte de tous les mots de la langue usuelle ; l'explication la plus simple des termes scientifiques et techniques ; la prononciation figurée dans tous les cas douteux ou difficiles, etc. ; à l'usage de la jeunesse, des maisons d'éducation qui ont besoin de renseignements prompts et précis sur la langue française ; par Bescherelle aîné, auteur du *Grand Dictionnaire national*, etc. 1 fort volume in-52 jésus de plus de 600 pages. . . . . 2 fr. 25

NOUVEAU DICTIONNAIRE ANGLAIS-FRANÇAIS
ET FRANÇAIS-ANGLAIS

Contenant tout le vocabulaire de la langue usuelle, et donnant la prononciation figurée de tous les mots anglais et celle des mots français dans les cas douteux ou difficiles, par Clifton. 1 beau volume grand in-52 de 1,000 pages environ. . . . . 4 fr. 50

NOUVEAU DICTIONNAIRE ALLEMAND-FRANÇAIS
ET FRANÇAIS-ALLEMAND

du langage littéraire, scientifique et usuel ; contenant à leur ordre alphabétique tous les mots usités et nouveaux de ces deux idiomes ; les noms propres de personnes, de pays, de villes, etc. ; la solution des difficultés que présentent la prononciation, la grammaire et les idiotismes ; et suivi d'un tableau de verbes irréguliers, par K. Rotteck (de Berlin). 1 fort vol. grand in-32 jésus (édition galvanoplastique). . . . . . 4 fr. 50

NOUVEAU DICTIONNAIRE DE POCHE FRANÇAIS-ESPAGNOL
ET ESPAGNOL-FRANÇAIS

avec la prononciation dans les deux langues, rédigé d'après les matériaux réunis, par D. Vicente Salva, et les meilleurs dictionnaires parus jusqu'à ce jour. 1 fort vol. gr. in-32, format dit Cazin, d'environ 1,100 pag. 5 fr.

GRAND DICTIONNAIRE ITALIEN-FRANÇAIS
ET FRANÇAIS-ITALIEN

Par Barberi, continué et terminé par Basti et Cerati. 2 gros vol. in-4,
contenant 2,500 pages, 45 fr.; net. . . . . 25 fr.

LE NOUVEAU MAITRE ITALIEN

Abrégé de la Grammaire des Grammaires italiennes, simplifié et mis à la
portée de tous les commençants, divisé par leçons, avec des thèmes
gradués pour s'exercer à parler dès les premières leçons et s'habituer
aux inversions italiennes, par J. Ph. Barberi, auteur du *Grand Dictionnaire italien-français*. 1 fort vol. in-8, 6 fr.; net. . . . 4 fr.

DICTIONNAIRE USUEL DE GÉOGRAPHIE MODERNE

Contenant : les articles les plus nécessaires de la géographie ancienne,
ce qu'il y a de plus important dans la géographie historique du moyen
âge, le résumé de la statistique générale des grands États et des villes
les plus importantes du globe, par M. D. de Rienzi. Nouvelle édition.
1 fort vol. in-8, à 2 col., orné de 9 cartes col. . . . . 8 fr.

DICTIONNAIRE GÉOGRAPHIQUE, STATISTIQUE ET POSTAL
DES COMMUNES DE FRANCE

Dédié au commerce, à l'industrie et à toutes les administrations publiques,
par M. A. Peigné, auteur du *Dictionnaire portatif de la langue française*
et de plusieurs ouvrages d'instruction; avec la carte des postes. Cet
ouvrage, par la multiplicité et l'exactitude des renseignements qu'il
fournit, est indispensable à tout commerçant, voyageur, industriel et
employé d'administration, dont il est le *vade mecum*. . . . . . . 5 fr.

GUIDES POLYGLOTTES, MANUELS DE LA CONVERSATION
ET DU STYLE ÉPISTOLAIRE

l'usage des voyageurs et de la jeunesse des écoles, par MM. Clifton,
Vitali, Corona, Bustamente, Ebeling, Carolino Duarte. Grand in-32, for-
mat dit Cazin, papier satiné, élégamment cartonnés. Le vol. . . 2 fr.
Jolie reliure toile. . . . . 50 c. le vol. en plus.

Français-Anglais. 1 vol in-32.	**English-Portuguese.** 1 vol. in-32.
Français-Italien. 1 vol. in-32.	**Español-Inglés.** 1 vol. in-32.
Français-Allemand. 1 vol. in-32.	**Anglais-Allemand.** 1 vol. in-32.
Français-Espagnol. 1 vol. in-32.	
Français-Portugais. 1 vol. in-32.	**Español-Italiáno.** 1 vol. in-32.
Español-Francés. 1 vol. in-32.	**Portuguez-Francez.** 1 vol. n-32.
English-French. 1 vol. in-32.	**Portuguez-Inglez.** 1 vol. in-32.

GUIDE EN SIX LANGUES. — Français-anglais-allemand-italien-
espagnol-portugais. 1 fort vol. in-16 de 550 pages. Prix. . . . . 5 fr.
    Nous appelons d'une manière toute spéciale l'attention sur nos *Guides poly-
glottes*. Le soin intelligent et scrupuleux qui en a dirigé l'exécution leur assurer
parmi les livres de ce genre, une incontestable supériorité. Le texte original a
été fait et préparé, avec beaucoup d'adresse et d'habileté, par un maître de con-
férence à l'École normale supérieure. Les besoins de la conversation usuelle y
sont très-heureusement prévus. Les dialogues, au lieu de se traîner dans l'or-
nière des banalités ennuyeuses, ont un à-propos, une vivacité, un sel, qui amu-
sent et réveillent le lecteur. L'auteur a eu l'art de joindre l'*agréable* à l'*utile*.

GÉOGRAPHIE UNIVERSELLE

Par Malte-Brun, description de toutes les parties du monde sur un nouveau plan, d'après les grandes divisions du globe; précédée de l'Histoire de la Géographie chez les peuples anciens et modernes, et d'une Théorie générale de la Géographie mathématique, physique et politique. Sixième édition, revue, corrigée et augmentée, mise dans un nouvel ordre et enrichie de toutes les nouvelles découvertes, par J. J. N. Huot. 6 beaux vol. grand in-8, enrichis de 41 gravures sur acier. . . 60 fr.
Avec un superbe atlas entièrement établi à neuf. 1 vol. in-folio, composé de 72 magnifiques cartes coloriées, dont 14 doubles. . . . . . . 80 fr.

On se plaignait généralement de la sécheresse de la géographie, lorsque, après quinze années de lectures et d'études, Malte-Brun conçut la pensée de renfermer dans une suite de discours historiques l'ensemble de la géographie ancienne et moderne, de manière à laisser, dans l'esprit d'un lecteur attentif, l'image vivante de la terre entière, avec toutes ses contrées diverses, et avec les lieux mémorables qu'elles renferment et les peuples qui les ont habitées ou qui les habitent encore.

Il s'est dit : « La géographie n'est-elle pas la sœur et l'émule de l'histoire? Si l'une a le pouvoir de ressusciter les générations passées, l'autre ne saurait-elle fixer, dans une image mobile, les tableaux vivants de l'histoire en retraçant à la pensée cet éternel théâtre de nos coutumes misères? cette vaste scène, jonchée des débris de tant d'empires, et cette immuable nature, toujours occupée à réparer, par ses bienfaits, les ravages de nos discordes? Et cette description du globe n'est-elle pas intimement liée à l'étude de l'homme, à celle des mœurs et des institutions? n'offre-t-elle pas à toutes les sciences politiques des renseignements précieux? aux diverses branches de l'histoire naturelle, un complément nécessaire? à la littérature elle-même, un vaste trésor de sentiments et d'images? »

DICTIONNAIRE DE LA CONVERSATION ET DE LA LECTURE

52 vol. grand in-8 de 500 pages à 2 col., contenant la matière de plus de 300 vol. . . . . 208 fr.

Œuvre éminemment littéraire et scientifique, produit de l'association de toutes les illustrations de l'époque, sans acception de partis ou d'opinions, le *Dictionnaire de la Conversation* a depuis longtemps sa place marquée dans la bibliothèque de tout homme de goût, qui aime à retrouver formulées en préceptes généraux ses idées déjà arrêtées sur l'histoire, les arts et les sciences.

SUPPLÉMENT AU
DICTIONNAIRE DE LA CONVERSATION ET DE LA LECTURE

Rédigé par tous les écrivains dont les noms figurent dans cet ouvrage, et publié sous la direction du même rédacteur en chef. 16 vol. gr. in-8 de 500 pages, conformes aux 52 vol. publiés de 1832 à 1839. . 80 fr.

Le *Supplément*, aujourd'hui TERMINÉ, se compose de *seize volumes* formant les tomes LIII à LXIII de cette Encyclopédie si populaire.

Ce *Supplément* a réparé toutes les erreurs, toutes les omissions qui avaient échappé dans le travail si rapide de la rédaction des 52 premiers volumes. Tous les *renvois* que le lecteur cherchait vainement dans l'ouvrage principal se trouvent traités dans le *Supplément*, quelques articles jugés insuffisants ont été refaits.

Qui ne sait l'immense succès du *Dictionnaire de la Conversation?* Plus de 19,000 exemplaires des tomes I à LII ont été vendus; mais, aujourd'hui, les seuls exemplaires qui conservent toute *leur valeur primitive* sont ceux qui possèdent le *Supplément*, en d'autres termes, les tomes LIII à LXIII.

Comme les seize volumes supplémentaires n'ont été tirés qu'à 3,000, ils ne tarderont pas à être épuisés.

Nous nous bornerons à prévenir les possesseurs des tomes I à LII qu'avant peu de temps il nous sera impossible de compléter leurs exemplaires et de leur fournir les tomes LIII à LXVIII; car ils s'épuisent plus rapidement que nous ne l'avions pensé.

Prix des seize vol. du *Supplément* (tomes LIII à LXIII), 80 fr.; le v. 5 fr.

COURS COMPLET D'AGRICULTURE

Du Nouveau Dictionnaire d'agriculture théorique et pratique, d'économie rurale et de médecine vétérinaire; sur le plan de l'ancien Dictionnaire de l'abbé ROSNIER.

Par M. le baron de MOROGUES, ex-pair de France, membre de l'institut, de la Société nat. et cent. d'agriculture;

M. MIRBEL, de l'Académie des sciences, professeur de culture au Jardin des Plantes, etc;

Par M. le vicomte HÉRICART DE THURY, président de la Société nationale d'agriculture;

M. PAYEN, de la Société nationale d'agriculture, professeur de chimie industrielle et agricole;

M. MATHIEU DE DOMBASLE, etc.

Ce cours a eu pour base le travail composé par les membres de l'ancienne section d'agriculture de l'Institut : MM. DE SISMONDI, BOSC, THOUIN, CHAPTAL, TESSIER, DESFONTAINES, DE CANDOLLE, FRANÇOIS DE NEUFCHATEAU, PARMENTIER, LA ROCHEFOUCAULD, MOREL DE VINDÉ, HUZARD père et fils, APPERT, VILMORIN, BRONGNIART, LENOIR, NOISETTE, etc., etc. 4e édition, revue et corrigée. Broché en 20 vol. grand in-8, à 2 colonnes, avec environ 4,000 sujets gravés, relatifs à la grande et à la petite culture, à l'économie rurale et domestique, etc. Complet, 112 fr. 50; net. . . . . 90 fr.

DICTIONNAIRE D'HIPPIATRIQUE ET D'ÉQUITATION

Ouvrage où se trouvent réunies toutes les connaissances équestres et hippiques, par F. CARDINI, lieutenant-colonel en retraite 2 vol. grand in-8, ornés de 70 figures. Deuxième édit., corrigée et considérablement augmentée, 20 fr.; net. . . . . 15 fr.

OUVRAGES RELIGIEUX

ÉLÉVATIONS A DIEU SUR TOUS LES MYSTÈRES DE LA RELIGION CHRÉTIENNE

Par BOSSUET. 1 vol. grand in-8, même format que les *Méditations sur l'Evangile*, orné de 10 magnifiques gravures anglaises sur acier, d'après LE GUIDE, POUSSIN, VANDERWERF, MARATTE, COPLEY, MELVILLE, etc. . 16 fr.

MÉDITATIONS SUR L'ÉVANGILE

Par BOSSUET, revues sur les manuscrits originaux et les éditions les plus correctes, et illustrées de 14 magnifiques gravures sur acier, d'après RAPHAEL, RUBENS, POUSSIN, REMBRANDT, CARRACHE, LÉONARD DE VINCI, etc. 1 vol. grand in-8 jésus. 18 fr.

Cette superbe réimpression des chefs-d'œuvre de Bossuet, imprimée avec le plus grand soin par Simon Raçon, est destinée à prendre place parmi les plus beaux livres de l'époque.

LES SAINTS ÉVANGILES

Par l'abbé DASSANCE, selon saint Matthieu, saint Marc, saint Luc et saint Jean. 2 splendides vol. grand in-8, illustrés de 12 gravures sur acier, et ornés de vues. Édition CURMER. Brochés, 48 fr.; net. . . . . . . 30 fr.

LES ÉVANGILES

Par F. LAMENNAIS, Traduction nouvelle, avec des notes et des réflexions. Deuxième édition, illustrée de 10 gravures sur acier, d'après GIGOLI, LE GUIDE, MURILLO, OVERBECK, RAPHAEL, RUBENS, etc. 1 vol. in-8 cavalier vélin, 10 fr.; net. . . . . 8 fr.

LES VIES DES SAINTS

Pour tous les jours de l'année, nouvellement écrites par une réunion d'ecclésiastiques et d'écrivains catholiques, classées pour chaque jour de l'année par ordre de dates, d'après les martyrologes et GODESCARD; illustrées d'environ 1,800 gravures. L'ouvrage complet forme 4 beaux vol. grand in-8; chaque vol. se compose d'un trimestre et forme un tout complet. 10 fr. le vol. Complet. . . . . 40 fr.

Les *Vies des Saints* avaient déjà obtenu l'approbation des archevêques de Paris, de Cambrai, de Tours, de Bourges, de Reims, de Sens, de Bordeaux, etc., etc.,

IMITATION DE JÉSUS-CHRIST

Traduite par l'abbé DASSANCE, avec approbation de Monseigneur l'archevêque de Paris. Édition CURMER, avec encadrements variés, frontispice or et couleur, et 10 gravures sur acier. 1 vol. grand in-8. . . . 20 fr.

Reliure chagrin, tranche dorée. . . . . 12 fr. » *
— demi-chagrin, tranche dorée, plats toile. 5 50

LES FEMMES DE LA BIBLE

Par M. l'abbé G. DARBOY. Collection de portraits des femmes remarquables de l'Ancien et du Nouveau Testament (gravés par les meilleurs artistes, d'après les dessins de G. STAAL), avec textes explicatifs rappelant les principaux événements du peuple de Dieu, et renfermant des appréciations sur le caractères des Femmes célèbres de ce peuple. 2 vol. grand in-8 jésus. Le vol. . . . . 20 fr.

LES SAINTES FEMMES

Par M. l'abbé DARBOY. Collection de portraits, gravés sur acier, des femmes remarquables de l'Église; ouvrage approuvé par Monseigneur l'archevêque de Paris. 1 vol. grand in-8 jésus. . . . . 20 fr.

LE CHRIST, LES APOTRES, ET LES PROPHÈTES

Par l'abbé DARBOY. Collection de portraits de l'Écriture sainte les plus remarquables, gravés par les meilleurs artistes. 1 volume grand in-8 jésus. . . . . 20 fr.

LA VIERGE

Histoire de la Mère de Dieu et de son culte, par l'abbé ORSINI. Nouvelle édition, illustrée de gravures sur acier et de sujets dans le texte. 2 beaux vol. grand in-8 jésus. . . . . 24 fr.

SAINT VINCENT DE PAUL

Histoire de sa vie, par l'abbé ORSINI. 1 magnifique vol. grand in-8 jésus, illustré de 10 splendides gravures sur acier, tirées sur chine avant la lettre, d'après KARL GIRARDET, LELOIR, MEISSONNIER, STAAL, etc., gravées par nos meilleurs artistes. . . . . 12 fr.

PRIX DE LA RELIURE DES SEPT VOLUMES CI-DESSUS

Reliure toile mosaïque, plaque spéciale, tranche dorée.. . . . . . 6 fr.
Reliure demi-chagrin, tranche dorée. . . . . 6 »

LA SAINTE BIBLE

L'Ancien et le Nouveau Testament complets; traduction nouvelle par GENOUDE. 3 vol. grand in-8 à 2 colonnes, illustrés de 8 magnifiques gravures anglaises et de 350 gravures sur bois. . . . . 24 fr.

Demi-rel. chagrin, plats toile, doré sur tranche, 3 vol. rel. en 2. 6 fr. le vol.

HISTOIRE ECCLÉSIASTIQUE

Par l'abbé FLEURY, augmentée de 4 livres (les livres CI, CII, CIII et CIV),
publiés pour la première fois d'après un manuscrit appartenant à la
Bibliothèque impériale, avec une table générale des matières. Paris,
1856. 6 vol. gr. in-8 jésus, à 2 col.; au lieu de 60 fr., net.. . **30 fr.**

ŒUVRES COMPLÈTES DE CHATEAUBRIAND

Nouvelle édition, précédée d'une étude littéraire sur CHATEAUBRIAND par
M. SAINTE-BEUVE, de l'Académie française. 12 vol. in-8, papier cavalier
vélin, orné d'un beau portrait de Chateaubriand. Chaque vol.. **5 fr.**

Notre édition réunit à la fois les avantages d'un prix modéré, d'une excellente
typographie et d'une correction faite d'après les meilleurs textes. Elle sera enrichie d'une étude très-complète sur Chateaubriand par M. Sainte-Beuve, et de
notes inédites extrêmement curieuses.

Nous avons eu soin de faire faire des titres particuliers et des couvertures
spéciales pour chaque volume formant un tout complet.

EN VENTE

LE GÉNIE DU CHRISTIANISME. 1 vol.

LES MARTYRS. 1 vol.

L'ITINÉRAIRE DE PARIS A JÉRUSALEM. 1 vol.

ATALA, RENÉ, LE DERNIER ABENCERRAGE, LES NAT-CHEZ, POÉSIES. 1 vol.

VOYAGE EN AMÉRIQUE, EN ITALIE ET EN SUISSE. 1 vol.

Chaque volume, avec 3, 4 ou 5 gravures, se vend séparément.. . . . . **6 fr.**
Demi-reliure, plats toile, doré sur tranche. . . . . **3 fr.**

MAGNIFIQUE COLLECTION DE GRAVURES

Comme ornement et complément de notre édition, nous publions une
splendide collection composée d'environ 40 gravures, dessinées par
STAAL, etc., exécutées spécialement pour cette édition, et avec le plus
grand soin, par MM. F. DELANNOY, A. THIBAULT, OUTHWAITE, MASSARD, etc.,
d'après les dessins originaux de G. STAAL, RACINET, etc. Rien n'a été
négligé pour rendre ces gravures dignes des *Œuvres de Chateaubriand.*
12 livr. composées de chacune 3 ou 4 grav. Chaque livraison. **1 fr.**

HISTOIRE DE FRANCE

Par ANQUETIL, avec continuation jusqu'à nos jours par BAUDE, l'un des
principaux auteurs du *Million de Faits* et de *Patria*. 8 vol. grand in-8,
imprimés à 2 col., illustrés de 120 gravures environ, renfermant la collection complète des portraits des rois, 50 fr.; net. . . . . . **40 fr.**

HISTOIRE DE FRANCE D'ANQUETIL

Continuée depuis la Révolution de 1789 par LÉONARD GALLOIS. Édition ornée
de 50 gravures en taille-douce. 5 vol. grand in-8 jésus à 2 colonnes,
contenant la matière de 40 vol. in-8 ordinaires. 62 fr. 50; net. **40 fr.**

Demi-reliure, dos chagrin, le vol. . . . . **3 fr. 50**

ABRÉGÉ CHRONOLOGIQUE DE L'HISTOIRE DE FRANCE

Par le président HÉNAULT, continué par MICHAUD. 1 vol. grand in-8 illustré
de gravures sur acier. **12 fr.**

Demi-reliure, chagrin. . . . . **3 fr. 50**
vec les plats toile, tr. dor. . . . . **6 fr.**

HISTOIRE DE LA RÉVOLUTION FRANÇAISE

Par M. Louis Blanc, auteur de l'*Histoire de Dix ans.* Chaque volume se
vend séparément. . . . . 5 fr.

Le dixième volume est en vente.

CAMPAGNE DE PIÉMONT ET DE LOMBARDIE

Par Amédée de Cesena. 1 vol. grand in-18 jésus. . . . . 20 fr.

L'histoire de cette campagne est une histoire éminemment populaire, qui doit
éveiller un intérêt universel. Les éditeurs n'ont rien négligé pour que cet ouvrage joignît au mérite de l'à-propos tous les avantages d'une exécution sérieuse,
et devînt un livre, non pas seulement de circonstance et d'un intérêt éphémère,
mais digne de tenir une place honorable dans les bibliothèques. — Au point de
vue littéraire et politique, le nom de l'auteur est à la fois une promesse et une
garantie. Les incidents de la campagne sont retracés dans ce livre avec une verve
et un entrain qui donnent beaucoup de charme au récit. L'ouvrage est orné des
portraits de l'Empereur, de l'Impératrice et de Victor-Emmanuel, admirable-
ment gravés sur acier par Delannoy, d'après Winterhalter, de plans et de cartes,
de types militaires des trois armées et de planches sur acier représentant les
batailles de *Magenta* et de *Solferino* et la *Rentrée des Troupes à Paris.* Le livre
renferme aussi la liste complète et nominale des décorés et des médaillés de
l'armée d'Italie, et, par cela même, devient pour eux un titre de famille.

GALERIES HISTORIQUES DE VERSAILLES

Ce grand et important ouvrage a été entrepris aux frais de la liste civile
du roi Louis-Philippe, et rédigé d'après ses instructions. Il renferme la
description de 1,200 tableaux; des notices historiques sur plus de 676
écussons armoriés de la salle des Croisades, et des aperçus biographiques sur presque tous les personnages célèbres depuis les temps les
plus reculés de la monarchie française. Cet ouvrage, véritable histoire
de France, illustrée par les maîtres les plus célèbres en peinture et en
sculpture, et destiné à être donné en cadeau à tous les hommes éminents de notre époque, n'a jamais été mis en vente. 10 vol. in-8 imprimés en caractères neufs sur beau papier, avec un magnifique album
in-4 contenant 100 gravures. . . . . 80 fr.

VERSAILLES ANCIEN ET MODERNE

Par le comte Alexandre de la Borde. Paris, Gavard, 1842. 1 vol. grand
in-8 jésus vélin; au lieu de 50 fr., net. . . . . 12 fr. 50

Ce volume, de 916 pages de texte, est orné de plus de 800 gravures sur acier
et sur bois.

SOUVENIRS D'UN AVEUGLE

Voyage autour du monde, par J. Arago, sixième édition, revue, augmentée,
enrichie de notes scientifiques, par F. Arago, de l'Institut. 2 vol. grand
in-8 raisin, illustrés de 23 planches et portraits à part, et de 110 vignettes dans le texte, 20 fr.; net. . . . . 15 fr.

Reliure toile, tranche dorée, le volume. . . . . 3 fr. 50
Reliure demi-chagrin, plats en toile, tr. dorée, les 2 vol. en un. 4   50

ABRÉGÉ MÉTHODIQUE DE LA SCIENCE DES ARMOIRIES

Suivi d'un glossaire des attributs héraldiques, d'un traité élémentaire des
ordres modernes de la chevalerie, et de notions sur l'origine des noms
de famille et des classes nobles, les anoblissements, les preuves et les
titres de noblesse, les usurpations et la législation nobiliaire, etc., par
M. Maigne, 1 vol. grand in-18 jésus, orné d'environ 300 vignettes dans le
texte, gravées par M. Dufrénoy. . . . . 6 fr.

DICTIONNAIRE DE LA NOBLESSE ET DU BLASON

Par Jouffroy d'Eschavannes, héraldiste, historiographe, secrétaire-archiviste de la Société orientale de Paris. 1 vol. grand in-8, ill. de 2 pl. de blason col. et d'un grand nombre de grav. 15 fr.; net. . . 10 fr.

ORDRES DE CHEVALERIE ET MARQUES D'HONNEUR

Histoire, costume et décoration, par M. Wailen, chevalier de plusieurs ordres. Ouvrage publié sur les documents officiels, avec un supplément renfermant toutes les nouvelles décorations jusqu'à ce jour, et les costumes des principaux ordres. Superbe volume grand in-8, illustré de 110 planches coloriées à l'aquarelle. Au lieu de 75 fr., net. . . 40 fr.

COSTUMES DU MOYEN AGE

D'après les monuments, les peintures et les monuments contemporains, et pris en grande partie parmi les monuments de la célèbre bibliothèque des ducs de Bourgogne; précédés d'une dissertation sur les mœurs, les usages de cette époque. 2 magnifiques volumes illustrés de 150 gravures soigneusement coloriées à l'aquarelle. 90 fr.; net. . . . 45 fr.

L'ITALIE CONFÉDÉRÉE

Histoire politique, militaire et pittoresque de la campagne de 1859, par Amédée de Cesena. 4 vol. grand in-8 jésus, illustrés de gravures sur acier, de types militaires des différents corps des armées française, sarde et autrichienne, dessinés par Ch. Vernier; des plans de Vérone, de Mantoue et de Venise, etc., et d'une carte du nord de l'Italie indiquant les limites actuelles du royaume de Sardaigne et des États de la confédération, dressés par Vuillemin. Prix de chaque volume. . . . . 6 fr.

L'histoire de cette campagne est une histoire éminemment populaire, qui doit éveiller un intérêt universel.

Les éditeurs n'ont rien négligé pour que cet ouvrage joignît au mérite de l'actualité la plus palpitante tous les avantages d'une exécution sérieuse, et devînt un livre, non pas seulement de circonstance et d'un intérêt éphémère, mais digne de tenir une place honorable dans les bibliothèques. — Le livre renferme aussi la liste complète et nominale des décorés et des médaillés de l'armée d'Italie, et, par cela même, devient pour eux un titre de famille.

MÉMORIAL DE SAINTE-HÉLÈNE

Par feu le comte de las Cases, nouvelle édition revue avec soin, augmentée du *Mémorial de la Belle-Poule*, par M. Emmanuel de las Cases, 2 vol. grand in-8, avec portraits, vignettes nouvelles, gravés sur acier, par Blanchard. Dessins de Pauquet, Frère et Daubigny. 24 fr.; net. . 14 fr.

HISTOIRE UNIVERSELLE

Par le comte de Ségur, de l'Académie française; contenant l'histoire des Égyptiens, des Assyriens, des Mèdes, des Perses, des Juifs, de la Grèce, de la Sicile, de Carthage et de tous les peuples de l'antiquité, l'histoire romaine et l'histoire du Bas-Empire. 9e édit., ornée de 50 grav. sur acier, d'après les grands maîtres. 3 vol. grand in-8. . . . 37 fr. 50

On peut acheter séparément chaque volume, qui forme un tout complet :

Histoire ancienne, contenant l'histoire des Égyptiens, des Assyriens, des Mèdes, des Perses, des Grecs, des Carthaginois, des Juifs. 1 vol. . . . . 12 fr. 50

Histoire romaine, contenant l'histoire de l'empire romain, depuis la fondation de Rome jusqu'à Constantin. 1 vol. . . . . 12 fr. 50

Histoire du Bas-Empire, depuis Constantin jusqu'à la fin du second empire grec. . . . . 12 fr. 50

L'*Histoire universelle* de Ségur est devenue, pour la jeunesse, un livre classique. Le nombre des éditions qui se sont succédé en atteste le mérite et le succès.

HISTOIRE DES DUCS DE BOURGOGNE

Par M. DE BARANTE, membre de l'Académie française. Septième édition.
12 vol. in-8, caractères neufs, imprimés sur papier vélin satiné des
Vosges, ornés de 104 grav. et d'un grand nombre de cartes. Prix, le
vol. . . . . 5 fr.

La place de cet ouvrage est marquée dans toutes les bibliothèques. Il joint au
mérite et à l'exactitude historique une grande vérité de couleur et un grand
charme de narration.

HISTOIRE DES RÉPUBLIQUES ITALIENNES DU MOYEN AGE

Par SIMONDE DE SISMONDI. Nouvelle édition, ornée de gravures sur acier.
10 vol. in-8, 50 fr.; net. . . . . 40 fr.

HISTOIRE D'ITALIE

Depuis les premiers temps jusqu'à nos jours, par le docteur HENRI LEO et
BOTTA, traduite de l'allemand et enrichie de notes très-curieuses par
M. DOCHEZ. 3 vol. grand in-8; au lieu de 45 fr., net. . . . . 15 fr.

HISTOIRE DE PORTUGAL

Par HENRI SCHŒFER, traduite par HENRI SOULANGE-BODIN. 1 vol. grand in-8;
au lieu de 15 fr., net. . . . . 5 fr.

HISTOIRE D'ESPAGNE

Depuis les temps les plus reculés jusqu'à nos jours, d'après les meilleurs
auteurs, par CH. PAQUIS et DOCHEZ. 2 vol. grand in-8; au lieu de 30 fr.,
net. . . . . 10 fr.

HISTOIRE DES CAUSES DE LA RÉVOLUTION FRANÇAISE

Par A. GRANIER DE CASSAGNAC. 4 vol. in-8. . . . . 20 fr.

LAMARTINE

Histoire de la Révolution de 1848. Nouvelle édition, complétement revue
par l'auteur. 2 volumes in-8, papier cavalier vélin. . . . . . 12 fr.
MÊME OUVRAGE. 2 vol. grand in-18 jésus, le vol. . . . . 3 fr. 50

RAPHAEL

Pages de la vingtième année, par LAMARTINE. Deuxième édition. 1 vol. in-8,
cavalier vélin. . . . . 5 fr.

HISTOIRE DE RUSSIE

Par A. DE LAMARTINE. Paris, PERROTIN, 1856. 2 vol. in-8, 10 fr.; net. 5 fr.

M. de Lamartine a voulu compléter son Histoire de l'empire ottoman par une
Histoire de la Russie. — Ces deux volumes sont indispensables aux nombreux
possesseurs de l'Histoire de la Turquie.

HISTOIRE DE LA PEINTURE EN ITALIE

Depuis la Renaissance des beaux-arts jusque vers la fin du dix-huitième
siècle, par LANZI; traduite de l'italien sur la troisième édition, sous les
yeux de plusieurs professeurs, par madame A. DIEUDÉ. Paris, DUFART,
1824. 5 vol. in-8; au lieu de 35 fr. . . . . 18 fr.

Cette traduction est la seule complète qui ait été publiée de l'ouvrage de Lanzi.
Cet ouvrage est indispensable aux artistes et à tous ceux qui ont le goût des
beaux-arts.

VOYAGE DANS L'INDE

Par le prince A. Soltykoff; illustré de lithographies à deux teintes, par Derudder, etc., d'après les dessins de l'auteur. 1 vol. gr. in-8 jés.   20 fr.

Reliure t. mosaïque, riche plaque spéciale, genre indien, tr. dor., le vol. 6 fr.

VOYAGE EN PERSE

Par le même; illustré, d'après les dessins de l'auteur, de magnifiques lithographies par Trayer, etc. 1 vol. gr. in-8 jésus. . . . . . 10 fr.

Reliure toile mosaïque, riche plaque spéciale, genre indien, tr. dorée, 6 fr.

ŒUVRES COMPLÈTES DE BUFFON

Avec la nomenclature linnéenne et la classification de Cuvier. Édition nouvelle, revue sur l'édition in-4 de l'Imprimerie impériale, annotée par M. Flourens, membre de l'Académie française, etc., etc., etc.
Les *Œuvres complètes de Buffon* forment 12 v. grand in-8 jésus, illustrés de 162 planches, 800 sujets coloriés, gravés sur acier, d'après les dessins originaux de M. Victor Adam. Imprimés en caractères neufs, sur papier pâte vélin, par la typographie J. Claye. . . . . . . 120 fr.

M. le ministre de l'instruction publique a souscrit, pour les bibliothèques, à cette magnifique publication (aujourd'hui complétement achevée), reconnue par les hommes les plus compétents comme une édition modèle des œuvres du grand naturaliste. Le nom et le travail de M. Flourens la recommandent d'une façon toute particulière, et lui donnent un cachet spécial.

Pour satisfaire a de nombreuses demandes nous avons ouvert une souscription par demi-volumes du prix de 5 fr.

Les souscripteurs peuvent retirer, dès à présent, les 24 demi-volumes.

LEÇONS ÉLÉMENTAIRES D'HISTOIRE NATURELLE

Traité de conchyliologie, précédé d'un aperçu sur toute la zoologie, à l'usage des étudiants et des gens du monde, par M. Chenu, conservateur du Musée d'histoire naturelle de M. Delessert. 1 vol. in-8, orné de 1,000 vignettes sur cuivre et sur bois, dans le texte, et d'un atlas de 12 planches en taille-douce coloriées. Prix, broché, 15 fr.; net. . . . . . . 8 fr.

Atlas en planches noires, broché, 12 fr.; net. . . . . 5 fr.

LE MUSÉUM D'HISTOIRE NATURELLE

Histoire de la fondation et des développements successifs de l'établissement, biographie des hommes célèbres qui y ont contribué par leur enseignement ou par leurs découvertes; description des galeries, du jardin, des serres et de la ménagerie, par Paul-Antoine Cap. Paris, Curmer. 1 magnifique volume très-grand in-8 jésus sur papier superfin. 15 magnifiques planches coloriées à l'aquarelle, 20 grandes planches gravées sur acier, une grande quantité de bois gravés, illustrations par Ad. Féart, Freemann, Pauquet, etc. Au lieu de 21 fr., net. . . . . . 16 fr.

HISTOIRE NATURELLE DES MAMMIFÈRES

Classés méthodiquement, avec l'indication de leurs mœurs et de leurs rapports avec les Arts, le Commerce et l'Agriculture, par Paul Gervais; illustrations par MM. Werner, Freemann, Oudart, Delahaye, de Bar et autres éminents artistes; gravures par MM Annedouche, Quartley, Gusman Brunier, Hildebrand, Gauchard, Sargent et l'élite des graveurs français et étrangers. Paris, Curmer, 1855. 2 magnifiques vol. très-grand in-8 jésus; au lieu de 25 fr., le vol. net. . . . . 16 fr.

Ces volumes contiennent 58 planches gravées sur acier et coloriées, entièrement inédites, et environ 150 gravures sur bois séparées du texte, imprimées à deux teintes; un nombre considérable de gravures sur bois, inédites,

L'AFRIQUE FRANÇAISE, L'EMPIRE DU MAROC ET LES DÉSERTS DU SAHARA

Édition illustrée d'un grand nombre de gravures sur acier, noires et coloriées, par Christian. 1 volume grand in-8 jésus. . . . . 15 fr.

CASIMIR-DELAVIGNE

Œuvres complètes, comprenant le Théatre, les Messéniennes et les Chants
sur l'Italie. Nouvelle édition, illustrée de 12 belles vignettes gravées sur
acier d'après A. Johannot. 1 beau vol. gr. in-8 jésus. 1855. . 12 fr. 50

ŒUVRES DE P. ET TH. CORNEILLE

Précédées de la vie de P. Corneille, par Fontenelle, et des discours sur
la poésie dramatique. Nouvelle édition ornée de gravures sur acier.
Un beau volume grand in-8. . . . . : 12 fr. 50

ŒUVRES DE J. RACINE

Avec un essai sur la vie et les ouvrages de J. Racine, par Louis Racine;
ornées de 15 vignettes, d'après Gérard, Girodet, Desenne, etc. 1 beau
vol. grand in-8 jésus. . . . . 12 fr. 50

ŒUVRES COMPLÈTES DE BOILEAU

Avec une notice et notes de tous les commentateurs, illustrées de 7 gravures sur acier, nouvelle édition. 1 vol. grand in-8. . . . . . 12 fr. 50

MOLIÈRE

Œuvres complètes, précédées d'une notice sur la vie et les ouvrages de
Molière, par Sainte-Beuve, illustrées de 800 dessins, par Tony Johannot.
Nouvelle édition. 1 vol. gr. in-8, jésus, imprimé par Plon frères. 20 fr.

> Reliure demi-chagrin, pour chacun des cinq ouvrages, le vol.. . . . . 3 fr. 50
> Même reliure, plats en toile, tranche dorée. . . . . 6 »

COURS ÉLÉMENTAIRE D'HISTOIRE NATURELLE

A l'usage des Lycées et des maisons d'éducation, rédigé conformément au
programme de l'Université. Le cours comprend :

Zoologie, par M. Milne-Edwards, membre de l'Institut, professeur au Jardin
des Plantes.

Botanique, par M. A. de Jussieu, de l'Institut, professeur au Jardin des Plantes.

Minéralogie et Géologie, par M. F. S. Beudant, de l'Institut, inspecteur
général des études. 3 forts vol. in-12 ornés de plus de 2,000 figures intercalées
dans le texte.

> Chaque volume se vend séparément. Broché. . . . . 6 fr. »
> Cartonné à l'anglaise. . . . . 7 fr. »
> La Géologie seule. Brochée.. . . . . 4 fr. »

Ouvrage adopté par l'Université et approuvé par Mgr l'archevêque de Paris.

NOTIONS PRÉLIMINAIRES D'HISTOIRE NATURELLE

Pour servir d'introduction au *Cours élémentaire d'histoire naturelle*, ré-
digées conformément au programme officiel de l'enseignement dans
les lycées (section des sciences). 3 vol. in-18 jésus, illustrés d'un grand
nombre de figures intercalées dans le texte.

Zoologie, par M. Milne-Edwards.. . . . . 3 fr. »

Botanique, par M. Payer, professeur à la Faculté des sciences de Paris (*sous
presse*).

Géologie, par M. E. B. de Chancourtois.. . . . . 1 fr. 25

COURS ÉLÉMENTAIRE DE CHIMIE

Par M. V. Regnault, de l'Institut, directeur de la Manufacture impériale de Sèvres, professeur au Collége de France et à l'Ecole polytechnique. 4 vol. in-18 jésus, ornés de 700 figures dans le texte. 5me édit. 20 fr.

PREMIERS ÉLÉMENTS DE CHIMIE

A l'usage des facultés, des établissements d'enseignement secondaire, des écoles normales et des écoles industrielles; par M. V. Regnault. In-18 jésus, illustré d'un grand nombre de figures dans le texte. . . 5 fr.

COURS ÉLÉMENTAIRE DE MÉCANIQUE

Théorique et appliquée, à l'usage des lycées, des écoles normales, des facultés, etc.; par M. Delaunay, de l'Institut, ingénieur des Mines, professeur à la Faculté des sciences de Paris et à l'Ecole polytechnique, etc. 1 vol. in-18 jésus illustré de 540 figures dans le texte. 4me édition. 8 fr.

COURS ÉLÉMENTAIRE D'ASTRONOMIE

Concordant avec les articles du programme officiel pour l'enseignement de la cosmographie dans les lycées; par *le même.* 1 volume in-18 jésus, illustré de planches en taille-douce et d'un grand nombre de figures intercalées dans le texte, deuxième édition. . . . . . 7 fr. 50

ÉLÉMENTS DE BOTANIQUE

Première Partie : Organographie, par M. Payer, de l'Institut, professeur de botanique à la Faculté des sciences et à l'Ecole normale supérieure. 1 volume grand in-18, avec 668 fig. intercalées dans le texte. . 5 fr.

SOUS PRESSE :

2ᵉ Partie : **Anatomie, physiologie, organogénie, pathologie et tératologie végétales.**

3ᵉ Partie : **Les principaux groupes du règne végétal**, considérés au point de vue de leur classification naturelle (*Phytographie*); de leur application à la médecine et à l'industrie (*Botanique apliquée*), et de leur distribution à la surface du sol (*Géographie botanique*).

COURS ÉLÉMENTAIRE D'AGRICULTURE

Destiné aux élèves des écoles d'agriculture et des écoles normales primaires, aux propriétaires, cultivateurs; par MM. Girardin, correspondant de l'Institut, professeur, et Dubreuil, professeur d'agriculture et de sylviculture, chargé du cours d'arboriculture au Conservatoire impérial des arts et métiers. 2 forts volumes in-18 jésus, illustrés de 842 figures dans le texte. 2ᵉ édition.. . . . . 15 fr.

COURS ÉLÉMENTAIRE THÉORIQUE ET PRATIQUE D'ARBORICULTURE

Comprenant l'étude des pépinières d'arbres et d'arbrisseaux forestiers, fruitiers et d'ornement; celle des plantations d'alignement forestières et d'ornement; la culture spéciale des arbres à fruits à cidre, et de ceux à fruits de table. Précédé de quelques notions d'anatomie et de physiologie végétales; par M. A. Dubreuil, professeur d'agriculture et de sylviculture. 4ᵉ édition, considérablement augmentée. 1 très-fort vol. in-18 jésus, illustré de 811 figures dans le texte et de 5 planches gravées sur acier. Publié en deux parties. . . . . 12 fr.

Ouvrage approuvé par l'Université et couronné par les sociétés d'horticulture de Paris, de Rouen et de Versailles.

INSTRUCTION ÉLÉMENTAIRE POUR LA CONDUITE DES ARBRES FRUITIERS

Greffe, — Taille, — Restauration des arbres mal taillés ou épuisés par la vieillesse, — Culture, récoltes et conservation des fruits ; par *le même*. Ouvrage destiné aux jardiniers, aux élèves des fermes écoles et des écoles normales primaires. 1 volume in-18 jésus, illustré de figures dans le texte. Deuxième édition. . . . . 2 fr. 50

OUVRAGES EN VOIE D'EXÉCUTION :

COURS ÉLÉMENTAIRE DE PHYSIQUE

Par M. V. REGNAULT, de l'Institut, directeur de la manufacture impériale de Sèvres, professeur au Collège de France et à l'Ecole polytechnique. 2 volumes in-18 jésus, illustrés de figures dans le texte.

PREMIERS ÉLÉMENTS DE PHYSIQUE

Rédigés sur le nouveau programme ; par *le même*. 1 volume grand in-18, avec figures dans le texte.

EXPOSITION ET HISTOIRE DES PRINCIPALES DÉCOUVERTES SCIENTIFIQUES MODERNES

Par M. LOUIS FIGUIER, docteur ès sciences. Cinquième édition. 4 volumes in-18 jésus. Brochés. . . . . 14 fr.

CES QUATRE VOLUMES CONTIENNENT :

LE PREMIER : Machine à vapeur. — Bateaux à vapeur. — Chemins de fer.
LE DEUXIÈME : Machine électrique. — Bouteille de Leyde. — Paratonnerre. — Pile de Volta.
LE TROISIÈME : Photographie. — Télégraphie aérienne et électrique. — Galvanoplastie et dorure chimique. — Poudres de guerre et poudre-coton.
LE QUATRIÈME : Aérostats. — Eclairage au gaz. — Ethérisation. — Planète Leverrier.

APPLICATIONS NOUVELLES DE LA SCIENCE

A l'industrie et aux arts en 1855, par *le même*. In-18. . . . . . . 3 fr.

TRAITÉ DE MÉCANIQUE RATIONNELLE

Contenant les éléments de mécanique exigés pour l'admission à l'Ecole polytechnique et toute la partie théorique du cours de mécanique et machines de cette école; par M. CH. DELAUNAY, de l'Institut, professeur à l'Ecole polytechnique et à la Faculté des sciences de Paris, deuxième édition. 1 vol. in-8. . . . . 8 fr.

LEÇONS ÉLÉMENTAIRES DE BOTANIQUE

Fondées sur l'analyse de 50 plantes, vulgaires et formant un traité complet d'organographie et de physiologie végétales, à l'usage des étudiants et des gens du monde ; par M. EMM. LEMAOUT. Deuxième édition, 1 volume grand in-8 raisin, illustré d'un atlas de 50 planches et de 700 figures dans le texte. Avec atlas noir. . . . . 10 fr.
— Colorié. 16 fr.

ATLAS ÉLÉMENTAIRE DE BOTANIQUE

Avec le texte en regard, comprenant l'organographie, l'anatomie et l'iconographie des familles d'Europe, à l'usage des étudiants et des gens du monde ; par M. LEMAOUT. 1 volume in-4, contenant 2,340 figures dessinées par MM. STEINHEIL et J. DECAISNE. Br. . . . . 15 fr.

DES FUMIERS CONSIDÉRÉS COMME ENGRAIS

Par M. J. P. L. Girardin, professeur de chimie à l'Ecole municipale de Rouen et à l'Ecole d'agriculture et d'économie rurale de la Seine-Inférieure, correspondant de l'Institut de France, de la Société centrale d'agriculture de Paris, etc. Cinquième édition, revue, corrigée et augmentée ; avec 14 figures dans le texte.. . . . . 1 fr. 25

Ouvrage adopté par le Conseil général de la Seine-Inférieure, par la Société centrale d'agriculture de Rouen, par l'Association normale, et couronné par la Société d'agriculture du Cher.

MANUEL DE GÉOLOGIE ÉLÉMENTAIRE

Ou changements anciens de la terre et de ses habitants, tels qu'ils sont démontrés par les monuments géologiques, par sir Ch. Lyell, membre de la Société royale de Londres. Traduit de l'anglais par M. Hugard, aide de minéralogie au Muséum d'histoire naturelle. 2 forts volumes in-8, illustrés de 720 figures. . . . . 20 fr.

—— Supplément au manuel de géologie.. . . . . 1 fr. 25

PRINCIPES DE GÉOLOGIE

Ou illustrations de cette science empruntées aux changements moderne. que la terre et ses habitants ont subis ; par Ch. Lyell, esq., ouvrage traduit de l'anglais sur la sixième édition, et sous les auspices de M. Arago, par madame Tullia Meulien, traducteur des Eléments de Géologie, du même auteur. 4 forts vol. in-12, ornés de cartes coloriées, de vignettes sur acier et de grav. sur bois, cartonnés en toile anglaise. . . 30 fr.

GÉOLOGIE APPLIQUÉE

Ou Traité du gisement et de l'exploitation de minéraux utiles, par M. A. Burat, ingénieur, professeur de géologie et d'exploitation des mines à l'Ecole centrale des Arts et Manufactures. Quatrième édition, divisée en deux parties : — *Géologie ;* — *Exploitation.* 2 forts vol. in-8, illustrés.. . . . . 20 fr.

DE LA HOUILLE

Traité théorique et pratique des combustibles minéraux ; par M. A. Burat. 1 fort vol. in-8, orné de planches gravées sur acier et de nombreuses vignettes intercalées dans le texte. .. . . 12 fr.

L'étude des combustibles minéraux, et surtout du terrain houiller dans lequel ces combustibles sont presque tous concentrés, est une des branches les plus importantes de la géologie. Le terrain houiller forme un lien entre la science et l'industrie ; car, si la découverte d'une mine est une conquête industrielle, elle ne fait pas moins d'honneur à la science, puisqu'on ne peut entreprendre aucune recherche utile sans prendre pour guide les travaux géologiques.

TRAITÉ D'HYDRAULIQUE

A l'usage des Ingénieurs, par *le même.* Deuxième édition, considérablement augmentée. In-8, avec planches gravées.. . . . . 10 fr.

TRAITÉ ÉLÉMENTAIRE DES CHEMINS DE FER

Par M. A. Perdonnet, ancien élève de l'Ecole polytechnique, professeur à l'Ecole centrale des Arts et Manufactures, membre du comité de direction du chemin de fer de l'Est. 2e édition. 2 très-forts vol. in-8 de 700 à 800 pages, illustrés de portraits et vues pittoresques gravés sur acier, de cartes géographiques, et d'un très-grand nombre de figures intercalées dans le texte. Broché.. . . . . 30 fr.

BIOGRAPHIE UNIVERSELLE

Biographie portative universelle, contenant 29,000 noms, suivie d'une table chronologique et alphabétique, où se trouvent répartis en cinquante-quatre classes différentes les noms mentionnés dans l'ouvrage, par L. Lalanne, L. Renier, Th. Bernard, Ch. Laumier, E. Janin, A. Delloye, etc. 1 vol. de 1,000 pages, contenant la matière de 12 vol., 12 fr.; net. 9 fr.

UN MILLION DE FAITS

Aide-mémoire universel des sciences, des arts et des lettres, par MM. J. Aycard, Desportes, Léon Lalanne, Ludovic Lalanne, Gervais, A. le Pileur, Ch. Martins, Ch. Vergé et Jung.

MATIÈRES TRAITÉES DANS LE VOLUME :

Arithmétique. — Algèbre. — Géographie élémentaire, analytique et descriptive. — Calcul infinitésimal. — Calcul des probabilités. — Mécanique. — Astronomie — Tables numériques et moyens divers pour abréger les calculs. — Physique générale. — Météorologie et physique du globe. — Chimie. — Minéralogie et géologie. — Botanique. — Anatomie et physiologie de l'homme. — Hygiène. Zoologie. — Arithmétique sociale. — Technologie (arts et métiers). — Agriculture. — Commerce. — Législation. — Art militaire. — Statistique. — Philosophie. — Philologie. — Paléographie. — Littérature. — Beaux-Arts. — Histoire. — Géographie. — Ethnologie. — Chronologie. — Biographie. — Mythologie. — Education.

Un fort vol. petit in-8, de 1,720 col., orné de grav., 12 fr ; net. . . 9 fr.

PATRIA

La France ancienne et moderne, morale et matérielle, ou collection encyclopédique et statistique de tous les faits relatifs à l'histoire physique et intellectuelle de la France et de ses colonies 2 forts vol. petit in-8, de 3,200 col. de texte, y compris plus de 500 col. pour une table analytique des matières, une table des figures, un état des tableaux numériques, et un index alphabéthique ; ornés de 350 grav., de cartes et de planches col., et contenant la matière de 16 forts vol. in-8., 18 fr.; net. . 9 fr.

NOMS DES PRINCIPAUX AUTEURS :

MM. J. Aycard, prof. de physique à l'École polytechnique; A. Delloye, élève de l'Ecole des Chartes ; Denne-Aron; Desportes; Paul Gervais, docteur ès sciences : Jung; Léon Lalanne, ingénieur des ponts et chaussées; Ludovic Lalanne; le Chatelier, ing. des mines; A. le Pileur; Ch. Louandre ; Ch. Martins, docteur ès sciences, prof. à la Faculté de médecine de Paris; Victor Raulin, prof.; P. Régnier, de la Comédie-Française; Léon Vaudoyé, architecte du gouvernement ; Ch. Vergé, avocat à la cour impériale de Paris.

DIVISION PRINCIPALE DE L'OUVRAGE :

Géographie physique et mathématique, physique du sol, météorologie, géologie, géographie botanique, zoologie, agriculture, industrie minérale, travaux publics, finances, commerce et industrie, administration intérieure, état maritime, législation, instruction publique, géographie médicale, population, ethnologie, géographie politique, paléographie et numismatique, chronologie et histoire, histoire des religions, langues anciennes et modernes, histoire littéraire, histoire de l'agriculture, histoire de la sculpture et des arts plastiques, histoire de la peinture et des arts du dessin; histoire de l'art musical ; histoire du théâtre, colonies, etc.

Ces trois ouvrages réunis forment une véritable Encyclopédie portative. Le savoir est aujourd'hui tellement répandu, qu'il n'est plus permis de rien ignorer; mais, la mémoire la plus exercée ne pouvant que bien rarement retenir tous les détails de la science, ces ouvrages sont pour elle d'un secours précieux, et sont surtout devenus indispensables à tous ceux qui cultivent les sciences ou qui se livrent à l'instruction de la jeunesse.

PRIX DE LA RELIURE DE CES TROIS OUVRAGES :

Cartonnage à l'anglaise, en sus par vol. . . . . 1 fr. 50
Demi-rel., maroquin soigné, en sus par vol. . . . . 2 fr. »

PARIS. — IMP. SIMON RAÇON ET COMP., RUE D'ERFURTH, 1.

ENCYCLOPÉDIE THÉORIQUE ET PRATIQUE DES CONNAISSANCES UTILES

Composée de traités sur les connaissances les plus indispensables ; ouvrage entièrement neuf, avec environ 1,500 gravures intercalées dans le texte, par MM. ALCAN, ALBERT-AUBERT, L. BAUDE, BELLANGER, BERTHELET, AM. BURAT, CHENU, DEBOUTTEVILLE, DELAFOND, DEVEUX, DUBREUIL, FABRE D'OLIVET, FOUCAULT, H. FOURNIER, GÉNIN, GIGUET, GIRARDIN, LÉON LALANNE, LUDOVIC LALANNE, ELIZÉ LEFÈVRE, HENRI MARTIN, MARTINS, MATHIEU, MOLL, MOREAU DE JONNÈS, PÉCLET, PERSOZ, LOUIS REYBAUD, TRÉBUCHET, L. DE WAILLY, WOLOWSKI, etc. 2 volumes grand in-8. . . . . 25 fr.

Reliure demi-chagrin, le volume. . . . . 3 fr.

ENSEIGNEMENT ÉLÉMENTAIRE UNIVERSEL

Ou Encyclopédie de la jeunesse. Ouvrage également utile aux jeunes gens, aux mères de famille, aux personnes qui s'occupent d'éducation et aux gens du monde ; par MM. ANDRIEUX DE BRIOUDE, docteur en médecine, et LOUIS BAUDE, professeur au collége Stanislas. 1 seul vol. grand in-8, contenant la matière de 6 vol., enrichi de 400 gravures servant d'explication au texte. Broché, 10 fr.; net. . . . . 6 fr.

L'ILLUSTRATION

34 vol. (1842-1859), ornés de plus de 6,900 gravures sur tous les sujets actuels. Evénements politiques, fêtes et cérémonies religieuses, portrait des personnages célèbres, inventions industrielles, vues pittoresques, cartes géographiques, compositions musicales, tableaux de mœurs, scènes de théâtre, monuments, costumes, décors, tableaux, statues, modes, caricatures, etc., etc. Le vol. broché. . . . . 18 fr.

SÉRIE DE LA GUERRE DE CRIMEE

Des Indes, de la Chine, de la Cochinchine et de l'Italie. Six années. 12 volumes (tomes XXIII à XXXIV). Le vol. . . . . 16 fr.

Nos traités nous permettent d'offrir ces douze volumes à des conditions extrêmement favorables.

Ces douze volumes forment à eux seuls l'ensemble le plus complet de l'histoire des six dernières années. Nulle part on ne trouve un récit plus détaillé, une représentation plus complète et plus variée des faits de guerre accomplis en Crimée. Les événements de l'Inde, de la Chine et de l'Italie, etc., ont eu jusqu'aujourd'hui leur place dans ces derniers volumes.

Les éditeurs ont pris leurs mesures de telle sorte, que les tomes XXIII à XXXIV peuvent être fournis dès à présent.

Reliure en percaline, fers, et tranches dorées. . . . . 6 fr. par vol.

Comme il nous reste très-peu d'exemplaires complets de la collection de l'*Illustration* et que parmi les volumes dépareillés plusieurs sont épuisés, nous prions MM. les libraires de ne pas vendre de volumes sans s'être assurés s'ils pourront les remplacer.

TABLEAU DE PARIS

Par EDMOND TEXIER ; ouvrage illustré de 1,500 gravures, d'après les dessins de BLANCHARD, CHAM, CHAMPIN, FOREST, FRANÇAIS, GAVARNI, etc., etc. 2 vol. in-fol. du format de l'*Illustration*. . . . . 30 fr.

Reliure riche, dor. sur tranche, mosaïque, avec les armes de la ville de Paris. Le volume. . . . . 6 fr.

TABLEAU HISTORIQUE, POLITIQUE ET PITTORESQUE
DE LA TURQUIE ET DE LA RUSSIE

par MM. Joubert et Félix Mornand. 1 vol. in-folio (format de l'*Illustration*),
orné d'une carte et d'un gr. nombre de vignettes, 7 fr. 50 ; net.   6 fr.
> Reliure percaline anglaise, dor. sur tranche . . . . 4 fr.

VOYAGE ILLUSTRÉ DANS LES CINQ PARTIES DU MONDE

De 1846 à 1849, par Adolphe Joanne. 1 vol. in-folio (format de l'*Illustration*), illustré d'environ 700 gravures. . . . . 15 fr.
> Relié toile, tranche dorée.. . . . . 20 fr.

GALERIE DE PORTRAITS POUR LES MÉMOIRES DU DUC
DE SAINT-SIMON

S'adaptant à toutes les éditions. La Galerie de portraits de Saint-Simon se
compose de 38 portraits représentant les personnages les plus célèbres
du temps et gravés avec une exactitude remarquable, d'après les tableaux originaux du Musée de Versailles. La collection forme 10 livraisons. Prix de la livraison. . . . . 1 fr,

GALERIE DE PORTRAITS

Pour les Mémoires de Tallemant des Réaux. La galerie se compose de
10 portraits représentant les personnages les plus célèbres du temps et
gravés avec une exactitude remarquable, d'après les tableaux originaux
du Musée de Versailles. La collection forme 5 livraisons. Prix de la
livraison. . . . . 1 fr.

GALERIE DE FEMMES CÉLÈBRES

Tirée des Causeries du lundi, par M. Sainte-Beuve, de l'Académie française,
1 beau vol. gr. in-8 jésus, orné de 12 magnifiques portraits dessinés par
Staal et gravés sur acier par Massard, Thibault, Gouttière, Geoffroy,
Gervais, Outhwaite, etc. 20 fr.

> Un texte délicieux, chef-d'œuvre de grâce et de délicatesse, une typographie
> magnifique, rehaussée par toutes les splendeurs du dessin et de la gravure, se
> réunissent pour assigner à ce volume une place d'honneur et de prédilection
> dans la bibliothèque des dames et des demoiselles, et dans celle de tous les
> hommes de goût, de tous les amateurs de beaux livres.

LES ÉTOILES DU MONDE

Galerie historique des femmes les plus célèbres de tous les temps et de
tous les pays, avec dix-sept magnifiques gravures anglaises et un frontispice, d'après les dessins de Staal. Le texte, par MM. Alexandre Dumas-
Dufail, d'Araguy, de Genrupt, Miss Clarke, etc., etc., offre une lecture
des plus intéressantes et des plus variées. Ce livre, destiné à un succès
de vogue, est un des plus beaux cadeaux qui puissent être offerts. 1 superbe vol. grand in-8 jésus. . . . . 20 fr.

> Reliure des 2 vol. ci-dessus, toile mosaïque, fers spéciaux. . . . . . 6 fr.
> Demi-reliure, plats toile dorée. . . . . 6 fr.

GALERIE DES FEMMES DE WALTER SCOTT

Illustrée de 28 portraits gravés sur acier par les plus célèbres graveurs
anglais ; le texte par MM. Dumas, Emile Souvestre, Frédéric Soulié, J. Janin, Louis Reybaud, Michel Masson ; mesdames A. Tastu, Desbordes-Val-
more, Elisa Voïart. 1 vol. grand in-8. . . . . 10 fr.
> Reliure toile mosaïque, t. d. . . . . 5 fr.

CORINNE

Par madame la baronne DE STAEL. Nouvelle édition, richement illustrée de 250 bois dans le texte et de 8 grandes gravures sur bois par KARL GIRARDET, BARRIAS, STAAL, tirées à part. Paris, LECOU, 1855. 1 magnifique vol. grand in-8 jésus vélin, glacé, satiné, imprimé par PLON frères; au lieu de 15 fr., net. . . . . **10 fr.**

Demi-chagrin, plats en toile, tr. dor. . . . . : . . **5 fr.**

LES MILLE ET UNE NUITS

Contes arabes traduits par GALLAND, édition illustrée par les meilleurs artistes français et étrangers, revue et corrigée sur l'édition princeps de 1704; augmentée d'une Dissertation sur les Mille et une Nuits, par M. le baron SILVESTRE DE SACY. Paris, BOURDIN. 3 beaux vol. grand in-8 jésus vélin, illustrés de 1,200 dessins; au lieu de 30 fr., net. . **20 fr.**

Les exemplaires sont intacts, sans aucune piqûre.

LES MILLE ET UN JOURS

Contes persans, turcs et chinois, traduits par PÉTIS DE LA CROIX, CARDANNE, CAYLUS, etc. 1 magnifique vol. grand in-8 jésus vélin. Edition illustrée de 400 dessins par nos premiers artistes; au lieu de 15 fr., net. **10 fr.**

LA MOSAIQUE

Nouveau Magasin pittoresque universel. Livre de tout le monde et de tous les pays. 3 beaux vol. grand in-8 jésus, imprimés à 2 colonnes et illustrés de 500 dessins; au lieu de 30 fr., net. . . . . **15 fr.**

CHANTS ET CHANSONS POPULAIRES DE LA FRANCE

996 chansons et chansonnettes, chants guerriers et patriotiques, chansons bachiques, burlesques et satiriques. Nouvelle édition, illustrée de 336 belles gravures sur acier, d'après MM. E. DE BEAUMONT, DAUBIGNY, DUBOULOZ, E. GIRAUD, MEISSONNIER, PASCAL, STAAL, STEINHEIL et TRIMOLET, gravées par les meilleurs artistes. 2 beaux vol. grand in-8, avec riches couvertures et frontispice gravés, contenant 996 chansons. — Le premier volume est composé de chansons, romances et complaintes, rondes et chansonnettes; le deuxième volume de chants guerriers et patriotiques, chansons bachiques, burlesques et satiriques. Prix de chaque volume. . . . . **11 fr.**

Demi-reliure, plats toile, tranche dorée (2 vol. en un). . . . . . **6 fr.**

ŒUVRES CHOISIES DE GAVARNI

Revues, corrigées et nouvellement classées par l'auteur, publiées dans le format du *Diable à Paris*, et accompagnées de notices par MM. DE BALZAC, THÉOPHILE GAUTHIER, GÉRARD DE NERVAL, JULES JANIN, ALPHONSE KARR, etc. 2 vol. grand in-8, renfermant chacun 80 grandes vignettes, à. . **10 fr.**

Le Carnaval à Paris. — Paris le matin. — Les Etudiants. 1 vol.
La Vie de jeune homme. — Les Débardeurs. 1 vol.

Reliure en toile, tranche dorée. le vol. . . . . **5 fr.**

LES CONTES DROLATIQUES

Colligez es abbayes de Touraine et mis en lumière par le sieur DE BALZAC pour l'esbattement des pantagruelistes et non aultres. Cinquième édition, illustrée de 425 dessins par GUSTAVE DORÉ. 1 magnifique vol. in-8, papier vélin, glacé, satiné; au lieu de 12 fr., net. . . . . - **10 fr.**

LE DIABLE BOITEUX

Par Lesage, illustré par Tony Johannot, précédé d'une notice sur Lesag
par Jules Janin. Paris, Bourdin, 1845. 1 vol. grand in-8 jésus, couverture
glacée, or et couleur; au lieu de 10 fr., net.. . . . . 6 fr·

LA CHINE OUVERTE

Texte par Old-Nick, illustrations par Borget. 1 vol. grand in-8, 250 sujets, dont 50 tirés à part, 15 fr.; net. . . . . 10 fr.
  Reliure, toile mosaïque, tranche dorée.· . . . . 4 fr.

PERLES ET PARURES

Dessins par Gavarni, texte par Méray et le comte Fœlix. 2 beaux vol. grand
in-8, illustrés de 30 gravures sur acier, par Ch. Geoffroy, imprimés sur
chine avec le plus grand soin. Brochés, les 2 vol., 30 fr.; net... 20 fr.

LES PAPILLONS

Métamorphoses terrestres des peuples de l'air. Dessins par J. J. Grandville, continués par A. Vanin, texte par Eugène Nus, Antony Méray et le
comte Fœlix. 2 beaux vol. grand in-8, 30 fr.; net. . . . . 20 fr.
  Reliure des deux ouvrages ci-dessus, par vol., toile mosaïque. . . . 5 fr.

PHYSIOLOGIE DU GOUT

Par Brillat-Savarin, illustrée par Bertall. 1 beau vol. in-8, illustré d'un
grand nombre de gravures sur bois intercalées dans le texte, et de
8 sujets gravés sur acier, par Ch. Geoffroy, imprimés sur chine. 10 fr.

L'ANE MORT.

Par J. Janin. 1 vol. grand in-8 jésus vélin, illustré de nombreux dessins et
de gravures à part, à deux teintes, par Tony Johannot, couverture glacée, imprimée en or. Paris, Bourdin, 1842.; au lieu de 10 fr., net. 5 fr.

DON QUICHOTTE DE LA MANCHE.

Traduction nouvelle, précédée d'une notice sur la vie et les ouvrages de
.l'auteur, par Louis Viardot, ornée de 800 dessins par Tony Johannot
1 vol. grand in-8 jésus. Prix, broché. . . . . 20 fr.
  Reliure demi-chagrin, le volume. . . . . 3 fr. 50

JÉROME PATUROT ·

A la recherche d'une position sociale, par Louis Reybaud; illustré par
J. J. Grandville 1 vol. grand in-8, orné de 165 bois dans le texte, et
de 35 grand bois tirés hors texte, gravés par Best et Leloir, d'après les
dessins de J. J. Grandville. Prix, broché, avec couverture ornée d'après
Grandville, 15 fr.; net. 12 fr.
  Reliure percaline, ornée du blason de *Paturot*, tirée en couleurs, d'après les
dessins de Grandville; filets, tranche dorée. . . . . 5 fr. 50

HISTOIRE PITTORESQUE DES RELIGIONS

Doctrines, Cérémonies et Coutumes religieuses de tous les peuples du monde.
par F. T. B. Clavel, illustrée de 29 gravures sur acier. 2 vol. grand in-8,
20 fr.; net. . . . . 15 fr.

ENCYCLOPÉDIANA

Recueil d'anecdotes anciennes, modernes et contemporaines, etc., édition
illustrée de 125 vignettes. 1 vol. in-8 de 840 pages. . . . . 4 fr. 50

COLLECTION D'OUVRAGES ILLUSTRÉS POUR LES ENFANTS

JOLIS VOLUMES GRAND IN-18 ANGLAIS

Brochés, 3 fr. 50 c. — Reliés toile, dorés sur tranche, 5 fr.

Abrégé de l'Ami des enfants et des adolescents, par BERQUIN, illustré de bois dans le texte. 1 vol.

Silvio Pellico. — Mes Prisons, suivies des Devoirs des hommes. Traduction nouvelle, par le comte H. DE MESSEY. 1 vol. gr. in-18 jésus, orné de 8 jolies vignettes sur acier.

Voyages de Gulliver, par SWIFT. Traduction nouvelle, précédée d'une Notice biographique et littéraire par WALTER SCOTT. 1 vol. grand in-18 jésus, orné de 8 jolies vignettes.

Les Prix de Vertu, par MM. de BARANTE, THIERS, etc. 2 v. avec portraits sur acier et gravures sur bois.

LE LANGAGE DES FLEURS

Par madame CHARLOTTE DE LA TOUR ; nouvelle édition, ornée de 12 magnifiques planches en noir. 1 vol. grand in-18 jésus. . . . . . . 3 fr. 50

Le même ouvrage, gravures coloriées avec le plus grand soin. 5 fr.

COLLECTION DE JOLIS VOLUMES IN-8 ANGLAIS

BROCHÉS : 3 FR. LE VOL.

Reliés toile mosaïque, dorés sur tranches, 5 fr.

Astronomie pour la jeunesse, par BERQUIN, illustrée de bois dans le texte. 1 vol.

Histoire naturelle pour la jeunesse par BERQUIN, ill. de bois dans le texte. 1 vol.

Fables de Florian, illustrées d'un grand nombre de bois dans le texte. 1 vol.

Le Livre des jeunes filles, par l'abbé DE SAVIGNY, 200 bois dans le texte. 1 vol.

Paul et Virginie, par BERNARDIN DE SAINT-PIERRE, 100 vignettes par BERTALL. 1 vol.

Mystères du collége, par D'ALBANÈS, illustrés de 100 vignettes dans le texte. 1 vol.

La Pantoufle de Cendrillon, par A. HOUSSAYE, illustrée de 100 vignettes. 1 vol.

Alphabet français, nouvelle Méthode de lecture en 80 tableaux, illustré de 29 gravures, par madame DE LANSAC. 1 vol.

Les Nains célèbres, par A. D'ALBANÈS et G. FATH. 100 vignettes. 1 vol.

La Mythologie de la jeunesse, par L. BAUDET, 120 vignettes par SÉGUIN. 1 vol.

L'AMI DES ENFANTS

Par BERQUIN. 1 vol. grand in-8, illustré de 150 gravures. . . . . . 10 fr.

Ce livre, qui répond si bien à son titre, est toujours, en effet, la lecture privilégiée de l'enfance, surtout lorsque les gravures viennent expliquer le texte.

Le livre de Berquin, animé et rehaussé par des vignettes qui mettent les divers sujets en action, et qui en doublent par conséquent le mérite aux yeux des jeunes lecteurs, est resté, comme il restera longtemps, l'un des livres de prédilection de l'enfance.

ROBINSON SUISSE

Par M. WYSS, avec la suite donnée par l'auteur, traduit de l'allemand par madame ELISE VOIART ; précédé d'une Notice de CHARLES NODIER. 1 vol. grand in-8 jésus, illustré de 200 vignettes d'après les dessins de M. CH. LEMERCIER. . . . . 10 fr.

AVENTURES DE ROBINSON CRUSOÉ

Par de Foe, illustrées par Grandville. 1 beau vol. grand in-8 raisin.   10 fr.

VOYAGES ILLUSTRÉS DE GULLIVER

Dessins par Grandville. 1 beau vol. in-8, sur papier satiné et glacé.   10 fr

FABLES DE FLORIAN

1 vol. in-8, illustré par Grandville de 80 grandes gravurés et 25 vignettes
dans le texte. . . . . 10 fr.

LES VEILLÉES DU CHATEAU

Ou Cours de morale à l'usage des enfants, par Mme la comtesse de Genlis,
Nouvelle édition, illustrée de dessins par Staal, gravés par Carbonneau,
Delangle, Gusman, Lambert, Leclerc, Manini, Piaud, Vinet et Yon. 1 vol.
grand in-8 raisin, imprimé avec le plus grand soin, papier satiné
glacé . . . . 10 fr.
   Demi-reliure des quatre volumes ci-dessus, plats toile, doré sur tranche,
   ou reliure toile mosaïque doré sur tranche, à. . . . . 4 fr.

FABLES DE LA FONTAINE

Illustrations de Grandville. 1 superbe vol. grand in-8, sur papier jésus,
glacé, satiné, avec encadrement des pages et un sujet à chaque fable.
Édition unique par le talent, la beauté et le soin qui y ont été apportés.
18 fr.; net. . . . . 15 fr.

GRANDVILLE

Album de 120 sujets tirés des Fables de la Fontaine. 1 vol. gr. in-8.   6 fr.
   Cette charmante collection de gravures, contenant une partie des illustrations
du célèbre artiste, peut convénir à tous ceux qui n'ont pas la magnifique édition
du la Fontaine de Grandville. Elle peut être offerte aux enfants, qui ont souvent
entre les mains des éditions plus ordinaires, et qui seront charmés de faire connaissance avec les délicieuses vignettes de Grandville, en attendant qu'on leur
offre la grande édition.

PAUL ET VIRGINIE

Suivi de la Chaumière indienne, par J. H. Bernardin de Saint-Pierre. Édition Furne; illustrée d'un grand nombre de vignettes sur bois par Tony
Johannot, Meissonnier, Français, Isabey, etc., etc., de sept portraits sur
acier et d'une carte de l'île de France; précédée d'une notice historique
et littéraire sur Bernardin de Saint-Pierre, par M. C. A. Sainte-Beuve, de
l'Académie française; augmentée d'un abrégé de la Flore de l'île de
France. 1 beau vol. grand in-8. . . . . 15 fr.

AVENTURES DE TÉLÉMAQUE

Par Fénelon, avec des notes géographiques et littéraires. 2 grands vol. in-8.
Véritable édition de luxe à bon marché, 15 fr.; net. . . . . . 7 fr. 50

MUSÉE UNIVERSEL

Histoire, littérature, sciences, arts, industrie, voyages, nouvelles. 1 vol.
grand in-8, illustré de 283 belles gravures sur bois, et d'un portrait de
Cuvier, sur acier, peint par Mme de Mirbel, gravé par Richomme. . 6 fr.

LE VICAIRE DE WAKEFIELD

Par Goldsmith, traduction par Ch. Nodier. Nouvelle édition illustrée de
10 grav. sur acier, par Tony Johannot. 1vol. grand in-8 jésus.   10 fr.

REVUE CATHOLIQUE

Recueil illustré d'environ 800 gravures. 1 vol. grand in-8. . . . . . 5 fr.
. Reliure toile, tranche dorée. . . . . 3 fr. 50

PAUL ET VIRGINIE

Suivi de la *Chaumière indienne*, par BERNARDIN DE SAINT-PIERRE. Édition
V. LECOU; nouvelle édition, richement illustrée de 180 bois dans le texte
et de 14 gravures sur chine tirées à part. 1 volume grand in-8
jésus. . . . . 8 fr.

SILVIO PELLICO

Mes Prisons, traduction de M. ANTOINE DE LATOUR, illustrées par TONY
JOHANNOT de 100 beaux dessins gravés sur bois. Nouvelle édition. Paris,
1855. 1 volume grand in-8 jésus vélin, glacé, satiné. . . . . 10 fr.
Relié toile, tranche dorée, plaque spéciale. . . . . 5 fr.

HISTOIRE DE LA DÉCOUVERTE ET DE LA CONQUÊTE DE L'AMÉRIQUE

Par J H. CAMPE, précédée d'un essai sur la vie et les ouvrages de l'auteur
par CH. SAINT-MAURICE. 1 volume grand in-8 raisin, illustré de 120 bois
dans le texte et à part. . . . . 10 fr.

PREMIERS VOYAGES EN ZIGZAG

Excursions d'un pensionnat en vacances dans les cantons suisses et sur le
revers italien des Alpes, par R. TOPFFER, magnifiquement illustrés, d'après
les dessins de l'auteur, de 54 grands dessins par CALAME, et d'un grand
nombre de bois dans le texte; nouvelle édition, imprimée par Plon frères.
1 volume grand in-8 jésus, papier glacé satiné. . . . . 12 fr.

NOUVEAUX VOYAGES EN ZIGZAG

A la Grande Chartreuse, au mont Blanc, dans les vallées d'Herenz, de
Zermatt, au Grimsel et dans les Etats Sardes, par R. TOPFFER, splendide-
ment illustrés de 48 gravures sur bois tirées à part, et de 320 sujets
dans le texte, dessinés d'après les dessins originaux de Topffer, par
MM. CALAME, KARL GIRARDET, FRANÇAIS, D'AUBIGNY, DE BAR, FOREST, HADAMARD,
ELMERIC, STOPP, GAGNET, VEYRASSAT, et gravés par nos meilleurs artistes.
1 volume grand in-8 jésus, papier glacé et satiné, imprimé par Plon
frères. . . . . 12 fr.

LES NOUVELLES GÉNEVOISES

Par TOPFFER, illustrées d'après les dessins de l'auteur, au nombre de 610
dans le texte et 40 hors texte; gravures par BEST, LENOIR, HOTELIN et
RÉGNIER. 1 charmant volume in-8 raisin. Broché . . . . 12 fr.

PRIX DE LA RELIURE POUR LES TROIS OUVRAGES CI-DESSUS :
Reliure toile mosaïque, plaque spéciale tr. d. le vol. . . . . 6 fr.
— demi-chagrin, plats toile, tr. dorée. . . . . 6 fr.

PICCIOLA

Par X. B. SAINTINE. Nouvelle édition, illustrée par TONY JOHANNOT et NAN-
TEUIL. 1 vol. grand in-8. . . . . 10 fr.

HISTOIRE DE PARIS

par TH. LAVALLÉE. 207 vues par CHAMPIN. 1 vol. grand in-8 jésus. . 12 fr.

HISTOIRE DE L'EMPIRE OTTOMAN

Depuis les temps les plus anciens jusqu'à nos jours, par M. Théophile Lavallée. 1 magnifique volume grand in-8, accompagné de 18 belles gravures anglaises sur acier, représentant des scènes historiques, de vues, des portraits, etc., 18 fr. ; net. . . . . 15 fr.

L'auteur a résumé avec son talent d'historien très-apprécié le tableau de ce pays, dont l'étude est une des nécessités de notre époque.

HISTOIRE DE LA MAISON ROYALE DE SAINT-CYR
(1686-1738)

Par Théophile Lavallée. Paris, Furne, 1856. 1 magnifique volume grand in-8 jésus vélin glacé satiné, et illustré de vignettes sur acier, de plans et de fac-simile. . . . . 10 fr.

Ouvrage couronné par l'Académie française, et recommandé par Monseigneur l'Archevêque de Paris.

HISTOIRE DE LA MARINE CONTEMPORAINE

De 1784 à 1848, par Léon Guérin. Paris, 1855. 1 fort volume grand in-8 jésus vélin, de près de 750 pages, illustré de gravures sur acier, plans, etc.; au lieu de 15 fr., net. . . . . 12 fr. 50

L'ESPAGNE PITTORESQUE, ARTISTIQUE ET MONUMENTALE.

Mœurs, usages et costumes, par MM. Manuel de Cuendias et V. de Féréal 1 volume grand in-8, orné de 50 planches à part, dont 25 costumes coloriés et 25 vues et monuments à deux teintes; du portrait de la reine Isabelle, et de 100 vignettes dans le texte, par C. Nanteuil. 20 fr.; net. . . . . 15 fr.

L'ESPAGNE est un de ces beaux ouvrages, imprimés à la presse à bras, sur papier de luxe, qui deviennent de plus en plus rares, et que l'invasion de la fabrication à bon marché ne permet plus de reproduire dans les mêmes conditions.

BIBLIOTHÈQUE CHOISIE

Collection des meilleurs ouvrages français et étrangers, anciens et modernes, format grand in-18 (dit anglais), papier jésus vélin. Cette collection est divisée par séries. La première et la deuxième série contiennent des volumes de 400 à 500 pages, aux prix de 3 fr. 50 c. le volume pour la première série, et net 3 fr. pour la deuxième série. La troisième et la quatrième série se composent de volumes de 250 à 300 pages environ, aux prix de 2 fr. net pour la troisième série et 1 fr. 50 net pour la quatrième série. La majeure partie des volumes est ornée d'une vignette ou d'un portrait sur acier

PREMIÈRE SÉRIE. — Volumes à 3 fr. 50 cent.

Causeries du Lundi, par M. Sainte-Beuve, de l'Académie française. Ce charmant recueil, renfermant des appréciations aussi justes que spirituelles sur les personnages les plus éminents, se compose de 13 vol. grand in-18. Chaque volume, contenant des articles complets, se vend séparément.

Portraits littéraires, par M. Sainte-Beuve, suivis des *Portraits de femmes*, des *Derniers Portraits*. vol. grand in-18.

Portraits contemporains et divers, par M. Sainte-Beuve. 3 forts vol. grand in-18.

Matinées littéraires. Cours complet de littérature moderne, par Ed. Mennechet. Troisième édition. 4 vol. gr. in-18. . . . . 14 fr.

Histoire de France depuis la fondation de la monarchie. par Ed. Mennechet. Troisième édition. 2 forts vol. grand in-8 jésus. . . . . . . 8 fr.

Ouvrage dédié aux pères de famille et couronné par l'Académie française.

Étude sur Virgile, suivie d'une *Étude sur Quintus de Smyrne*, par M. Sainte-Beuve, de l'Académie française. 1 vol.

Essais d'histoire littéraire, par M. Géruzez. 2 vol. 1er vol : *Moyen âge et Renaissance*. 2e vol. : *Temps modernes*.

Le Livre des affligés, Douleurs et Consolations, par le vicomte Alban de Villeneuve-Bargemont. 2 vol. gr. in-18, ornés de vignettes.

Les Prix de vertu, par MM. de Barante, Thiers, de Ségur, Villemain, de Jouy, Nodier, de Salvandy, Flourens, Scribe, Dupin, etc., etc. 2 volumes ornés de vignettes.

Œuvres de J. Reboul, de Nîmes. Poésies diverses ; le Dernier Jour, poëme. 1 vol. avec portrait.

Histoire de la Révolution de 1848, par Lamartine. Quatrième édit. 2 vol. grand in-18 jésus.

Histoire intime de la Russie sous les empereurs Alexandre et Nicolas, par J. M. Schnitzler. 2 forts vol.

Messieurs les Cosaques, par MM. Taxile Delord, Clément Caraguel et Louis Huart. 2 vol. grand in-18 anglais, ill. de 100 vignettes par Cham.

Le Whist rendu facile, suivi des Traités du Whist de Gand, du Boston de Fontainebleau et du Boston russe ; par un amateur. Deuxième édition, revue et en partie refondue. 1 vol. grand in-18 anglais.

Pierre Dupont. *Études littéraires* vers et prose. 1 vol.

Correspondance de Jacquemont avec sa famille et plusieurs de ses amis pendant son voyage dans l'Inde (1828-1832). Nouvelle édition, augmentée de lettres inédites et d'une carte. 2 vol.

Mémoires de Beaumarchais, nouvelle édition, précédée d'une appréciation tirée des *Causeries du Lundi*, par M. Sainte-Beuve, de l'Académie française. 1 vol. gr. in-18. Depuis longtemps, les Mémoires de Beaumarchais n'avaient pas été imprimés séparément, et ils sont demandés en librairie.

Causeries de chasseurs et de gourmets. 1 fort vol.

La Musique ancienne et moderne, par Scudo. Nouveaux mélanges de critique et de littérature musicales. 1 v.

Cours d'hygiène, par le docteur A. Tesseneau, professeur d'hygiène ; ouvrage couronné par l'Académie impériale de médecine. 1 vol.

Voyage dans l'Inde et en Perse, par Soltykoff. 1 vol. orné d'une carte.

Lamennais. *Paroles d'un croyant.* — *Une voix de Prison.* — *Le Livre du Peuple.* 1 vol. grand in-18 jésus.

Les Femmes de la Révolution, par J. Michelet, membre de l'Institut. 1 beau vol. gr. in-18 jésus, papier vélin, glacé satiné.

Œuvres de E. T. A. Hoffmann, traduites de l'allemand par Loeve-Weimar. Contes fantastiques. 2 vol.

Souvenirs de la marquise de Créqui (1718-1803). Nouvelle édition, revue, corrigée et augmentée de notes. 10 vol. brochés en 5 vol. avec gravures sur acier.

Nouveau Siècle de Louis XIV, ou Choix de chansons historiques et satiriques, presque toutes inédites, de 1634 à 1712, accompagnées de notes. 1 vol.

Excursion en Orient, l'Égypte, le mont Sinaï, la Palestine, la Syrie, le Liban, par M. le comte Ch. de Pardieu. 1 vol.

Lettres adressées à M. Villemain, secrétaire perpétuel de l'Académie française, sur la *Méthode* en général et sur la définition du mot *fait*, etc., par M. E. Chevreul, de l'Académie des sciences. 1 vol.

Éducation progressive, ou Étude du cours de la vie, par madame Necker de Saussure. 2 vol.

Ouvrage qui a obtenu le prix Monthyon.

Diodore de Sicile. Traduction nouvelle, avec une préface, des notes importantes et des index, par M. Ferdinand Hœfer. 4 volumes gr. in-18.

Jérusalem délivrée, traduction en prose, par M. V. Philippon de la Madelaine ; augmentée d'une description de Jérusalem, par M. de Lamartine. 1 vol.

Les Commencements du monde, Genèse selon les sciences, par Paul de Jouvencel. « J'écris pour les femmes et les jeunes filles. » 2 vol. grand in-18.

Genèse selon les sciences, 1 vol.

La Vie, par *le même*. 1 vol.

DEUXIÈME SÉRIE. — Volumes, au lieu de 3 fr. 50 c., net, 3 fr.

Œuvres politiques de Machiavel. Traduction revue et corrigée, contenant le *Prince* et le *Discours sur Tite-Live*. 1 vol.

Mémoires, Correspondances et Ouvrages inédits de Diderot, publiés sur les manuscrits confiés, en mourant, par l'auteur, à Grimm. 2 v.

Œuvres de Rabelais, augmentées de plusieurs fragments et de deux chapitres du cinquième livre restitués d'après un manuscrit de la Bibliothèque impériale, et précédées d'une notice historique sur la vie et les ouvrages de Rabelais. Nouv. édit., revue sur les meilleurs textes, et particulièrement sur les travaux de J. le Duchat, de S. de l'Aulnaye et de P. L. Jacob, bibliophile ; éclaircie, quant à l'orthographe et à la ponctuation, accompagnée de notes succinctes et d'un glossaire, par Louis Barré, ancien professeur de philosophie. 1 fort vol. gr. in-18, de 650 pages.

Contes de Boccace, traduits par Sabatier, de Castres. 1 vol.

Les Mondes nouveaux, voyage anecdotique dans l'Océan Pacifique, par Paulin Niboyet. 1 vol. in-18.

Primel et Nola, par Brizeux. 1 vol.

De l'Éducation des femmes, par madame de Rémusat, avec une Préface par M. Ch. de Rémusat. Paris, 1843. 1 vol. in-18.

Œuvres morales de Plutarque. Traduites du grec par Ricard. Nouvelle édition, revue et corrigée. Paris, Lefèvre, 1844, 5 forts vol. gr. in-18 jésus vélin, glacé, satiné, de plus de 600 pages chacun.

Histoire générale de Polybe. Traduction nouvelle, plus complète que les précédentes, précédée d'une Notice, accompagnée de Notes et suivie d'un Index, par M. Félix Bouchot. 3 v. grand in-18 jésus vélin.

Lettres sur l'Angleterre (*Souvenirs de l'Exposition universelle*), par Edmond Texier. 1 vol.

Térence, traduit par Nisard. 1 vol.

TROISIÈME SÉRIE. — Volumes, au lieu de 3 fr. 50 c., net, 2 fr.

Vies des Dames galantes, par le seigneur de Brantôme. Nouvelle édition, revue et corrigée sur l'édition de 1740, avec des remarques historiques et critiques. 1 vol.

Légendes du Nord, par M. Michelet. 1 vol.

Curiosités dramatiques et littéraires, par M. Hippolyte Lucas. 1 v.

Théâtre de Corneille, nouvelle édition, collationnée sur la dernière édition publiée du vivant de l'auteur. 1 beau vol. gr. in-18 de 540 pages.

Œuvres de Boileau, nouvelle édition conforme au texte donné par M. Berriat Saint-Prix, précédée d'une Notice sur la vie et les ouvrages de Boileau, par C. A. Sainte-Beuve, de l'Académie française. 1 fort vol. in-18 jésus, papier glacé.

Raphaël, Pages de la vingtième année, par A. de Lamartine, 5ᵉ édition. 1 vol.

Hégésippe Moreau (Œuvres contenant le *Myosotis*, etc. 1 vol. gr. in-18 jésus.

Œuvres de Gilbert. Nouvelle édition, précédée d'une notice historique sur Gilbert, par Charles Nodier. 1 beau vol. grand in-18 jésus.

La Princesse de Clèves, suivie de **la Princesse de Montpensier,** par madame de La Fayette. Nouvelle édit. 1 beau volume grand in-18 jésus.

Histoire de Manon Lescaut et du chevalier des Grieux, par l'abbé Prévost. Nouvelle édition, collationnée avec le plus grand soin sur l'édition publiée à Amsterdam en 1753, précédée d'une notice historique sur l'abbé Prévost, par Jules Janin. 1 vol.

Le Secrétaire universel. Renfermant des modèles de lettres sur toutes sortes de sujets, lettres de bonne année, de fête, de condoléance, de félicitations, d'excuses, de reproches, de remerciments, de recommandations ; lettres d'amour et de mariage, lettres d'affaires et de commerce, pétitions à l'Empereur, à l'Impératrice, aux ministres, etc.; billets d'invitations, lettres de faire part, modèles d'actes sous seing privé, avec des instructions détaillées sur ces actes, choix de lettres des écrivains les plus célèbres, etc., etc., par M. Armand Dubois. 1 beau vol. grand in-18 jésus.

Simple Histoire, par mistriss INCH-BALD, traduction nouvelle, par LÉON DE WAILLY. 1 vol. grand in-18 jésus, vélin.

Lettres sur la Russie, 2ᵉ édition, entièrement refondue et considérablement augmentée, par X. MARMIER. 1 vol.

Du Danube au Caucase, voyages et littérature, par X. MARMIER. 1 vol.

Nouveaux Souvenirs de Voyage et Traditions populaires, par X. MARMIER. 1 vol. grand in-18, jésus vélin.

Les Perce-Neige, nouvelles du Nord, traduites par X. MARMIER, auteur des *Lettres sur la Russie*. 1 vol.

La Cabane de l'oncle Tom. Cet ouvrage, dû à la plume de madame HENRIETTE STOWE. est un des écrits de notre époque qui ont obtenu le plus de succès. La version que nous offrons au public est la plus exacte et la plus complète. 1 vol. in-12.

A travers Champs, souvenirs et propos divers, par M. TH. MURET. 2 vol. gr. in-18 jésus.

Dictionnaire du Pêcheur. Traité de la pêche en eau douce et en eau salée, par ALPHONSE KARR. 1 vol.

Histoire du procès Lesurques, rédigé d'après les pièces du procès et les documents émanés de la famille Lesurques, par ARMAND FOUQUIER, rédacteur de la Collection des Causes célèbres de tous les peuples. 1 vol. in-18 Charpentier.

Anacréon, traduit en vers par M. HENRI VESSERON. Nouvelle édition. 1 vol. grand in-18.

Histoire de Napoléon, par ÉLIAS REGNAULT, ornée de 8 gravures sur acier, d'après Raffet et de Rudder. 4 vol. contenant la matière de 8 vol. in-8.

Congrès de Vérone. Guerre d'Espagne, négociations, colonies espagnoles, par CHATEAUBRIAND. 2 vol.

QUATRIÈME SÉRIE. — Volumes, au lieu de 3 fr. 50 c. et 1 fr. 75 c., net, 1 fr. 50 c.

Application de la géographie à l'histoire, ou Étude élémentaire de géographie et d'histoire générale comparées, par EDOUARD BRACONNIER, membre de l'Université et de plusieurs sociétés savantes. Ouvrage classique précédé d'une Introduction par BESCHERELLE aîné, de la Bibliothèque du Louvre. 2 vol.

Voyage à Venise, par ARSÈNE HOUSSAYE 1 vol. imprimé sur papier vélin.

Œuvres de George Sand, *Indiana*, 1 vol. — *Jacques*, 1 vol. — *André, la Marquise, Mélella. Lavinia, Mattéa.* 1 vol. — *Lélia et Spiridion*, 2 vol. — *Simon, l'Uscoque*, 1 vol. — *Le Compagnon du tour de France*, 1 vol.

De l'Instruction publique en France, par E. DE GIRARDIN. 1 vol.

Inondations de 1856. Voyage de S. M. l'Empereur, par CH. ROBIN, auteur de l'*Histoire de la Révolution de 1848*. 1 joli vol. gr. in-18 anglais.

Mémorial de Sainte-Hélène, par le comte DE LAS CASES. Nouvelle édition revue par l'auteur. 9 vol. 9 gravures.

Les Satiriques des dix-huitième et dix-neuvième siècles. Première série, contenant Gilbert, Despaze, M. J. Chénier, Rivarol, Satires diverses. 1 vol.

Comédies de S. A. R. la princesse Amélie de Saxe, traduites de l'allemand par PITRE-CHEVALIER. 1 vol. avec portrait.

L'Ane mort et la Femme guillotinée, par J. JANIN. 1 vol. avec vign.

Le Chevalier de Saint-Georges, par ROGER DE BEAUVOIR. 2ᵉ édit. 4 vol. avec vignettes.

Une Soirée au Théâtre-Français (24 avril 1841) : le Gladiateur, le Chêne du roi, par ALEXANDRE SOUMET et madame GABRIELLE D'ALTENHEIM. 1 vol.

Une Journée d'Agrippa d'Aubigné. Drame en 5 actes, en vers; par EDOUARD FOUSSIER. 1 vol. gr. in-18.

BIBLIOTHÈQUE DE POCHE

Par une société de gens de lettres et d'érudits. Paris, PAULIN et LECHEVA-LIER, 1845 à 1855. La Bibliothèque de poche, variétés curieuses et amusantes des sciences, des lettres et des arts, se compose des 10 volumes suivants, format grand in-18, le volume. . . . . 2 fr

Curiosités littéraires, LUDOVIC LALANNE. 1 vol.

Acrostiches, anagrammes, centons, imitation, emprunt, similitude d'idées, analogie de sujets, plagiat, supposition d'auteurs, idées bizarres et singulières ouvrages allégoriques, méprises, bévues, mystifications, académies, sociétés et réunions, odes burlesques, etc., etc.

Curiosités bibliographiques, par LUDOVIC LALANNE. 1 vol.

Particularités relatives aux anciennes écritures. — Matières et instruments propres à l'écriture. — Des formes des livres et des lettres dans l'antiquité. — Copistes et manuscrits. — Bévues des copistes, écritures abrégées et secrètes. — Des livres d'images et des Donats. — Editions grecques, caractères hébraïques, chronologie de l'imprimerie, éditions du quinzième siècle. — Libraires dans l'antiquité, au moyen âge, au dix-septième siècle, au dix-huitième siècle, etc., etc.

Curiosités biographiques. 1 vol.

Particularités physiques relatives à quelques personnages célèbres. — Bizarreries, habitudes et goûts irréguliers de quelques personnages célèbres. — Fécondité de quelques écrivains.—Surnoms historiques.—Morts singulières de quelques personnages célèbres.—Personnages célèbres morts de chagrin, de joie, de peur, etc.

Curiosités des Traditions, des Mœurs et des Légendes, par LUDOVIC LALANNE. 1 vol.

De la croyance des chrétiens aux traditions païennes. — Des présages. — De la divination par la Bible. — Des prophéties et des prédictions. — Des visions. — De la magie. — Des sorciers, des esprits familiers. — Des saints et des reliques. — Des miracles au moyen âge, etc., etc.

Curiosités militaires. 1 vol.

Armes défensives. — Armes offensives.—Chars et éléphants de guerre. —Machines de guerre.—Feu grégeois, fusées. — Poudre à canon. — L'artillerie à diverses époques. — Arquebuses et mousquets, fusils, pistolets. — Projectiles.—Armées dans l'antiquité.

Armées du moyen âge. — Armées en France depuis le treizième siècle. — Siéges à diverses époques. — Prisonniers de guerre. — Discipline. — Horreurs de la guerre. — Mélanges.

Curiosités de l'Archéologie et des Beaux-Arts. 1 vol.

Architecture :—Villes de l'antiquité. Villes du moyen âge. — Edifices religieux. — Habitations. — Palais. — Théâtres. — Ponts. — Puits. — Matériaux. — Constructions.

Sculpture :—Statues. —Bas-reliefs. Portes sculptées.

Peinture : — Procédés divers de peinture.—Peintures chez les anciens. —Différences d'inventions. — Impiétés naïves. — Peintures singulières. —Trompe-l'œil. — Peintures licencieuses. — Modèles. — Portraits. — Musées. — Mosaïques. — Céramiques. — Emaux. — Ornements d'or et d'argent. — Verrerie. — Vitraux peints. — Broderies. — Tapisseries. — Toiles peintes. — Numismatique. — Sceaux. — Gravure.—Inscriptions.—Erreurs archéologiques, etc., etc.

Curiosités philologiques, géographiques et ethnologiques. 1 vol.

Philologie. — Prolégomènes. —Langues anciennes. — Langue française. — Orthographe. — Versification. Etymologies — Noms propres. —Néologisme. — Philologie conjecturale. — Philologie emblématique. — Singularités.—Mélanges. — Géographie — Ethnologie.

Curiosités historiques. 1 vol.

Incertitudes de l'Histoire. — Perpétuité des traditions. — Rapprochements historiques. — Grands événements produits par de petites causes. —Coups de main. —Compilations, etc. — Misères royales. — Couleurs nationales. — Insignes. — Devises. — Impôts singuliers. — Redevances bizarres. — Dénominations singulières données aux partis. — Morts mystérieuses et étranges. — Invraisemblances historiques, etc., etc.

Curiosités des Inventions et des Découvertes. 1 vol.

Préambule. — Alimentation. — Vêtement. — Métallurgie. — Art céramique. — Chauffage et éclairage. — Distribution d'eau.—Moyens de transport. — Communication de la pensée. — Guerre. — Inventions diverses. — Sciences.

Curiosités anecdotiques. 1 vol.

Poëtes. — Philosophes. — Académiciens. — Diplomates. — Hommes d'État. — Hommes de guerre. —Avocats. — Procureurs. — Gens de robe. — Jésuites.—Prédicateurs. —Théâtre. — Acteurs. — Actrices. — Bouffonneries. — Gasconnades. — Facéties. — Fourberies. — Pressentiments. —Originalités. — Bizarreries. — Aventures amoureuses. — Mésaventures et vengeances conjugales. — Bons mots. —Épigrammes, etc., etc.

Chaque vol. se vend séparément 2 fr.

ŒUVRES DE M. FLOURENS

SECRÉTAIRE PERPÉTUEL DE L'ACADÉMIE DES SCIENCES, MEMBRE DE L'ACADÉMIE FRANÇAISE, ETC.

Il serait inutile d'insister ici sur le mérite des œuvres de M. FLOURENS. Leur succès et leur débit en disent plus que tous les éloges. La vogue populaire ne leur est pas moins assurée que le succès scientifique.

De la Vie et de l'Intelligence. 2ᵉ édition. 1 vol. gr. in-18 angl. 3 fr. 50

Circulation du sang (histoire de sa découverte). 2ᵉ édition, revue et aug. 1 vol. grand in-18 anglais. 3 fr. 50

Cet ouvrage est le plus complet, le meilleur à tous les points de vue, qui ait été publié sur cette matière.

Éloges historiques, lus dans les séances publiques de l'Académie des sciences. 2 vol. grand in-18. Chaque volume. . . . . 3 fr. 50

On se rappelle le succès qu'ont obtenu, dans les séances publiques de l'Académie des sciences, les charmants *Éloges historiques* du secrétaire perpétuel, M. Flourens. Ce sont autant de petits chefs-d'œuvre dont l'ensemble offre une lecture aussi attrayante que variée.

Éloge historique de François Magendie, suivi d'une discussion sur les titres respectifs de MM. BELL et MAGENDIE à la découverte des fonctions distinctes des racines des nerfs. 1 vol. grand in-18 anglais. . . 2 fr.

De la Longévité humaine et de la quantité de vie sur le globe. 4ᵉ édition, revue et augmentée. 1 vol. grand in-18 anglais. . . . . . . 3 fr. 50

Des manuscrits de Buffon, avec des Fac-simile de Buffon et de ses collaborateurs. 1 volume grand in-18 jésus. . . . . 3 fr. 50

Histoire des travaux et des idées de BUFFON. 2ᵉ édition, revue et aug. 1 vol. grand in-18 anglais. 3 fr. 50

Cuvier. —Histoire de ses travaux 3ᵉ édition, revue et augmentée. 1 vol. grand in-18. . . . . 3 fr. 50

Fontenelle, ou de la Philosophie moderne relativement aux sciences physiques. 1 vol. gr. in-18 angl. 2 fr.

De l'Instinct et de l'intelligence des animaux. 3ᵉ édition, entièrement refondue et augmentée. 1 vol. grand in-18 anglais. . . . . 2 fr.

Examen de la Phrénologie. 3ᵉ édition, augmentée d'un Essai physiologique sur la folie. 1 vol. grand in-18 anglais. . . . . 2 fr.

ŒUVRES DE F. LAMENNAIS

Essai sur l'Indifférence en matière de religion. Nouvelle édition, 4 vol. gr. in-18 jésus, à . . . . . 3 fr. 50
LE MÊME OUVRAGE, format in-8, imprimé sur beau papier, le volume. . 5 fr.

Paroles d'un Croyant — Une Voix de prison — Le Livre du Peuple. — Esclavage moderne. 1 vol. gr. in-18. . . . . 3 fr. 50

Affaires de Rome. 1 vol. grand in-18 jésus. . . . . 3 fr. 50
LE MÊME OUVRAGE, format in-8, imprimé sur beau papier, le volume. . 5 fr.

La réimpression de ces trois ouvrages était fort demandée. Elle répond donc à un besoin réel et ne peut manquer d'être bien accueillie.

ESSAI BIOGRAPHIQUE SUR M. F. DE LAMENNAIS

Par A. Blaize. 1 vol. in-8. . . . . 5 fr.

MÉMOIRES COMPLETS ET AUTHENTIQUES DU DUC DE SAINT-SIMON

Sur le siècle de Louis XIV et la Régence, publiés sur le manuscrit original entièrement écrit de la main de l'auteur. Nouvelle édition, revue et corrigée. 40 vol. brochés en 20 vol. dont 1 de tables, avec 38 portraits gravés sur acier. . . . . 70 fr.

ŒUVRES DE JOSEPH GARNIER

PROFESSEUR D'ÉCONOMIE POLITIQUE A L'ÉCOLE IMPÉRIALE DES PONTS ET CHAUSSÉES
SECRÉTAIRE PERPÉTUEL DE LA SOCIÉTÉ D'ÉCONOMIE POLITIQUE

Traité d'Économie politique, Exposé didactique des principes et des applications de cette science et de l'organisation économique de la Société. Adopté dans plusieurs écoles ou universités. 1 fort v. gr. in-18. 4 fr. 50

Du Principe de population. Energie de ce principe. — Avantages et maux qui peuvent en résulter. — Obstacles qu'il rencontre ou qu'on peut lui opposer. — Remèdes pour en contre-balancer les effets. — Théories économiques, politiques, morales et socialistes auxquelles il a donné lieu: Contrainte morale ; — Réformes économiques, politiques et sociales ;— Emigration ; — Charité; — Socialisme; —Droit au travail, etc. 1 vol. in-18 jésus. . . . . 5 fr. 50

Traité d'Éléments de finances, faisant suite au Traité d'Economie politique. (Statistique, Impôts, Emprunts, Misère, etc.) 1 v. in-18 jés. 3 fr. 50
Ces trois ouvrages constituent un cours d'études pour les questions qu'embrasse l'Economie politique.

Abrégé des Éléments d'Économie politique, ou premières Notions sur l'organisation de la société laborieuse et sur l'emploi de la richesse individuelle et sociale, suivies d'un Vocabulaire des termes d'économie politique, etc. 1 vol. grand in-32. 2 fr.

Traité de Mesures métriques (Mesures. — Poids. — Monnaies). Exposé succinct et complet du système français métrique et décimal; avec gr. dans le texte. 1 vol. in-18. . . 75 c.

MANUEL DU CAPITALISTE

Ou Comptes faits des intérêts à tous les taux, pour toutes sommes, de jusqu'à 366 jours, ouvrage utile aux négociants, banquiers, commerçant de tous les états, trésoriers, receveurs généraux, comptables, généralement aux employés des administrations de finances et de commerce et à tous les particuliers, par Bonnet, auteur du *Manuel monétaire*. Nouvelle édition, augmentée d'une Notice sur l'intérêt, l'escompte, etc., par M. Joseph Garnier, revue, pour les calculs, par M. X. Rymkiewicz, calculateur au Crédit foncier de France. 1 beau vol. in-8. . . . . 6 fr.

Ce livre, éminemment commode pour les opérations financières, qui ont pris une si grande extension, est devenu, par le soin extrême donné à sa révision, et par les excellentes additions et corrections qu'on y a faites, un ouvrage de première utilité pour tous les comptables, tous les négociants, tous les banquiers, toutes les administrations financières.

TRAITÉ DE CHIMIE APPLIQUÉE AUX ARTS

Par M. Dumas, sénateur, ancien ministre, membre de l'Académie des sciences et de l'Académie de médecine, etc. 8 vol. in-8 et 2 atlas in-4; édition de Liége, introduite en France avec l'autorisation de l'auteur, 150 fr.; net. . . . . 125 fr.

Cet ouvrage, dont l'édition française est aujourd'hui totalement épuisée, et que recommande si puissamment le nom de M. Dumas, fait autorité dans la science. Il est indispensable aux industriels comme aux savants.

DE L'UNITÉ SPIRITUELLE

Ou de la Société et de son but au delà du temps ; par M. Ant. Blanc Saint Bonnet. 2ᵉ édit. 3 vol. in-8 de 1,800 pages, gr. raisin. . . . .. 24 fr.

LE JARDINIER DE TOUT LE MONDE

Traité complet de toutes les branches de l'horticulture, par A. Ysabeau. 1 fort vol. grand in-18, ill. de gravures sur bois dans le texte. 3 fr 50

LA MÉDECINE USUELLE
GUIDE MÉDICAL DES FAMILLES

Par A. Ysabeau. Contenant l'exposé de tous les soins nécessaires à la conservation de la santé, depuis la naissance jusqu'aux limites extrêmes de la longévité humaine. 1 beau vol. gr. in-18. . . . . : 3 fr. 50

LE DROIT USUEL, OU L'AVOCAT DE SOI-MÊME

Nouveau Guide en affaires, contenant toutes les notions de droit et tous les modèles d'actes dont on a besoin pour gérer ses affaires, soit en matière civile, soit en matière commerciale, etc., par Durand de Nancy. 1 beau vol. grand in-18. . . . . .3 fr. 50

GUIDE DU PROPRIÉTAIRE ET DU LOCATAIRE

Par le même. 1 beau vol. gr. in-18.. . . . . 2 fr. 50

DES OPÉRATIONS DE BOURSE

Manuel des fonds publics et des Sociétés par actions dont les titres se négocient dans les Bourses françaises, par M. A. Courtois fils. Troisième édition, entièrement refondue. 1 vol. grand in-18 jésus. . . . 3 fr. 50

Le rapide succès de ce livre en indique assez le mérite. Les améliorations importantes apportées à cette nouvelle édition en font un ouvrage nouveau.

ANNUAIRE DE LA BOURSE ET DE LA BANQUE

Guide universel des capitalistes et des actionnaires, par une société de jurisconsultes et de financiers ; sous la direction de M. A. F. de Birieux, avocat, rédacteur principal. 4 vol. in-12, 20 fr. ; net. . . . . . . 10 fr.

NOUVEAU MANUEL THÉORIQUE ET PRATIQUE DE
LA TENUE DES LIVRES

En partie double, d'après le système du Journal Grand-Livre, par M. P. Ravier, professeur de tenue des livres et de droit commercial au collége de Mâcon, arbitre de commerce à Lyon. 2ᵉ édition. 1 vol. in-8. . 4 fr.

VIGNOLE — TRAITÉ ÉLÉMENTAIRE PRATIQUE
D'ARCHITECTURE

ou étude des cinq ordres, d'après Jacques Barozzio de Vignole. Ouvrage divisé en 72 planches, comprenant les cinq ordres, avec l'indication des ombres nécessaires au lavis, le tracé des frontons, etc., et des exemples relatifs aux ordres ; composé, dessiné et mis en ordre par J. A. Leveil, architecte, et gravé sur acier par Hibon. 1 vol. in-4. . . . . . 10 fr.

Le beau travail de M. Leveil est le plus complet, le mieux exécuté, en même temps que le plus exact qu'on ait publié jusqu'ici d'après Barozzio de Vignole. Les planches se distinguent par une élégance et un fini remarquables. Elles sont d'ailleurs plus nombreuses que dans les autres traités sur la matière. Le texte, au lieu d'être groupé en tête de l'ouvrage, se trouve au bas des pages auxquelles il s'applique ; ce qui en rend l'usage infiniment plus commode et plus facile.

TRADUCTIONS NOUVELLES DES AUTEURS LATINS

AVEC LE TEXTE EN REGARD

OU

BIBLIOTHÈQUE LATINE-FRANÇAISE

PUBLIÉE PAR M. C. L. F. PANCKOUCKE

CHAQUE AUTEUR SE VEND SÉPARÉMENT

Au lieu de SEPT francs le volume in-8, TROIS francs CINQUANTE centimes

Papier des Vosges; non mécanique, caractères neufs.

Nous avons l'honneur de prévenir MM. les amateurs de livres que nous venons d'acquérir la Bibliothèque latine, dite de Panckoucke, formée des principaux auteurs latins : cette collection a acquis dans le monde savant une haute réputation, tant par la fidélité de la traduction et par l'exactitude du texte qui se trouve en regard que par les notices et les notes savantes qui l'accompagnent, et surtout par la précision de leur rédaction. Nous avons diminué de moitié le prix de publication de chaque volume.

La plupart de ces ouvrages, convenables aux études des colléges, sont adoptés par le Conseil de l'Université.

PREMIÈRE SÉRIE
ŒUVRES COMPLÈTES DE CICÉRON
TRADUITES EN FRANÇAIS. 30 VOL. IN-8.

Les *OEuvres complètes de Cicéron*, publiées au prix de 7 fr. le volume, ont été jusqu'ici d'une acquisition difficile. Nous avons pensé en assuree le débit et les rendre accessibles à tous les amateurs de la belle et grands latinité au moyen d'un rabais considérable sur le prix de l'ouvrage. Les *OEuvres de Cicéron* doivent figurer au premier rang dans la bibliothèque de tout homme lettré ; mais beaucoup d'acheteurs reculaient devant une acquisition très-coûteuse. En faciliter l'achat et le rendre abordable par l'attrait du bon marché est donc une combinaison qui ne peut manquer de réussir.

ŒUVRES COMPLÈTES DE TACITE
TRADUITES EN FRANÇAIS, 7 VOL. IN-8.

Tacite, signalé par Racine comme le plus grand peintre de l'antiquité, est un des auteurs latins qu'on recherche le plus, et dont les œuvres sont d'un débit constant et assuré. Cette édition est fort estimée, soit pour la traduction, soit pour la correction du texte. Le format (bibliothèque Panckoucke) en est commode et maniable.

ŒUVRES COMPLÈTES DE QUINTILIEN
TRADUITES EN FRANÇAIS. 6 VOL. IN-8.

Les *OEuvres de Quintilien* font loi en matière de critique comme en matière d'éducation. Elles s'adressent donc à un grand nombre de lecteurs, et le bon marché, de même que l'excellence de la traduction, doit en faciliter la vente.

Justin, traduction nouvelle par MM. J.
PIERROT, et BOITARD, avec une notice
par M. LAYA. 2 vol.

Florus, traduction nouvelle par M. RA-
CON, avec une Notice par M. VILLEMAIN,
de l'Académie française. 1 vol.

Velleius Paterculus, traduction nouvelle par M. DESPRÉS. 1 vol.

Valère Maxime, traduction nouvelle
par M. FRÉMION. 3 vol.

Pline le Jeune, traduction nouvelle de
DE SACY, revue et corrigée par M. J.
PIERROT. 3 vol.

Juvénal, traduction de M. DUSAULX, revue par M. J. PIERROT. 2 vol.

Perse, Turnus, Sulpicia, traduction
nouvelle par M. A. PIERROT. 1 vol.

Ovide, *Métamorphoses*, par M. GROS,
inspecteur de l'Académie. 5 vol.

Lucrèce, traduction nouvelle en prose
par M. DE PONGERVILLE, de l'Académie
française, avec une Notice et l'Exposition du système d'Epicure, par M. AJAS
·SON DE GRANDSAGNE. 2 vol.

Claudien, traduction nouvelle par
M. HÉGUIN DE GUERLE, et ALPH. TRO-
GNON. 2 vol.

Valerius Flaccus, traduit pour la
première fois en prose par M. CAUSSIN
DE PERCEVAL. 1 vol.

Stace, traduction nouvelle, 4 vol.
— Tome I. SILVES, par MM. RINN et
ACHAINTRE.
— Tomes II, III, IV. La THÉBAÏDE, par
MM. ACHAINTRE et BOUTTEVILLE, profes-
seur. L'ACHILLÉIDE, par M. BOUTTEVILLE.

Phèdre, traduction nouvelle par M. E.
PANCKOUCKE. Avec un fac-simile. 1 vol.

DEUXIÈME SÉRIE

Les auteurs désignés par un * sont traduits pour la première fois en français.

Poetæ Minores : Arborius * Calpur-
nius, Eucheria *, Gratius Faliscus,
Lupercus Servastus *. Nemesianus,
Pentadius *, Sabinus *, Valerius Cato *,
Vestritius Spurinna * et le Pervi-
gilium Veneris; traduction de M. CA-
BARET-DUPATY, professeur au lycée de
Grenoble. 1 vol.

Jornandès, traduction de M. SAVAGNIER,
professeur d'histoire en l'université.
1 vol.

Censorinus *, traduction de M. MAN-
GEART, ancien professeur de philoso-
phie; — **Julius Obsequens, Lucius
Ampellus** *, traduction de M. VER-
GER, de la Bibliothèque impériale.
1 vol.

Ausone, traduction de M. E. F. COR-
PET. 2 vol.

**P. Mela, Vibius Sequester*, Ethicus
Ister** *, **P. Victor** *, traduction de
M. LOUIS BAUDET, professeur. 1 vol.

**R. Festus Avienus*, Cl. Rutilius
Numatianus**, etc., traduction de
MM. EUG. DESPOIS et ED. SAVIOT, an-
ciens élèves de l'Ecole normale. 1 vol.

Varron, Economie rurale, traduction
de M. ROUSSELOT, professeur. 1 vol.

**Eutrope, Messala Corvinus*, Sex
tus Rufus**, traduction de M. N. A
DUBOIS, professeur. 1 vol.

Palladius, *Econ. rurale*, trad. de M.
CABARET-DUPATY, prof. 1 vol.

Columelle, *Econom. rurale*, traduct.
de M. LOUIS DUBOIS, auteur de plusieurs ouvrages d'agriculture, de littérature et d'histoire. 5 vol.

Histoire Auguste, tome I". **Sparia-
nus, Vulcatius Gallicanus, Tre-
bellius Pollion**, trad. de M. FL. LE-
GAY, prof. au collége Rollin.
— Tome II : **Lampridius**, traducti
de M. LAAS D'AGUEN, membre de la
Société Asiatique; — **Flavius Vopis-
cus**, trad. de MM. TAILLEFERT, pro
fesseur au lycée de Vendôme, et
J. CHENU.
— Tome III : **Julius Capitolinus**,
traduct. de M. VALTON, prof. au lycée
de Charlemagne. 3 vol.

C. Lucilius, trad. de M. E. F. CORPET;
— **Lucilius junior, Salius Bas-
sus, Cornelius Severus, Avia-
nus*, Dionysius Caton**, traduct. de
M. J. CHENU. 1 vol.

Priscianus, traduct. de M. CORPET; —
**Serenus Sammonicus *, Macer *,
Marcellus***, trad. de M. BAUDET. 1 v.

Macrobe, t. I" (*Les Saturnales*, t. I"),
traduct. de M. UBICINI MARTELLI; —
t. II* (*Les Saturnales*, t. II), traduct.
de M. HENRI DESCAMPS; — t. III et
dernier (*De la différence des verbes
grecs et latins; Commentaire du
Songe de Scipion*), traduct. de MM.
LAAS D'AGUEN et N. A. DUBOIS. 3 vol.

Sextus Pompeius Festus *, traduct.
de M. SAVAGNER. 2 v.

Aulu-Gelle, t. I", traduct. de M. E. DE
CHAUMONT, profess. au lycée d'Angou-
lême. — T. II*, trad. de M. FÉLIX FLAM-
BART. — T. III*, traduct. de M. BUIS-
SON. 3 vol.

(Ne se vend pas séparément de la collection.)

Vitruve, *Architecture*, avec de nombreuses figures, trad. de M. C. L. Maufras, prof. au collége Rollin. 2 vol.

C. J. Solin*, trad. de M. Alph. Agnant, agrégé des classes supérieures. 1 vol.

Frontin, *Les Stratagèmes et les Aqueducs de Rome*, traduction de M. Ch. Bailly. 1 vol.

Sulpice Sévère, traduction de M. Hubert. — **Paulin de Périgueux***, **Fortunat***, trad. de M. E. F. Corpet. 2 vol.

(Cet ouvrage ne se vend pas séparément.)

Sextus Aurelius Victor, trad. de M. N. A. Dubois, profess. 1 vol.

N. B. — Il existe encore dans nos magasins trois ou quatre collections complètes de la Bibliothèque latine, composée de 211 volumes, au prix de 1,055 fr.

RÉIMPRESSION

DES

CLASSIQUES LATINS DE LA COLLECTION PANCKOUCKE

FORMAT GRAND IN-18 JÉSUS A 3 FR. 50 LE VOLUME

ŒUVRES COMPLÈTES D'HORACE. Nouvelle édition, précédée d'une Etude sur Horace, par H. Rigault. 1 vol. . . . . 3 fr. 50

ŒUVRES COMPLÈTES DE SALLUSTE. Traduction par Durozoir. Nouvelle édition revue par MM. Charpentier et Félix Lemaistre, et précédée d'un nouveau travail sur Salluste, par M. Charpentier. 1 vol. 3 fr. 50

ŒUVRES CHOISIES D'OVIDE (les *Amours*, l'*Art d'aimer*, etc.). Nouvelle édition, revue par M. Félix Lemaistre, et précédée d'une Etude sur Ovide, par M. J. Janin. 1 vol. 3 fr. 50

ŒUVRES COMPLÈTES DE TITE LIVE. Traduct. par MM. Liez, Dubois, Verger et Corpet. Nouvelle édition, revue par E. Pessonneaux, Blanchet et Charpentier, et précédée d'une Etude sur Tite Live, par M. Charpentier. 6 vol. à. . . . . 3 fr. 50

ŒUVRES COMPLÈTES DE SÉNÈQUE LE PHILOSOPHE. Nouvelle édition, revue par MM. Charpentier et Félix Lemaistre. 4 vol. à.. 3 fr. 50

CATULLE, TIBULLE ET PROPERCE, Traduct. par MM. Héguin de Guerle, Vatatour et Genouille. Edit revue par M. Vatatour. 1 vol. 3 fr. 50

CÉSAR. Traduct. par M. Artaud. 1 volume . . . . 3 fr. 50

JUVÉNAL. Traduction de Dusaulx, revue par MM. Jules Pierrot et Félix Lemaistre. 1 vol. . . . . . . 3 fr. 50

LUCRÈCE. Traduct. nouvelle par Lagrange, nouvelle édit. 1 vol. 3 fr. 50

PÉTRONE, Trad. par M. Héguin de Guerle. 1 vol. . . . . . . 3 fr. 50

ŒUVRES DE VIRGILE. Edit. revue par M. F. Lemaistre, avec une Etude par M. Sainte-Beuve. 1 vol. (par exception). . . . . 4 fr. 50

CLASSIQUES LATINS

Français et latin, format in-24 sur jésus (ancien in-12, édition Lefèvre). Prix de chaque vol., 3 fr. 50 c.; net. . . . . 2 fr. 50

TACITE. Traduction de Dureau de la Malle, revue et corrigée, augmentée de la Vie de Tacite, du Discours préliminaire de Dureau de la Malle, des Suppléments de Brottier. 3 vol.

TÉRENCE. Ses comédies. Traduction nouvelle avec des notes, par M. Collet. 1 vol. de plus de 600 pages.

PLAUTE. Son Théâtre. Trad. de M. Naudet. 4 vol.

PLINE L'ANCIEN. L'histoire des Animaux, traduction de Guéroult, 1 vol. de près de 700 pages.

MORCEAUX EXTRAITS DE PLINE le Naturaliste. Traduction de Guéroult. 1 vol.

Q. HORATII FLACCI

Opera omnia, ex recensione Joannis Gasparis Orelli. 1 vol. in-24, édition Lefèvre. 1851, 4 fr.; net. 3 fr

Édition recommandable par l'exécution typographique et la correction du texte.

CLASSIQUES FRANÇAIS

Format in-24 jésus (ancien in-12, édition Lefèvre), le vol. . . . 2 fr. 50

MONTAIGNE. Ses Essais et ses Lettres, avec les notes ou remarques de tous les commentateurs : Coste, Naigeon, A. Dubal, MM. E. Johanneau, Victor le Clerc; et une table analytique des matières. 5ᵉ édit. 3 vol.

BOSSUET. Oraisons funèbres, Panégyriques et Sermons. 4 vol.

FLEURY. Discours sur l'histoire ecclésiastique, Mœurs des Israélites, Mœurs des Chrétiens, etc. 2 vol.

ŒUVRES DE J. DELILLE, avec des notes de Delille, Choiseul-Gouffier, Feletz, Aime, Martin. 2 vol.

ESSAI SUR L'ÉLOQUENCE DE LA CHAIRE, par Maury. 1 vol.

OUVRAGES COMPLETS AU RABAIS

Bibliothèque Cazin. — 1 fr. le vol.; net, 75 c.

Didier (Ch.). Rome souterraine. 2 vol.

Galland. Les Mille et une Nuits. 6 vol

Godwin (W.). Caleb Wi liams, traduit de l'anglais. 3 vol.

Eugène Sue. Paula Monti. 2 vol.

— Thérèse Dunoyer. 2 vol.

— Jean Cavalier. 4 vol.

— Latréaumont. 2 vol.

— Les Mystères de Paris. 10 vol.

— Le Juif Errant. 10 vol.

— Mathilde. 6 vol.

— Arthur. 4 vol.

— Deleytar. 1 vol.

— La Salamandre. 2 vol.

La Coucaratcha. 2 vol.

Soulié (Fr.). Les Mémoires du Diable. 5 vol.

Louis Reybaud. Jérôme Paturot à la recherche d'une position sociale. 2 volumes. . . . . 2 fr

Jacob (P. L.) (Bibliophile). Soirées de Walter Scott à Paris. Scènes historiques et chroniques de France, le Bon Vieux Temps. 4 vol.

Tressan. Roland furieux, traduit de l'Arioste. 4 vol.

— Le petit Jehan de Saintré. 1 vol.

Benjamin Constant. Adolphe, suivi de la tragédie de *Walstein*. 1 vol.

Karr (Alph.). Sous les Tilleuls. 2 vol.

Contes de Boccace. 4 vol.

Résumé de l'Histoire de France, par Félix Bonin. 12ᵉ édition. 1 vol. in-32.

ORIGINE DE TOUS LES CULTES, OU RELIGION UNIVERSELLE

Par Dupuis (de l'Institut). Nouvelle édition, revue et corrigée avec soin, enrichie d'un nouvel atlas astronomique composé de 24 pl. gravées d'après les monuments, par Couché fils, et de la gravure du Zodiaque de Denderah. 7 forts vol. in-8 et atlas in-4, au lieu de 50 fr.; net. . 30 fr.

CLASSIQUES FRANÇAIS

Format in-32, imprimés par MM. F. Didot. à 1 fr. 50 c. le vol. ; net, 75 c.

Esprit des Lois, de Montesquieu. 6 vol.

Œuvres diverses de Montesquieu. 2 vol.

Œuvres de Regnard. 4 vol.

Œuvres de Ducis. 7 vol.

Œuvres de Destouches. 5 vol.

Théâtre choisi de Voltaire. 6 vol.

La Nouvelle Héloïse. 6 vol.

Œuvres de Saint-Réal. 2 vol.

Épîtres, Stances et Odes de Voltaire. 2 vol.

Poésies et Discours en vers de Voltaire. 1 vol.

Temple du Goût et Poésies mêlées, idem. 1 vol.

BIBLIOTHÈQUE D'UN DÉSŒUVRÉ

Série d'ouvrages in-32, format Elzévirien

Œuvres complètes de Béranger, avec ses 10 dernières Chansons. 1 vol. in-32. . . . . 5 fr. 50

Œuvres posthumes de Béranger, en un seul volume, contenant les dernières Chansons et Ma Biographie, avec un appendice et un grand nombre de notes inédites de Béranger sur ses chansons. 1 vol. in-32. . . 5 fr. 50

Chansons et Poésies de Désaugiers nouvelle édition précédée d'une notice sur Désaugiers, par MERLE, avec portraits et vignettes. 1 fort volume in-32. . . . . 5 fr.

Chansons et Poésies de Pierre Dupont. Troisième édition, augmentée de chants nouveaux. 1 vol. in-18, 5 fr.; relié en toile, tr. dor. 4 fr. 50

Lettres d'Amour, avec portraits et vignettes. 1 vol. . . . . 5 fr.

Drôleries poétiques, avec portraits et vignettes. 1 vol. . . . . . 5 fr.

Académie des Jeux, contenant l'histoire, la marche, les règles, conventions et maximes des jeux. 1 volume illustré. . . . . 5 fr.

La Goguette ancienne et moderne, choix de chansons guerrières, bachiques, philosophiques, joyeuses et populaires. Joli vol. orné de portraits et vignettes. . . . . 5 fr.

Chansons populaires du comte Eugène de Lonlay. Nouvelle édition, ornée du portrait de l'auteur par MOUILLERON. 1 vol. grand in-18 jésus. . . . . 5 fr. 50

ATLAS

ATLAS DE GÉOGRAPHIE ANCIENNE ET MODERNE, à l'usage des collèges et de toutes les maisons d'éducation, dressé par MM. MONNIN et VUILLEMIN ; recueil grand in-4 ; cet atlas comprend, outre les cartes ordinaires : la *Cosmographie*, la *France en 1789*, l'*Empire français*, la *France actuelle*, l'*Algérie*, l'*Afrique orientale, occidentale*, et toutes les cartes de la *Géographie ancienne*. C'est le plus *complet* de tous les Atlas *classiques*. . . **12 fr.**

ATLAS CLASSIQUE DE GÉOGRAPHIE MODERNE (extrait du précédent), à l'usage des jeunes élèves des deux sexes ; composé de 20 cartes. . . . . 7 fr. 50

ATLAS DE GÉOGRAPHIE ÉLÉMENTAIRE, destiné aux commençants (extrait du précédent), composé de 8 cartes doubles : la mappemonde, les cinq parties du monde et la France. Prix, cartonné. . . . 4 fr.

PARIS. — IMP. SIMON RAÇON ET COMP. RUE D'ERFURTH, 1.

À LA MÊME LIBRAIRIE

OUVRAGES DE M. F. ZURCHER ET ÉLIE MARGOLLÉ (?) JOUVENCEL

GENÈSE SELON LA SCIENCE, ... 18... avec fig. dans le texte.

I. **Les Commencements du Monde** ... ème ..., revue et augmentée. 1 vol.

II. **La Vie.** Deuxième édition, revue et augmentée. 1 vol.

III. **Les Déluges.** 1 vol.

IV. **Époque actuelle et fin du monde.** *Sous presse.*

Cet ouvrage met à la portée des femmes et des jeunes gens, tous les documents réunis par la science moderne sur l'histoire antique de la terre.

Le premier livre fait connaître les forces créatrices, leurs lois, leurs opérations ...
Le second est une réponse concise mais complète à cette question : *Qu'est-ce que la vie ?*
Le troisième contient l'histoire des développements du globe terrestre et de l'organisation.
Un grand nombre de figures gravées facilitent l'intelligence du texte.

ESSAI SUR LA RÉVOLUTION DE 1848. *En préparation.*

ŒUVRES DE M. FLOURENS

SECRÉTAIRE PERPÉTUEL DE L'ACADÉMIE DES SCIENCES, MEMBRE DE L'ACADÉMIE FRANÇAISE, ETC.

ONTOLOGIE NATURELLE, ou étude philosophique des êtres. 1 volume grand in-18 anglais. . . . . 5 fr. 50

DE LA RAISON, DU GÉNIE ET DE LA FOLIE. 1 volume grand in-18 anglais. . . . . 5 fr. 50

ÉLOGES HISTORIQUES, lus dans les séances publiques de l'Académie des sciences. 2 vol. grand in-18 anglais. Chaque vol. . . . . . . 5 fr. 50

DE LA LONGÉVITÉ HUMAINE, et de la quantité de vie sur le globe, 4e édition, revue et augmentée. 1 vol. grand in-18 anglais. . . . . . . 5 fr. 50

HISTOIRE DES TRAVAUX ET DES IDÉES DE BUFFON, 2e édition, revue et augmentée. 1 vol. grand in-18 anglais. . . . . 5 fr. 50

DES MANUSCRITS DE BUFFON. 1 vol. grand in-18 anglais. . . . . . .

CUVIER, HISTOIRE DE SES TRAVAUX, 5e édition, revue et augmentée. 1 vol. grand in-18 anglais. . . . . 3 fr. 50

DE L'INSTINCT ET DE L'INTELLIGENCE DES ANIMAUX, 4e édition, entièrement refondue et augmentée. 1 vol. grand in-18 anglais. 5 fr.

FONTENELLE, ou de la Philosophie moderne relativement aux sciences physiques. 1 vol. grand in-18 anglais. . . . . 2 fr.

EXAMEN DE LA PHRÉNOLOGIE, 5e édition, augmentée d'un Essai p... siologique sur la folie. 1 vol. grand in-18 anglais. . . . . 3 fr.

HISTOIRE DE LA DÉCOUVERTE DE LA CIRCULATION DU S..., 2e édition, revue et augmentée. 1 vol. grand in-18 anglais. . . . . .

DE LA VIE ET DE L'INTELLIGENCE. 1 vol. gr. in-18 anglais. . . . . .

ÉLOGE HISTORIQUE DE FRANÇOIS MAGENDIE, suivi d'une discussion sur les titres respectifs de MM. BELL et MAGENDIE à la découverte des fonctions distinctes des nerfs. 1 vol. grand in-18 anglais. . . . . .

ŒUVRES COMPLÈTES DE BUFFON

Avec la Nomenclature ... la classification de Cuvier. Édition nouvelle, revue sur l'édition in-4° ... ie royale ; annotée par M. FLOURENS, membre de l'Académie française, ... perpétuel de l'Académie des sciences, professeur au Muséum d'histoire naturelle. *Œuvres complètes de Buffon* ... forment 12 volumes grand in-8 jésus, illustrés de ... planches, ... gravées sur acier d'après les dessins de ... M. Victor ... en caractères neufs, sur papier pâte v... typographie J. ... Chaque volume. 7 fr.

M. le Ministre de l'Instruction ... souscrit, pour les bibliothèques, à cette magnifique publication (aujourd'hui ... achevée), reconnue par les hommes les plus compétents comme une é... des œuvres du grand naturaliste. Le nom de ... de M. Flourens la reco... toute particulière, et lui donnant un cachet spécial.

PARIS. ... ET COMP., RUE ...FURTH, 1.

www.ingramcontent.com/pod-product-compliance
Lightning Source LLC
LaVergne TN
LVHW050128060726
842524LV00001B/137